Stadt- und Regionalplanung vor neuen Herausforderungen

BERLINER SCHRIFTEN ZUR STADT- UND REGIONALPLANUNG

Herausgegeben von Stephan Mitschang

Band 2

PETER LANG
Frankfurt am Main · Berlin · Bern · Bruxelles · New York · Oxford · Wien

Stephan Mitschang (Hrsg.)

Stadt- und Regionalplanung vor neuen Herausforderungen

PETER LANG
Europäischer Verlag der Wissenschaften

Bibliografische Information der Deutschen Nationalbibliothek
Die Deutsche Nationalbibliothek verzeichnet diese Publikation in der Deutschen Nationalbibliografie; detaillierte bibliografische Daten sind im Internet über <http://www.d-nb.de> abrufbar.

ISSN 1861-762X
ISBN-10: 3-631-56545-3
ISBN-13: 978-3-631-56545-2

www.peterlang.de

Vorwort

„Stadt- und Regionalplanung vor neuen Herausforderungen“ so lautet der Titel dieser Abhandlung, in der die schriftlichen Fassungen der Redebeiträge, die im Rahmen der gleichnamigen wissenschaftlichen Tagungsveranstaltung am 27. und 28. März 2006 an der Technischen Universität gehalten wurden, niedergelegt sind. Es handelt sich dabei um aktuelle, die Planungspraktiker auf der überörtlichen sowie auf der örtlichen Planungsebene gegenwärtig und künftig beschäftigenden Themenfelder, die vielfach ihren Ursprung im Gemeinschaftsrecht haben. So verdeutlicht der einleitende Beitrag unter der Überschrift „Auswirkungen der EU-Politik auf Raumordnung und Städtebau“ sinngemäß, dass zunehmend von der europäischen Ebene die räumliche Planung einschränkende Vorgaben getroffen werden, mit denen steuernd auf die Raumnutzungsverteilung auf nationaler Ebene eingewirkt wird. Diese Feststellung wird durch die weiteren Beiträge nicht nur unterstrichen, sondern auch belegt. Thematisch in Bezug genommen werden so die aus der Plan-UP-RL (Richtlinie 2001/42/EG des europäischen Parlaments und des Rates vom 27. Juni 2001 über die Prüfung der Umweltauswirkungen bestimmter Pläne und Programme) resultierenden Anforderungen an Durchführung von Umweltprüfungen wie sie durch das Europarechtsanpassungsgesetz Bau und das SUPG in das nationale Recht umgesetzt wurden und nunmehr nicht nur bei der Raumordnungsplanung und Bauleitplanung, sondern auch bei der Landschaftsplanung zu berücksichtigen sind. Für die Raumordnung werden hierbei die Umsetzung des Rahmenrechts in Landesrecht am Beispiel von Berlin/Brandenburg dargestellt und außerdem der gesamte Komplex der fortan im Rahmen von Landes- und Regionalplanungen durchzuführenden obligatorischen Öffentlichkeitsbeteiligung thematisiert.

Ein zweiter Themenblock bezieht sich auf konkrete planungspraktische Problemfelder. Dabei handelt es sich um die fachlichen und rechtlichen Anforderungen, die bei der planerischen Steuerung einerseits von Zwischennutzungen, andererseits von Photovoltaik- und Biogasanlagen zu beachten sind. Dieser aktuellen Problembetrachtung zugeordnet werden kann ein weiterer Beitrag, der sich mit den Anforderungen des Hochwasserschutzes für die Stadt- und Regionalplanung vor dem Hintergrund des im Mai 2005 in Kraft getretenen neuen Hochwasserschutzgesetzes auseinandersetzt.

Der Blick nach vorne gerichtet, wird durch den dritten Themenbereich, mit dem zwei neue Gesetzesvorhaben mit weit reichenden Auswirkungen auf die Stadt- und Regionalplanung einer genaueren Betrachtung unterzogen werden. Insoweit angesprochen sind das im Entwurf vorliegende Umweltrechtsbehelfsgesetz sowie das sich ebenfalls gegenwärtig in der Novellierung befindliche Fluglärmschutzgesetz.

Alles in allem machen die einzelnen Beiträge deutlich, dass die Stadt- und Regionalplanung angesichts der dargestellten Problemfelder vor neuen Herausforderungen steht, deren Bewältigung durch die Planungspraxis zu gewährleisten ist. Der vorliegende Tagungsband soll dazu eine Hilfestellung sein.

Berlin, im August 2006

Universitätsprofessor Dr.-Ing. habil. Stephan Mitschang

am Institut für Stadt- und Regionalplanung der TU Berlin
Fachgebiet Städtebau- und Siedlungswesen
– Orts-, Regional- und Landesplanung –
Hardenbergstraße 40 a
10 623 Berlin

Inhaltsverzeichnis

I Auswirkung der EU-Politik auf Raumordnung und Städtebau in Deutschland

Prof. Dr. Michael Krautzberger

1. Ausgangslage

1.1 Die Rahmenbedingen der Europäischen Einigung beeinflussen auch die Raumordnung und den Städtebau

Europa wird auch in seiner räumlichen Entwicklung politisch gestaltet.

- Europäische Politik beeinflusst mehr oder weniger direkt, z.T. recht intensiv die räumlichen Entwicklungen in den Mitgliedsstaaten der EU – von der Infrastrukturpolitik über die Strukturförderung bis zur Beeinflussung nationaler Subventionspolitik.

- Die europäischen Regelwerke und Steuerungssysteme, die in besonderer Weise räumliche Entwicklungen prägen, sind vielfältig.

- Stadtentwicklung und Raumordnung sind sicher sehr viel mehr von externen Systemen geprägt als vom „eigenen" Planwerk:

  von der Verkehrspolitik bis zum europäischen Vergaberecht, von Strategien und räumlichen Geltungsbereichen raumwirksamer Förderungen, von innovativen Programmen bis zu den aus Teil-Kompetenzen (namentlich in der Umwelt) immer prägender in das System der Bauleitplanung ausstrahlenden Regelwerken.

1.2 Zwischen Bürokratie und Innovation?

a) Wahrnehmungsprobleme

Es wirkt auf die meisten – ob Experten oder Publikum – undurchschaubar, wenn Nachrichten aus „Brüssel" über neues Rechts bekannt werden:

- Worum geht es dabei? Das europäische Recht ist z. T. anders strukturiert als das deutsche.

- Was ändert sich? Die Innovation, die Modernisierung, der Gemeinwohlgewinn – kein deutscher Politiker macht es sich zu Eigen. Schmallippig wird erläutert: „Schon wieder etwas von der Brüsseler Bürokratie".

- Wer hat das angestoßen? Vielfach sind es ja nationale Vorstöße oder man ist über Jahre in die Vorbereitung involviert – aber vertreten wird von der deutschen Politik und den Administrationen nur die deutsche Agenda. Und eine nationale Diskussion darüber – im Vorlauf in den Medien, mit den Mitgliedern der deutschen Regierungen und der Kommission oder europäischen Parlamentariern findet nicht statt oder wird nicht wahrgenommen.

- Wer vertritt dann die europäischen Reformen national? Nicht die Kommission, nicht das europäische Parlament, obwohl es – etwa bei fehlender oder unzureichender nationaler Umsetzung – um unmittelbar geltendes Recht geht.

- Wer vertritt überhaupt die deutschen Anliegen in Brüssel? Der Bund? Welche Ministerien? Die 16 Ländervertretungen in Brüssel? Der Bundesrat? Was hat der Bundestag zu sagen?

- Welche die Entscheidungen bewegende Interessen verbinden sich damit? Die parlamentarische Aussprache im Europaparlament wird in den deutschen Medien nicht verfolgt oder kommentiert – die Sitzungen des Europäischen Rates sind nicht-öffentlich.

- Und vollends verwirrend ist es, wenn man aus nicht oder schlecht erklärten Gründen wahrnimmt, dass europäisches Recht in Materien eingreift, über die ja selbst im deutschen Bereich eine unklare „Zuständigkeitslage" besteht – die Kommunen, die Länder, der Bund – alle Ebenen wirken mehr oder weniger kraftvoll mit, miteinander, manchmal auch nebeneinander – und jetzt noch die Europäische Union. Warum?

- Am ehesten wird also der Diskurs zwischen deutschen Regierungen wahrgenommen.

- Man muss der „Dienstleistungs-Richtlinie" geradezu dankbar sein, dass sie in einem ungewohnten Maße europäische Politik den Menschen – so oder so – nahe brachte.

b) Der europäische Einigungsprozess führt zu einer Rechtsgemeinschaft

Dieses unklare Bild – fasst man es genauer ins Auge – spiegelt sicherlich eines der zentralen institutionellen Probleme des europäischen Einigungsprozesses wieder:

- Es fehlt eine unmittelbare Wahrnehmung der europäischen Politik.
- Es mangelt an der deutschen Wahrnehmung und Handhabung.
- Wobei es in den andern Mitgliedsstaaten ja – das zeigen doch die Entwicklungen der letzten Wochen – nicht grundsätzlich anders sein dürfte.
- Sie stehen freilich im Kontrast zu einem der interessantesten Prozesse der Umformung der nationalen Rechtssysteme, denn:
- Der europäische Einigungsprozess geht voran über den Weg einer Rechtsgemeinschaft – Schritt für Schritt und mit langem Atem.
- Gegenüber den nationalen Rechtssystemen, die sich über lange Zeiträume ausgeformt und „zurecht gefunden" haben, kommt der Innovationsschub aus Europa, ganz einfach deshalb, weil die Harmonisierung der 25 Rechtssysteme der Mitgliedsstaaten nicht dadurch geschieht, dass *eine* Rechtsordnung auf die anderen Staaten übertragen wird, sondern dadurch, dass sich Europa neues, eigenes Recht gibt.
- Und damit ist als nächstes festzuhalten, weil evident, dass dieses neue und junge Recht das „modernere" Recht ist – nicht aus z. T. Jahrhunderte langen Traditionen erwachsen und davon auch unbelastet und aus der Gegenwart heraus geschaffen.

c) Rückwirkungen auf das Planungsrecht

Im Folgenden werden einige Aspekte dieser Entwicklungen in einem Prozess der Herausformung Europas kommentiert, nämlich Rückwirkungen auf das räumliche Bauplanungsrecht. Auch wenn die politische und räumliche Verfassung Europas in einer Reihe seiner Eckpfeiler durchaus noch ergebnisoffen ist, so kann man auch vom Status Quo aus eine Reihe schon länger eingetretener Rückwirkungen des europäischen Einigungsprozesses auf Regelwerke der räumlichen Planung feststellen. Es wird versucht, diese Entwicklungen im deutschen Bauplanungsrecht darin einzuordnen einschließlich einiger sich abzeichnender Weiterentwicklungen[1].

---

[1] Vgl. dazu auch Krautzberger, Zur Europäisierung des Städtebaurechts, DVBl. 2005 (H.4), S. 197.

2. Europäisches Recht ergänzt oder überlagert das nationale Recht

a) Rückwirkungen

aa) Die Europäische Union hat keine unmittelbar auf das Bau- und Planungsrecht zielenden Kompetenztitel. Die europa-dirigierte Veränderung geschieht gleichwohl, und zwar im Wege einer Ausstrahlung oder Rückwirkung von europäischen Regelungen, die unmittelbar oder mittelbar auf das räumliche Planungsrecht hinüberreichen.

bb) Das kennzeichnet übrigens auch die nationalen Erfahrungen über die hohe Interdependenz des räumlichen Planungsrechts mit Entwicklungen in anderen Rechtsbereichen – und das kann bei einem gesamträumlichen, unterschiedlichste Fachbelange integrierenden Planungssystem auch gar nicht anders sein. Der sich mit jeder Novellierung des Baugesetzbuchs aktuellen fachpolitischen (externen) Entwicklungen anpassende Katalog der „städtebaulichen Belange" (§ 1 Abs. 6, § 1 a BauGB) ist dafür ein vorzügliches Anschauungsbeispiel.

cc) Die europäischen Regelwerke und Steuerungssysteme, die in besonderer Weise räumliche Entwicklungen prägen, sind ebenso vielfältig wie die nationalen. Stadtentwicklung und Raumordnung sind von externen Systemen vorgeprägt:

- von der Verkehrspolitik bis
- zum europäischen Vergaberecht,
- von Strategien und räumlichen Geltungsbereichen raumwirksamer Förderungen,
- von innovativen Programmen bis
- zu den aus Teil-Kompetenzen (namentlich in der Umwelt) immer prägender in das System der Bauleitplanung ausstrahlenden Regelwerken.

b) Veränderungen des Planungsrechts: Beispiel EAG Bau 2004

aa) Wie dieser Prozess der Angleichung („Konvergenz") verläuft, lässt sich exemplarisch am Beispiel der letzten größeren Baurechtsnovelle, dem „EAG Bau"[2] nachvollziehen, wobei der nationale Gesetzgeber mit mehreren, im Einzelnen un-

---

[2] Europarechtsanpassungsgesetz Bau – EAG Bau vom 24.6.2004; BGBl. I S. 1359.

terschiedliche Strategien verfolgenden Ansätzen gearbeitet hat. Die Novelle diente maßgeblich der Umsetzung der sog. „Plan-UP-Richtlinie“[3].

Das lässt sich – ohne dass es hier weiter ausgeführt werden soll – an einigen Gesetzesänderungen exemplifizieren:

- Der vom europäischen Umweltrecht und nur dafür vorgesehene Begriff der „**Öffentlichkeit**“[4], der nicht nur für die Zwecke der Umweltprüfung, sondern generell die bisherige „Bürgerbeteiligung“ ersetzte; ob dies zu einer Einengung (oder Erweiterung) der Beteiligungen führt, wurde dabei nicht problematisch gesehen.[5]

- Nichts anderes ist vom Austausch der „Träger öffentlicher Belange“ durch die „**Behörden**“ zu berichten[6].

- Aus „Anregungen und Bedenken“[7], die Bürger (jetzt die „Öffentlichkeit“) gegenüber Plänen vorbringen können, wurden „Stellungnahmen“.

bb) Blieben diese Beispiele – jedenfalls vordergründig – im Terminologischen, gab es aber auch europarechtlich indizierte Änderungen, die durchaus innovativ genannt werden können; hierzu zwei Beispiele:

- **Die zusammenfassende Erklärung:**

  Seit dem EAG Bau 2004 ist der Bekanntmachung der Bauleitpläne – auch eine Umsetzung der UP-Richtlinie – eine „zusammenfassende Erklärung“ beizufügen[8] über die Art und Weise, wie die Umweltbelange und die Ergebnisse der Öffentlichkeits- und Behördenbeteiligung in dem Flächennutzungsplan berücksichtigt wurden, und aus welchen Gründen der Plan nach

[3] Richtlinie 2001/42/EG des Europäischen Parlamentes und des Rates vom 27.6.2001 über die Prüfung der Umweltauswirkungen bestimmter Pläne und Programme ABl. vom 21.7.2001, Nr. L 197, S. 30.
[4] Vgl. § 3 BauGB.
[5] Nach der „Plan-UP-Richtlinie“ ist der Begriff „Öffentlichkeit“ nach Maßgabe des jeweiligen nationalen Rechts auch anders als bezogen auf „Bürgerinnen und Bürger“ ausgestaltet worden; vgl. Art. 2 Buchst. d) der Richtlinie, wonach „Öffentlichkeit“ bedeutet „eine oder mehrere natürliche oder juristische Personen und, in Übereinstimmung mit den innerstaatlichen Rechtsvorschriften oder der innerstaatlichen Praxis, deren Vereinigungen, Organisationen oder Gruppen.“.
[6] Vgl. § 4 BauGB.
[7] Bis zum BauROG 1998; seither „Anregungen“.
[8] Vgl. § 6 Abs. 5 Satz 3, § 10 Abs. 4 BauGB.

Abwägung mit den geprüften, in Betracht kommenden anderweitigen Planungsmöglichkeiten gewählt wurde. Dies wie übrigens auch die „Präambeln" bei EU-Richtlinien mit der Zusammenfassung der wichtigsten Ziele der Richtlinie – ein eigentlich sehr bürgerfreundliches Regularium – und das alles nur für die Umweltaspekte? Ja, denn die EU-Kompetenz reicht nicht weiter. Aber wie will man das eigentlich in der Praxis durchhalten?

- **Vom Amtsblatt zur Elektronik – die Unterrichtung der Öffentlichkeit:**

  Die Information der Öffentlichkeit über beabsichtigte gemeindliche Planungen ist in Deutschland ein alles andere als transparentes Verfahren, nämlich keine Unterrichtung zumindest der Eigentümer, sondern die Ankündigung in Amtsblättern und Schwarzen Brettern oder in den Tageszeitungen. Dass diese Form der Unterrichtung im Grunde ein Formalakt ist, weiß jeder, ist aber tief verwurzelt in der deutsche Verwaltungstradition. Dass Eigentümer nicht immer bekannt sind, ist auch in anderen Ländern so – weshalb aber deshalb nicht diejenigen unterrichten, die man erreichen kann? Auch hier kommt der Anstoß zur Veränderung durch das europäische Recht – die sog. „Öffentlichkeits-Beteiligungsrichtlinie" der EU eröffnet die Möglichkeit, schrittweise auch die Verpflichtung zur (alternativen) Information und Kommunikation über die elektronischen Medien.

3. Zum Prozess der Angleichung an das EU-Recht

3.1 Die neue und „stärkere" Rechtsordnung setzt sich durch

Die europäische Einigung geschieht auf der Grundlage einer Rechtsgemeinschaft, also gemeinsamer Regeln für alle. Das Recht wird neu geschrieben – es ist relativ unbelastet von z. T. jahrtausendealten Rechtstraditionen des Rechts der Mitgliedsstaaten. Es wird für die heutigen Probleme neu entwickelt; es ist also tendenziell zeitgemäßer. Es muss also sehr viel weniger in vorhandene Rechtstrukturen eingefügt werden. Es ist supranational, also für alle Staaten verfasst, d.h. es wird nicht die Rechtsordnung des einen Staates dem anderen übergestülpt. Der Prozess der Rechtsangleichung in den vom EU-Recht für gemeinschaftliche Lösungen geöffneten Bereichen überlagert wohl auch deshalb nationale Regelungen und geht über die gemeinschaftlichen Kompetenztitel hinaus. Fragen, die sich heute bei der Verschmelzung des EU-Rechts mit dem deutschen Recht – hier dem Bauplanungsrecht – stellen, reichen von der Akzeptanz des „neuen" Rechts, seiner verantwortlichen Vermittlung durch Politik und Medien, der Überprüfung „überflüssigen" nationalen Regelwerks bis hin zur Chance, eine Adaption als Ressource und als Modernisierungs- und Innovationspotenzial nutzbar zu machen.

3.2 Umweltprüfung

Die Umweltprüfung nach dem 2004 neu gefassten Bauplanungsrecht (§ 2 Abs. 4 und Anlage zum BauGB) bedeutet eine behutsame, aber doch wohl nachhaltige Modernisierung des Verwaltungsverfahrens. Welche Spuren das dann hinterlässt, wird die Praxis zeigen. Die Neuregelung bringt – so ließe sich das Regelwerk jedenfalls verstehen – einen Schub an Innovation für transparentere Entscheidungen und der Begründungen:

- Die Behörden, faktisch wohl auch die Öffentlichkeit werden frühzeitig über den Untersuchungsrahmen der Umweltprüfung und damit eines Kernelements der Planung unterrichtet und sollen dazu Stellung nehmen.

- Die Bauleitpläne werden mit den nach Einschätzung der Gemeinde wichtigen, schon vorliegenden umweltbezogenen Stellungnahmen – auch solchen der Öffentlichkeit – offen gelegt.

- Ob es sinnvoll, im Einzelfall in der Aufteilung eine Stellungnahme in umweltbezogene und sonstige Stellungnahmen praktikabel und – allgemein – wünschenswert ist, wird sich zeigen.

- Bei der Offenlage sind auch Angaben über die verfügbaren umweltbezogenen Informationen zu machen.

- Nur über diese? Nur über die Lärmwirkungen eines Einzelhandelsprojekts – nicht aber auch die Auswirkungen auf den Einzelhandel?

3.3 Monitoring

Die Plan-UP-Richtlinie gibt es den Mitgliedsstaaten auf, unvorhergesehene nachteilige Auswirkungen von umweltgeprüften Plänen im Auge zu behalten – „Monitoring" wird das genannt, zu Deutsch: „Überwachung"[9]:

- Dass sich die planende Gemeinde um „ihren" Plan nun tatsächlich auch noch nach der Beschlussfassung kümmert, was daraus wird, welche Probleme eintreten – Geschah das bisher etwa nicht?

- Und warum nur für die Umweltfolgen – also, dass z. B. der Verkehr, den das neue Einkaufscenter evoziert, deutlich höher als angenommen und daher zu

[9] Art. 10 UP-Richtlinie; § 4 c BauGB.

„unvorhergesehen nachteiligen Folgen“ für die Lärmbelastung der Anlieger führt, dass aber die unvorhergesehen Auswirkungen auf die Handelsstruktur nicht nachzuprüfen sind?

3.4 Beteiligungen

a) Ein neuer Ansatz?

Dass die „Bürgerbeteiligung“ aus dem BauGB herausgegangen und nicht die „Bürgerinnen- und Bürgerbeteiligung“, sondern die „Öffentlichkeitsbeteiligung“ (§ 3 BauGB) an ihre Stelle getreten sind, ist eine weitere Auswirkung der Übernahme des EU-Rechts bei der Veränderung der Beteiligungsverfahren.

- Das beginnt – wie schon oben erwähnt - bei den Begriffen („Öffentlichkeit“ statt „Bürger“),
- setzt sich in strikteren formalen Beteiligungsregeln und einer
- Festlegung der Beteiligungszeitpunkte fort, ebenso in
- der Rückkoppelung der Ergebnisse,
- der Offenlegung von Planungen durch die elektronischen Medien,
- der Offenlegung der eigenen Entscheidungsgrundlagen bis hin zu
- Monitoring, aber auch
- Präklusion bei Nicht-Beteiligung; die Präklusion ist zwar EU-rechtlich nicht indiziert, greift aber Verfahrensregelungen in EU-Mitgliedsstaaten auf[10].

b) Verfahren – und Inhalt?

Von „Inhalten“ ist da also sehr wenig zu lesen, viel mehr aber von Verfahrensregeln. Das spiegelt eine andere Philosophie wieder: Nicht „Hauptsache das Ergebnis stimmt“, sondern

[10] Vgl. § 4 a Abs. 6 BauGB.

- das Verfahren gibt die Chance, aber auch den Rahmen für die Ermittlung der Planungsprobleme vor: als demokratisches Verfahren ebenso wie aus Respekt vor der Fachkunde und den Interessen der Beteiligten.
- „Verfahrenskultur" versus „Ergebnisorientierung"?
- birgt dies auch die Chance der Aktivierung der Potenziale der Zivilgesellschaft – angesichts eines immer schwächeren Staates und seiner Bürokratie – und angesichts neuer Machtverteilungen auch innerhalb des privaten Sektors?
- weniger Staat und Verwaltung – mehr zivile Verantwortung?

3.5 Zugleich eine neue Regionalisierung

Die Darstellung soll aber nicht täuschen. Keineswegs sind die nationalen Planungsrechtsordnungen und die nationalen Verfahren dabei, sozusagen gesamteuropäisch zu konvergieren. Der Eindruck deutet eher auf das Gegenteil hin[11]:

- Unterhalb dessen, was die EU-Richtlinien und dem gestrengen Europäischen Gerichtshof für alle Mitgliedsstaaten vorgeben,
- entwickelt sich das Rechtssystem in den EU-Mitgliedsstaaten in den vertrauten Bahnen weiter,
- spiegelt nationale Traditionen und Trends sehr viel stärker wider als europäische Konvergenz.
- Und warum auch nicht?
- Der Innovations- und Modernisierungsgewinn durch neues Rechts ist die eine Seite, das Wieder finden regionaler Besonderheiten in der Rechtsordnung ist das andere.
- Und wer ist berufen und in der Lage, zu sagen, wem der Vorzug zu geben ist?

[11] Vgl. zum folgenden die – noch nicht veröffentlichte – Studie von Hellmut Wollmann zum Rechts- und Verwaltungsvergleich von Städtebaurecht und Baugenehmigungsverfahren in ausgewählten Staaten der EU (England, Frankreich, Schweden, Deutschland).

3.6 Förderprogramme

Die „Europäisierung“ spiegelt sich auch in neueren städtebaulichen Programmen wieder, die wie das Programm „Die Soziale Stadt“ oder die Stadtumbauprogramme hinsichtlich Bündelung von sektoralen Programmen und die planerischen Gesamtkonzepte erheblich Anstöße von europäischen Programmen erhielten:

- Mageblich waren hierfür die stadtorientierten EU-Förderprogrammen – Beispiel „URBAN“ oder die Städteförderung innerhalb der Strukturfonds.
- Die Fachwelt ist sich einig, dass diese Programme im Grundansatz „intelligenter“ sind als manche entsprechenden nationalen Programme:
- Weil sie problemorientierte öffentliche Programmpolitik anstelle sektoraler Programme stellen.
- Unsere meist sektoralen, nach Ressortprinzipien bestimmten Programme sind deshalb strukturell weniger sachgerecht, weniger zielgenau, zu teuer, zu aufwendig, zu wenig Bottom up.
- Und interessant ist, dass sich die jüngsten Städtebauprogramme – „Soziale Stadt“ ebenso wie Stadtumbau – diesen überfachlichen Gesichtspunkt aufgreifen, so dass sie eigentlich viel mehr „Problemorientierte Programme“ denn Fachprogramme sind.

4. Wettbewerb der Systeme

Der Prozess der „Europäisierung“ des Bauplanungsrechts verläuft aber keineswegs nur über die Verbreiterung des Europarechts und seine Umsetzung in das deutsche Recht. Dieser Prozess wird vielmehr ergänzt durch einen „Wettbewerb der innereuropäischen Regelwerke“ in einem relativ offenen Gemeinschaftsraum.

Im offenen europäischen Wirtschaftsraum verstärkt sich die Information über die Regeln in den anderen EU-Mitgliedsstaaten. Vergleiche werden angestellt, ein Ranking der Standortqualitäten – und die rechtlichen Rahmenbedingungen werden darin mit einbezogen.

Es kann daher gar nicht überraschen, dass der „Blick über den Zaun“ auch zu Anregungen in der deutschen Gesetzgebung, auch im Bauplanungsrecht führte.

Die Wiedereinführung des städtebaulichen Entwicklungsrechts 1990/1993, das sog. Baurecht auf Zeit (EAG Bau 2004), die neuen Bestimmungen des EAG Bau zum großflächigen Einzelhandel und neue Formen der Zusammenarbeit zwischen dem öffentlichen und privaten Sektor geben dafür Anschauungsmaterial – das soll hier nur angedeutet, nicht weiter ausgeführt werden[12].

Andererseits wird das keineswegs oder gar notwendigerweise eine Angleichung der Planungsverfahren oder des sonstigen Bauplanungsrechts zur Folge haben. Da ja dieses Rechtssystem in die Fülle der jeweiligen nationalen sozioökonomischen und kulturellen Rahmenbedingungen eingebettet bleibt, wird es sich dem Wettbewerb nach den jeweiligen nationalen Bedingungen stellen. Das kann durchaus zu einer höheren Diversifizierung führen, worauf auch schon hingewiesen wird[13].

5. Lernen vom Nachbarn

Eine weitere Dimension – sie schließt an den Gedanken des „Wettbewerbs der Systeme" an und drückt eigentlich den gleichen Gedanken etwas freundlicher aus – kann man nennen: Lernen vom europäischen Nachbarn. Dazu zwei Beispiele: Baukultur einerseits, Nachhaltigkeit, Abwägung und Umweltprüfung andererseits.

5.1 Baukultur

Das Beispiel Baukultur als Gegenstand staatlicher Politik – gerade wurde ein Bundesgesetz zur Gründung einer „Bundesstiftung Baukultur" vorbereitet – ging auf die Beobachtung der Herausformung eigenständiger Politikansätze im europäischen Ausland zurück; z. B. in Finnland („nationale Baukulturpolitik"; wo man meint, die beste Architektur für jedermann zu haben) über die Niederlande (Reichsbaumeister u. a. – wo man die Architektur besonders geschickt international präsentiert) und Frankreich (nationales Institut für Architektur – wo Bauen „Chefsache" ist) bis Italien (eine Fülle von öffentlichen Initiativen der Baukultur). Während in Deutschland die Kulturpolitik Baukultur und Architektur – und damit die Mutter der Künste – aus dem Kulturbegriff ausschloss und in der Bundespolitik dies eher nur nach Interesse und Charisma des jeweiligen Bundeskanzlers oder Bundesbauministers ein Thema war. Dahinter steht auch Baupolitik – Export von Architektur- und Ingenieurleistungen und in deren Gefolge von deutschen Bauprodukten und Bauunternehmen –, ebenso aber auch der Versuch einer bundesstaatlichen Politik für ein nationales Element der deutschen Kultur. Der europäische Dialog hat die neuere deutsche Initiative ganz maßgeblich aus dem kleinstaatlichen Nirgendwo ganz entscheidend befördern können.

---

[12] Vgl. hierzu vertiefend z. B. Krautzberger, DVBl. 2005, S. 197.
[13] Vgl. Fn. 11.

5.2 Nachhaltigkeit als Leitlinie der räumlichen Planung

Das Beispiel Nachhaltigkeit, Umweltprüfung und Abwägung – ein komplexer Zusammenhang, hochinteressant im europäischen Abgleich der Ansätze. Das beginnt bei der „Falle" des deutschen und europäischen Umweltbegriffs – seiner Veränderung bei der Adaption aus dem angloamerikanischen Raum, wo er eigentlich etwas umschreibt, was man in Deutschland mit räumlicher Planung bezeichnen würde. Die „Umweltprüfung" wird in dieser Logik und unter Hinnahme der Verengung auf „Umweltbelange" verengt. Dieser „Falle" lässt sich entgehen – und die Europäische Kommission selbst[14] hat dies recht positiv empfohlen: Die Fortentwicklung der Umweltprüfung zur einer „Nachhaltigkeitsprüfung". Das bedeutet soviel wie: Die Umweltprüfung nicht auf die ökologischen Belange beschränken, sondern ihre Verfahrensanforderungen – von den Beteiligungen bis zum Monitoring – auch auf die sozialen und ökonomischen Belange zu erweitern und damit für alle Belange im Sinne des § 1 Abs. 6 BauGB. In der Nachhaltigkeitsprüfung würden *alle* Belange „gleichwertig" einem bestimmten Verfahren unterzogen, was dann die Chance eröffnete, einseitige Prüfungsvorgänge und Verfahrens-Privilegien wieder „einzuholen". Aus skandinavischen Staaten wird berichtet, dass man diesen Weg beschreiten will. Der deutsche Gesetzgeber hat sich diesen Weg noch nicht zugetraut oder hat die Zeit dafür noch nicht gesehen. Eine solche über die Richtlinie der EU hinausgehende Umsetzung hätte das Tor für politische Einwände einer „überschießenden Umsetzung" zu weit geöffnet.

5.3 Nachhaltigkeit als Rechtsbegriff

Wie steht es dann aber mit der Nachhaltigkeit als Rechtsbegriff? Immerhin ist dieser Grundsatz jetzt recht ausführlich in § 1 Abs. 5 BauGB 2004 aufgenommen worden. Was können wir von den Nachbarn dabei lernen? Und wie ordnet sich das ein in die Abwägungsdogmatik, die einem als Planer ebenso wie aus der planungsrechtlichen Judikatur bestens vertraut ist? Leistet der Begriff der „Nachhaltigkeit" etwas für die planerische Entscheidung über die „Abwägung" hinaus und zwar was?

Dazu einige Fragen und Antwortversuche:

Von der Nachhaltigkeitsprüfung als „Ausweg aus der Falle" eines wohl zu engen Umweltbegriffs hin zur Erweiterung auf alle planerisch relevanten Belange war schon die Rede. Damit wäre man aber erst bei der regulären Ebene der Abwägung angelangt. Nachhaltigkeit will ja mehr. In der Vorsorge für die Belange der nächsten Generation – jetzt in § 1 Abs. 5 BauGB verankert – wird das sichtbar. Das legt sich quer zum vertrauten Glasperlenspiel, aber das wird ebenso sichtbar in dem ja

---

[14] Europäische Kommission, Umsetzung Richtlinie 2001/42/EG für die Prüfung der Umweltauswirkungen bestimmter Pläne und Programme.

offenbar auf eine „win-win-Situation“[15] zielenden Nebeneinader der Zieltrias der Nachhaltigkeit („Wirtschaft - Soziales - Umwelt“) in § 1 Abs. 5 Satz 1 BauGB. Das kann man mit dem Abwägungsgedanken nicht so recht greifen – oder will man die Belange der nächsten Generationen als abwägungsfähig bestimmen? Oder zeigt sich darin nicht eine andere Struktur und Funktion des Nachhaltigkeitsprinzips als jene der Abwägung? Führt sie – „Lernen vom Nachbarn“ – auch deshalb nicht nur „aus der Falle“, sondern auch in der Sache zu politischen Aufträgen an die Planung, an die politische Gestaltung der Wirklichkeit durch städtebauliche Planung – so wie sie ja vom Bundesverwaltungsgericht gerne als „lokale Städtebaupolitik“ gekennzeichnet wurde – durch die politisch verfasste Gesellschaft? Während die planerische Abwägung in ihrer rechtsstaatlich so zentralen Position dominiert und dominieren muss, so bleibt sie eben in der positiven politischen Gestaltung, also dem was man den „Mehrwert“ einer Entscheidung nennen will, merkwürdig blass, ja sprachlos. Und das muss auch so sein, ist doch die Abwägung als solche die Beschreibung eines juristischen (auch politischen) Entscheidungsmechanismus, eine Konfliktlösungsstrategie; namentlich: Wie komme ich zu einem rechtlich fairen Ergebnis? Damit hat es mehr mit einem rechtlichen Entscheid und der Welt der Akten zu tun als mit dem des Gestaltungswillens? Aber ist das eigentlich vom Gemeinwohl her betrachtet oder auch politisch gesehen alles, was Planung zu leisten hat? Die edle „Blässe“ des Abwägungsprinzips bezieht sich auf die Ausklammerung des Gewinns der Entscheidung für die Betroffenen der Entscheidung und für den Mehrwert schlechthin – von den künftigen Generationen war schon die Rede. Sozusagen rechtsstaatlich sauber exekutiert – da bleibt dann nur die Trauerarbeit für die zurückgestellten Belange, wie es Eckart Hien und Bernhard Stüer[16] nannten, übrig, kräftig zu benennen und zu beklagen, auf das andere Belange „durchkommen“? So gesehen ist Abwägung ein Reflex des Rechtsstaatsgewinns des 19. Jahrhunderts ebenso wie ein logisches Entscheidungsprinzip – aber auch für sich genommen die Selbstbeschränkung auf „fiat justitia“? Braucht man da nicht mehr? Oder anders gesagt: Fängt da nicht eigentlich politische Gestaltung an? Worin liegt der Mehrwert der Entscheidung? Was bringt es für die immerhin tangierten und wichtigen, aber eben zurückgestellten Belange?

Das meint dann wohl die Trias der Nachhaltigkeit: Nicht Wegwägen, so unvermeidbar das dann im Einzel- und Grenzfall auch sein wird, von dem man aber das Prinzip nicht definieren sollte, sondern der Auftrag nach der „win-win-Situation“. Über die edle „Blässe“ der Abwägung hinaus zur Verpflichtung zu Zielen? Die aus anderen Gründen, namentlich der Einbeziehung der Regelung in die europäischen Ansätze, durchaus zu hinterfragende naturschutzrechtliche Eingriffsregelung enthält bereits – aber eben nur für einen von vielen Belangen – eine Entscheidungsstruktur, die es zu bedenken gilt: Die in der Abwägung ganz oder teilweise Erhaltungsinteressen an Natur und Landschaft sind auszugleichen – das Modell einer Nachhaltigkeits-Entscheidung? Wo die „Trauerarbeit“ der Abwägung endet be-

---

[15] Vgl. Krautzberger/Stüer, DVBl. 2004, S. 914.
[16] A. a. O. (Fn. 15) m. w. N.

ginnt die nachhaltige Gestaltung? Und wird dies rechtlich-dogmatisch und planerisch-konzeptionell noch aufgearbeitet: Nachhaltigkeit – vom politischen Postulat zum Gestaltungs- und zum Rechtsprinzip?

5.4 Von der „Umweltprüfung" zur „Nachhaltigkeitsprüfung"

Von europäischen Nachbarn lernen: Die Umweltprüfung kann man – wie das Beispiel Schweden zeigt – auch als „Nachhaltigkeitsprüfung" umsetzen. Also nicht bei der Umwelt Halt machen, sondern alle Belange – und Nachhaltigkeit ist ja der Schirm für alle Belange – einbeziehen. Beim EAG Bau wurde das – wie erwähnt – zurückgestellt. Zuviel Neues, dann auch noch die nicht europarechtlich verbindlich vorgegebene Nachhaltigkeitsprüfung – als einer pluralistischem Umsetzung der UP-Prüfung anstelle einer singulären Umweltprüfung – dafür hätte man vielleicht nicht einmal innerhalb der Bundesregierung, sicherlich aber nicht im Parlament, namentlich wegen durchaus verständlicher Sorgen der kommunalen Gemeinde, dass „noch mehr" auf sie zukommt, kein Verständnis gefunden. Der Blick über die Grenzen zu den europäischen Nachbarn könnte hier noch in späteren Gesetzgebungen beflügeln. Aber die Planung macht ja nicht nur dass, was sie gesetzlich „muss" – sie könnte schon jetzt die Grundlage für eine kraftvolle Nachhaltigkeitsgestaltung legen.

6. Ein Blick voran ins Jahr 2015

Wie könnte sich diese Entwicklung fortsetzen? Wie könnten sich das Bauplanungsrecht bis ins Jahr 2015 fortentwickelt haben?

- Das Umweltrecht ist europäisch geregelt – von der umweltrelevanten räumlichen Planung bis zum Boden- und Naturschutz.
- Umweltminister auf der Ebene des Bundes oder des Landes gibt es nicht mehr und die deutschen Verwaltungen haben auf die Umsetzung des Europarechts umgestellt.
- Das räumliche Planungsrecht hat sich einheitlich auf die europäischen Vorgaben eingestellt: Die Nachhaltigkeitsprüfung und der Nachhaltigkeitsbericht, zusammen mit einem Planmonitoring ist generelle Regelung geworden.
- Beteiligungsverfahren sind die zentrale Plattform der Planungsverfahren.
- Bauleitpläne werden öffentlich diskutiert, in Bürgerversammlungen, in den Schulen und Vereinen und mitunter werden darüber Volksentscheide her-

beigeführt. Leerstehende Kirchen etablieren sich als Planwerkstätten der Öffentlichkeit.

- Investoren vertreten dabei auch selbst öffentlich ihre Vorhaben. Die Gemeinde moderiert diese Prozesse.

- Die Kosten von Planungen und Projekten in ihrer Langzeitwirkung auf die kommunalen Haushalte, auf die privaten Budgets und auf die Gemeingüter (kulturelles Erbe, Umwelt, öffentliche Plätze) werden namentlich von den Frauen und den jüngeren Menschen genau nachgefragt.

- Bauleitpläne werden regelmäßig nach 2 Legislaturperioden evaluiert und neu erlassen. Das stärkt die Relevanz von Planung und ermutigt die kommunalen Kräfte zu gemeinsamen Richtungsentscheidungen, die über die Legislaturperioden hinausgehen.

II Bedingte und befristete Baurechte: Anforderung an die planerische Steuerung von Zwischennutzungen

Prof. em. Dr. Gerd Schmidt-Eichstaedt

Das Thema beschäftigt sich auf den ersten Blick nur mit der Neuregelung in § 9 Abs. 2 BauGB – den befristeten oder bedingten Baurechten als Grundlage für Zwischennutzungen. Eine weitergehende Betrachtung muss jedoch auch der Frage nachgehen, in welchem Umfang öffentlich-rechtlich garantierte Baurechte durch städtebauliche Verträge, Dienstbarkeiten oder auch durch Baulasten bedingt und befristet werden dürfen. Möglicherweise muss dabei zwischen Baurecht im beplanten und unbeplanten Innenbereich und dem Bauen im Außenbereich unterschieden werden. Immerhin müssen sich seit dem EAG Bau 2004 die Vorhabenträger von bestimmten privilegierten Vorhaben im Außenbereich dazu verpflichten, ihre Anlagen wieder zu beseitigen, sofern und sobald sie deren Nutzung endgültig aufgegeben haben (zugehöriges Stichwort „Windkraftanlagen“). Auch darin liegt eine Befristung von Baurecht.

1. Die Neuregelung in § 9 Abs. 2 BauGB

1.1 Die Ausgangsfälle

Unmittelbarer Anlass für die Neuregelung waren folgende Fälle aus der Praxis.

Zum ersten der Fall „Sondergebiet Erholung, vorläufig Sandgewinnungsfläche“. Hier hatte die Gemeinde für eine Fläche im Außenbereich mit genehmigtem Sandabbau einen B-Plan aufgestellt, in dem ein in absehbarer Zeit vor der Ausschöpfung stehendes Sandabbaugebiet als „Sondergebiet Erholung, vorläufig Sandgewinnungsfläche“ festgesetzt war. Das OVG Lüneburg hat diese Festsetzung für nichtig erklärt, weil das BauGB keine zeitlich gestaffelten Festsetzungen erlaube.[1]

Zum zweiten der Fall: „Lärmschutz durch Gebäuderiegel“. Hier ging es darum, die Zulässigkeit einer Wohnnutzung erst dann zu eröffnen, wenn zwischen einer Wohnfläche und einem stark benutzten Stellplatz für großflächigen Einzelhandel ein lärmabschirmender Gebäuderiegel (mit gewerblicher Nutzung) errichtet worden war. Sowohl die Baufläche für den Gebäuderiegel als auch das Wohngebiet sollten durch denselben Bebauungsplan festgesetzt werden – mit textlicher Festsetzung, wonach die Wohnnutzung erst nach der Errichtung des lärmschützenden Gebäu-

---

[1] OVG Lüneburg, Urteil vom 8.2.2000 – 1 K 5513/98 –, BauR 2000, S. 1302; Leitsatz: § 9 BauGB erlaubt weder zeitlich gestaffelte unterschiedliche Festsetzungen noch bedingte Festsetzungen. Das gilt auch dann, wenn eine Nutzung, wie der Bodenabbau, aus der Natur der Sache begrenzt ist und sich daher die Frage der Folgenutzung aufdrängt.

deriegels sollte beginnen dürfen. Dies wurde sowohl vom OVG Lüneburg[2] als auch - in einem ähnlichen Fall - vom OVG Koblenz[3] vor dem 20.7.2004 für unzulässig erklärt.

Auf der Grundlage dieser Rechtsprechung war es nicht möglich, den Fall „Hannover-Weltausstellung" angemessen zu lösen: Hier sollte durch B-Plan eine Nachfolgenutzung für einen Teil des Ausstellungsgeländes festgesetzt werden. Das Gelände wurde durch B-Plan zunächst als SO-Gebiet für Ausstellungspavillons der Weltausstellung ausgewiesen. Der Plangeber wollte festlegen, dass auf demselben Gelände nach Abschluss der Weltausstellung ein Einfamilienhausgebiet entstehen sollte. Dies war mit Rücksicht auf die Rechtsprechung nicht möglich.

Die sachlichen Motive für die Festsetzung gestaffelter Nutzungen leuchten angesichts dieser Fälle unmittelbar ein. Deshalb hat sie der Gesetzgeber durch den neuen § 9 Abs. 2 BauGB regelungsfähig gemacht. Die vorgetragenen Fälle weisen aber jene Probleme nicht auf, die nun in der Literatur[4] Anlass zu Fragen geben. Hauptfrage ist, wie bestimmt jene Bedingung und Befristung sein muss, nach deren Eintritt oder Ablauf die Erstnutzung enden und durch eine Folgenutzung ersetzt werden soll.

1.2 Das Problem der Bestimmtheit oder Bestimmbarkeit

Festsetzungen in einem Bebauungsplan müssen bestimmt sein. Was bedeutet dies für bedingte oder befristete Festsetzungen? Manche verlangen, dass die Festsetzung so bestimmt sein müsse, dass der Eintritt der Befristung oder Bedingung von der den B-Plan anwendenden Bauverwaltung „ohne Zusatzinformation", d.h. wohl ohne jede zusätzliche Tatsachenerhebung, eindeutig feststellbar sein müsse. Das ist bei wortwörtlichem Verständnis nun schlechterdings unmöglich. Selbst der Eintritt eines bestimmten Datums kann nur durch einen Blick in einen richtig eingestellten Kalender – also nur mit einer zusätzlichen Datenerhebung – festgestellt werden. Es kann also nur darum gehen, welcher Aufwand mit der Feststellung des Eintritts der

---

[2] OVG Lüneburg, Urt. vom 7. April 2003 – 1 KN 3206/01 –, ZfBR 2003, S. 701. Leitsatz: Eine „Riegelbebauung", die zum Schutz einer benachbarten Wohnbebauung vor den Auswirkungen einer großen Stellplatzfläche festgesetzt wird, findet mit dem intendierten zeitlichen Vorrang der Errichtung der Riegelbebauung vor der Stellplatznutzung keine Rechtsgrundlage in § 9 BauGB.

[3] OVG Koblenz, Urteil vom 31.3.2004 – 8 C 11785/03 –, BauR 2004, S. 1116. Leitsatz: § 9 BauGB bietet keine Handhabe, um die zeitlich vorrangige Verwirklichung einer sog. Lärmschutz- oder Riegelbebauung vor der schutzbedürftigen Bebauung sicherzustellen.

[4] Siehe Bohn, Einräumung von zeitlich begrenzten Nutzungsrechten, Diss. Berlin 2002; Bunzel / Henckel, Verkürzung von Nutzungszyklen bei Gewerbeimmobilien, in: Raumforschung und Raumordnung 2003, 423 ff; Heemeyer, Rechtliche Gestaltungsmöglichkeiten von Zwischennutzungen, Münster 2003; Kuschnerus, Bedingte und befristete Festsetzungen in Bebauungsplänen – Zur praktischen Anwendung des neuen § 9 Abs. 2 BauGB, in: ZfBR 2005, 125; Pietzger Baurecht auf Zeit, in: NVwZ 2001, 968; Schieferdecker Baurecht auf Zeit im BauGB 2004, in: BauR 2005, 320.

Bedingung oder Befristung verbunden sein darf und wie eindeutig die Bedingung oder Befristung umschrieben sein muss. Beides hängt eng zusammen.

Je weniger eindeutig ein Ereignis beschrieben ist und je weniger offensichtlich es ist („Beginn der Wachstumsperiode"), desto mehr Aufwand benötigt man, um das Ereignis festzustellen. Wenn ein Ereignis selbst durch Begutachtung nicht eindeutig zu klären ist, ist es als Festsetzungsmerkmal ungeeignet. Wenn ein Umstand jedoch durch Augenschein zu klären ist, sollte man seine Verwendung zulassen – selbst wenn man über Tag und Stunde noch streiten könnte. Baurechte sind in aller Regel nicht darauf angewiesen, in der Geburtsstunde auf die Stunde oder gar Minute festgelegt zu werden. Die Tatsachenerhebung darf aber nicht von den Entschlüssen oder Erlaubnissen Dritter – z. B. von unternehmerischen Rentabilitätserwägungen – abhängen.

1.3 Ist eine phasenweise wechselnde Zulässigkeit festsetzbar?

Praktischer Fall: Ein Tennisplatz soll im Herbst und Winter durch eine Traglufthalle überdeckt werden dürfen – im Frühling und Sommer jedoch nicht. Kann man das festsetzen? Die gleiche Frage stellt sich bei der Eröffnung von Wohnwagenstellplätzen nur für eine bestimmte Jahreszeit – aber sich stets wiederholend. Wird das noch von § 9 Abs. 2 BauGB erfasst? M. E. ja – unter Geltung des Bestimmtheitsgebots. Die Ausdehnung einer Fabrikhalle durch einen Fertigteil-Anbau „bei Rechtfertigung durch die Auftragslage" darf nicht erlaubt werden. Auch eine Festsetzung, wonach eine bestimmte Nutzung erst „ab planerischer Sicherung einer hinreichenden Erschließung" (durch einen benachbarten Bebauungsplan) zulässig sein soll, begegnet Bedenken[5].

1.4 Darf die Bebaubarkeit von der Bereitstellung von Infrastruktur abhängig gemacht werden?

Die Baurechtsspezialisten werden sich daran erinnern, dass es einmal den § 9 a BauGB gegeben hat. Danach durfte die Bebaubarkeit eines Gebiets von der vorherigen Bereitstellung bestimmter Einrichtungen der öffentlichen Infrastruktur abhängig gemacht werden. § 9 Abs. 2 BauGB macht dies erneut möglich – wenn die Bedingung eindeutig genug umschrieben ist.

[5] Vgl. dazu BVerwG, Beschl. vom 6.12.2000 – 4 BN 59/00 –, NVwZ 2001, 431.

1.5 Welche Grenzen werden durch das Planungsschadensrecht gesetzt?

Befristetes Baurecht bedeutet – bei Fristablauf – beendetes Baurecht. Wenn kein gleichwertiges neues Baurecht an die Stelle des beendeten Baurechts tritt, liegt eine Aufhebung der bisher zulässigen Nutzung vor. Bedeutet dies, dass eine Entschädigung nach § 42 BauGB gezahlt werden muss?

Grundsätzlich gilt folgendes: Wenn der Gesetzgeber in § 9 Abs. 2 BauGB erlaubt, dass bestimmte Baurechte auch nur befristet oder bis zum Eintritt einer auflösenden Bedingung eingeräumt werden dürfen, dann liegt darin eine zulässige Eigentumsbindung – wenn die Vorschrift selbst verfassungskonform ist, was hier unterstellt wird. Zulässige Eigentumsbindungen sind nicht entschädigungspflichtig. Also löst die „Rücknahme" der zulässigen Nutzung durch anfängliche Befristung oder auflösende Bedingung keinen Anspruch auf Ersatz von Planungsschaden aus. Eine „Rücknahme" der anfangs zulässigen Nutzung ist offensichtlich entschädigungslos zulässig, wenn der ursprüngliche Planinhalt obsolet geworden ist (wie die Zulässigkeit eines Ausstellungspavillons nach dem Ende der Ausstellung).

Allerdings muss beachtet werden, dass der Gesetzgeber und damit auch der Plangeber sich an seine eigenen Regeln halten muss. Wenn im § 42 BauGB steht, dass nach Eröffnung der Zulässigkeit einer Bebauung im Normalfall ein „Plangewährleistungsanspruch" von sieben Jahren ab Zulässigkeit der Nutzung besteht, dann darf der Plangeber dieses Prinzip nicht systemwidrig und willkürlich durchbrechen. Eine Befristung oder Bedingung darf also in § 9 Abs. 2 BauGB nicht allein mit der Begründung erfolgen, dass man sich eine Verwirklichung der zulässigen Bebauung innerhalb von fünf Jahren wünsche. Darin läge ein indirektes Baugebot für alle Grundstücke im Plangebiet. Baugebote dürfen wiederum nur ausgesprochen werden, wenn städtebauliche Gründe die alsbaldige Durchführung der Maßnahme rechtfertigen. Allein das Vorhandensein eines B-Plans reicht zur Begründung der Dringlichkeit nicht aus. Außerdem läge darin eine unzulässige Verkürzung der Plangewährleistungsfrist von sieben Jahren auf fünf Jahre. Im Übrigen ist auch der Ablauf der Sieben-Jahres-Frist kein Freibrief für den Entzug einer bisher nicht ausgeübten Nutzungsmöglichkeit.[6]

---

[6] Vgl. OVG Lüneburg, Beschl. vom 5.4.2000 – 1 K 4846/98 –, ZfBR 2001, S. 54. Leitsatz: Eine mehr als sieben Jahre nicht ausgeübte Nutzung rechtfertigt es nicht, ein bisher bebaubares Grundstück ohne sorgfältige Bestandsaufnahme als private Grünfläche festzusetzen, weil es als „Trittsteinbiotop" zwischen zwei Landschaftsschutzgebieten dienen soll.

2. In welchem Umfang dürfen öffentlich-rechtlich garantierte Baurechte durch städtebauliche Verträge, Dienstbarkeiten oder auch durch Baulasten auflösend oder aufschiebend bedingt oder befristet werden?

2.1 Auflösende Bedingung

Für Bebauungspläne wird die Zulässigkeit einer auflösenden Bedingung oder beendenden Befristung im Grundsatz durch § 12 BauGB beantwortet. Für vorhabenbezogene Bebauungspläne ist es geradezu konstitutiv, dass sich der Vorhabenträger durch Vertrag zur Durchführung seines Vorhabens binnen einer bestimmten Frist verpflichtet. Kommt der Vorhabenträger seiner Verpflichtung nicht nach, „soll die Gemeinde den Bebauungsplan aufheben" (§ 12 Abs. 6 Satz 1 BauGB). Aus der Aufhebung können Ansprüche des Vorhabenträgers gegen die Gemeinde nicht geltend gemacht werden. Damit ist genau jene Eigentumsbindung ohne Plangewährleistung geregelt, von der oben die Rede war.

Aus der Regelung in § 12 BauGB werden auch die Grenzen der Zulässigkeit einer vertraglichen Befristung von Baurechten erkennbar:

- Die Aufhebung des Baurechts bei Nichtverwirklichung erfolgt nach § 12 BauGB nicht automatisch, sondern nur kraft erneuter Planung; diese Planung muss abwägungsgerecht sein. Zuvor ist zu prüfen, ob Anlass und Gelegenheit zu einem Wechsel des Vorhabenträgers besteht. Wenn ja, darf die Gemeinde ihre Zustimmung im Regelfall nicht verweigern.
- Nur wenn die Aufhebung abwägungsgerecht ist, gibt es keine Ansprüche auf Ersatz von Planungsschäden.

2.2 Aufschiebende Bedingung oder Befristung

In Zeiten des Stadtumbaus ist es nicht unüblich geworden, die Eigentümer von Baugrundstücken, deren aufstehende Bebauung mit Subventionierung durch öffentliche Mittel aus dem Stadtumbau-Programm beseitigt wird, vertraglich zu verpflichten, ihr Grundstück während einer bestimmten (mehrjährigen) Frist nicht wieder zu bebauen. Damit wird das Baurecht auf Zeit entzogen. Möglicherweise wird in dieser Zeit eine andere bauliche Nutzung per Befreiung zugelassen.

Gibt es hier Grenzen des Zulässigen? Es liegt auf der Hand, dass ein öffentlich-rechtlich festgestelltes Baurecht nicht **auf Dauer** durch städtebaulichen Vertrag mit der für die Planung zuständigen Gemeinde entzogen werden darf. Baurechte, die vom Planungsträger auf Dauer entzogen werden sollen, müssen durch öffentlich-rechtliche Planung entzogen werden. Anderenfalls wird das Planungsschadensrecht umgangen.

Eine vertragliche Aussetzung von Baurechten kann also immer nur **auf Zeit** erfolgen. Wie lange, ist eine Frage der Abwägung. Während der vertraglichen Aussetzung ist der Lauf der Plangewährleistungsfrist in entsprechender Anwendung des § 42 Abs. 5 BauGB gehemmt. Wenn ein Eigentümer durch Veränderungssperre oder Zurückstellung seines Baugesuchs an der Verwirklichung seines Baurechts gehemmt worden ist, verlängert sich die Sieben-Jahres-Frist entsprechend. Dies muss auch bei vertraglicher Hemmung gelten.

2.3 Duldungspflichten

Einschränkende Bedingungen der zulässigen Nutzung können auch durch Duldungspflichten herbeigeführt werden. Der Eigentümer darf nutzen, aber nur unter der einschränkenden Bedingung, dass er bestimmte Immissionen aus der Nachbarschaft duldet.

Hier gilt folgendes: Der Eigentümer darf nicht zu seinem Nachteil auf Rechte verzichten, die das öffentliche Recht zu seinen Gunsten – möglicherweise auch im Interesse der öffentlichen Sicherheit und Ordnung – konstituiert hat. Niemand kann sich verpflichten, gesundheitsschädliche Immissionen zu dulden. Eine Duldungspflicht ist nur dann zulässig, wenn der Eigentümer zugleich verpflichtet wird, den Immissionen durch technische Vorkehrungen so entgegenzuwirken, dass keine Gesundheitsschäden eintreten können und dass die öffentliche Sicherheit und Ordnung gewahrt bleibt.

3. Die Rückbauverpflichtung nach Aufgabe der Nutzung als „qualifizierte Befristung"

Nach § 35 Abs. 5 BauGB i. d. F. des EAG Bau ist vom Vorhabenträger für privilegierte Vorhaben nach § 35 Abs. 1 Nr. 2 bis 6 BauGB „als weitere Zulässigkeitsvoraussetzung" eine Verpflichtungserklärung abzugeben, das Vorhaben nach dauerhafter Aufgabe der zulässigen Nutzung zurückzubauen und Bodenversiegelungen zu beseitigen. Darin liegt eine aufschiebende Bedingung für die Zulässigkeit (die Zulässigkeit tritt nur nach Abgabe der Verpflichtungserklärung ein), verbunden mit einer qualifizierenden Handlungspflicht, nämlich der Rückbauverpflichtung.

In der Literatur wird behauptet, dass die in § 35 Abs. 5 Satz 2 BauGB normierte Rückbauverpflichtung bundesrechtlich keine neue Verpflichtung schaffe, sondern diese als bestehend voraussetze[7]. Bereits nach geltendem Recht führe die Aufgabe

---

[7] Berkemann/Halama, Erstkommentierungen zum BauGB 2004, vhw-Verlag Bonn 2005, S. 435 ff.

der Nutzung eines privilegierten Vorhabens zu einem formell und materiell baurechtswidrigen Zustand. Einen Bestandsschutz gebe es insoweit nicht. Man beruft sich insoweit auf den Beschluss des OVG Lüneburg vom 21.1.2000 (Pflicht zum Rückbau einer militärisch nicht mehr genutzten Nachrichtenstation im Landschaftsschutzgebiet)[8].

Ob man dem uneingeschränkt folgen kann, erscheint zweifelhaft. Folgende Erwägungen könnten dem entgegenstehen: Eine legal errichtete bauliche Anlage wird als solche weder formell noch materiell dadurch rechtswidrig, dass sie nicht mehr genutzt wird und die Nutzung endgültig aufgegeben wird. Das hohle, nicht mehr genutzte Gebäude bleibt rechtmäßig, solange von ihm keine bauordnungsmäßigen Gefahren für die Sicherheit und Ordnung auszugehen drohen. Das wird bei Ruinen vielfach der Fall sein, ist jedoch nicht zwingend. Eine nicht mehr genutzte mittelalterliche Burg oder eine aufgegebene Wassermühle im Außenbereich (ohne Denkmalschutz) ist nicht per se formell und materiell rechtswidrig. Sie bleibt rechtmäßig. Es ist grundsätzlich Sache des Eigentümers, darüber zu entscheiden, ob und wann er eine auf seinem Grundstück befindliche ungenutzte bauliche Anlage beseitigen möchte, es sei denn, dass von ihr Gefahren ausgehen. Denn: Nichtnutzung ist keine genehmigungspflichtige Nutzungsänderung! Für militärische Nutzungen errichtete bauliche Anlagen stellen wiederum einen Sondertatbestand dar, der in § 37 Abs. 2 besonders geregelt ist; die vom OVG Lüneburg[9] angenommene Rückbauverpflichtung nach Aufgabe ist ein Spiegelbild der besonderen Privilegierung nach § 37 Abs. 2 BauGB, mit der nahezu jeder Widerstand überwunden werden kann. NOTA BENE: Der Wegfall des Bestandsschutzes wegen endgültiger Aufgabe der Nutzung führt nicht per se zu einer Beseitigungspflicht! Diese muss sich aus anderen Vorschriften ergeben.

Wenn man dieser Auffassung folgt, ist die nunmehr in § 35 Abs. 5 BauGB konstituierte Rückbauverpflichtung durchaus neu. Denn sie tritt ohne Rücksicht auf die Frage ein, ob eine bauordnungsrechtliche Gefahr vorliegt. Die in § 35 BauGB geregelte Rückbauverpflichtung könnte als Ausfluss der planungsrechtlichen Erkenntnis gewertet werden, dass der Außenbereich nicht für bauliche Anlagen bestimmt ist – bis auf die Wirtschaftstellen land- und forstwirtschaftlicher Betriebe, die alle in gewissem Umfang auch der Pflege des Außenbereichs dienen. Die Rückbauverpflichtung für alle Vorhaben nach § 35 Abs. 1 Nr. 2 - 6 BauGB wäre danach die Dokumentation einer planungsrechtlichen Auffassung, wonach das Bauen im Außenbereich – mit Ausnahme land- und forstwirtschaftlicher Vorhaben – nur verliehen wird, aber kein Ausfluss des Eigentums ist. Dieses ist / dieses wäre eine durchaus neue bodenrechtliche Regelung. Im Ergebnis würde sie bedeuten, dass das Recht zum Bauen im Außenbereich verliehen wird (also auch mit Folgepflichten

---

[8] OVG Lüneburg, Urt. vom 21.1.2000 – 1 L 4202/99 –, ZfBR 2000, S. 349.

[9] Der vom OVG Lüneburg entschiedene Fall wies zudem die Besonderheit auf, dass eine teilweise Beseitigungspflicht vertraglich geregelt war.

wieder entzogen werden kann). Ein Recht zum Bauen als immanenten Bestandteil des Rechts auf Eigentum gäbe es dann nur noch im Innenbereich.

III Umweltprüfung in der Landschaftsplanung

Prof. Dr. Johann Köppel

Mit der 2005 erfolgten Umsetzung der SUP-Richtlinie[1] der Europäischen Union in das nationale UVP-Gesetz[2] trifft die neu eingeführte (Strategische) Umweltprüfung in Deutschland auf das lange eingeführte Instrument der Landschaftsplanung. Durch die Zuordnung der Landschaftsplanung zu den unterschiedlichen Ebenen der Raum- und Bauleitplanung erfolgt diese bereits auf allen Ebenen der räumlichen Planung. Sie formuliert und bündelt die für eine sachgerechte Abwägung erforderlichen Ziele des Naturschutzes und der Landschaftspflege für den jeweiligen Planungsraum. Dazu werden schon bislang Fachinformationen zu unterschiedlichen Naturgütern und von unterschiedlichen Fachbehörden aufbereitet und fachlich bewertet. Diese weisen eine sehr große Schnittmenge mit den SUP relevanten Schutzgütern des § 2 Abs. 1 UVPG bzw. den in § 1 Abs. 6 Nr. 7 BauGB dargestellten Inhalten der Umweltprüfung auf.

Mit der Landschaftsplanung liegt damit bereits eine umfassende, an den Fragestellungen der Planungsträger orientierte i. d. R. flächendeckende Darstellung und Beurteilung des aktuellen Umweltzustands sowie voraussichtlicher Auswirkungen von Nutzungsänderungen vor. Die Regelungen zur Umweltprüfung haben verfahrensrechtliche Bedeutung. Ihre Bewertungsmaßstäbe für den betroffenen Planungsraum beziehen sie aus den jeweiligen fachlichen und fachrechtlichen Zielvorgaben für die einzelnen Umweltbereiche.[3] Damit können auch die in Landschaftsplänen sachlich und räumlich konkretisierten und gebündelten Ziele des Naturschutzes und der Landschaftspflege bewertungsrelevante Maßstäbe für die Umweltprüfung darstellen. Voraussetzung ist gegebenenfalls ihre jeweils hohe Aktualität und Orientierung an den jeweils jüngsten Rechtsnormen und Fachstandards.

Die Darstellungen, Bewertungen und Zielsetzungen der Landschaftsplanung stellen somit eine Voraussetzung für die Erfüllung europarechtlicher Anforderungen dar,

---

[1] Richtlinie 2001/42/EG des Europäischen Parlaments und des Rates vom 27. Juni 2001 über die Prüfung der Umweltauswirkungen bestimmter Pläne und Programme (SUPRL), ABl. vom 21.07.2001, Nr. L 197, S. 30..

[2] Gesetz über die Umweltverträglichkeitsprüfung i.d.F. der Bekanntmachung v. 25. 6.2005 I 1757, 2797; geändert durch Art. 2 G v. 24. 6.2005 I 1794.

[3] Vgl. §14g Abs. 2 Nr. 2 UVPG.

die sich insbesondere aus der UVP-[4] und SUP-Richtlinie, der FFH-Richtlinie[5] und auch der Wasserrahmenrichtlinie[6] ergeben.[7]

De jure sind nach § 14 Abs. 2 BNatSchG die Inhalte der Landschaftsplanung in Planungen und Verwaltungsverfahren zu berücksichtigen und insbesondere für die Beurteilung der Umweltverträglichkeit heranzuziehen. Liegen Landschaftspläne vor, sind deren Bestandsaufnahmen und Bewertungen in der Umweltprüfung heranzuziehen (§ 2 Abs. 4 Satz 5 BauGB).

Eine Verweisung auf die Landschaftsplanung erfolgt auch im UVP-Gesetz. So legt § 19 a Abs. 1 UVPG fest, dass bei der Aufstellung und Änderung von Landschaftsplanungen nach den §§ 15 und 16 des Bundesnaturschutzgesetzes ein erweiterter Schutzgutkatalog zu bearbeiten ist. Die Betrachtung der Umweltauswirkungen ist auf alle im UVPG angelegten Schutzgüter auszuweiten. Ein Vergleich des Schutzgutkatalogs des UVP-Gesetzes (§ 2 Abs. 1 Nr. 1 - 4) mit den naturschutzrechtlich begründeten Inhalten der Landschaftsplanung (insb. § 14 i. V. mit §§ 1 und 2 BNatSchG) macht deutlich, dass es hierbei im Wesentlichen um eine zusätzliche Einbeziehung der Schutzgüter „Mensch und menschliche Gesundheit“, eine erweiterte Betrachtung von Kultur- und Sachgütern und die Berücksichtigung des Aspekts „Wechselwirkungen“ geht.

Klar herausgearbeitet sind diese Unterschiede zwischen den naturschutzrechtlich begründeten Schutzgütern und den erforderlichen Ergänzungen in den 2004 neu ins Baugesetzbuch aufgenommenen Regelungen zur Umweltprüfung in § 1 Abs. 6 Nr. 7 BauGB. Das UVP Gesetz sieht weiter vor, dass die Inhalte dieser **erweiterten** Landschaftsplanungen, bei denen eine Strategische Umweltprüfung durchgeführt worden ist, bei der Umweltprüfung anderer Pläne und Programme herangezogen werden sollen (§ 19 a Abs. 3 UVPG).

Damit wird deutlich, dass die Umweltprüfung in der Landschaftsplanung grundsätzlich Synergien zur Bauleitplanung (und Raumordnung) ermöglicht. Sie unterliegt jedoch einem aufgrund entstehender Redundanzen und Überregulierungen fragwürdigen und schon bei den Verhandlungen des Richtlinienvorschlags in Brüssel umstrittenen Duktus der SUP-Pflicht von Schutzplanungen selbst. Das juristisch-theoretische Konstrukt, dass die Qualität und Rationalität umweltschützender Planungen etwa durch die Aufdeckung von Problemverlagerungen durch eine

---

[4] Richtlinie 85/337/EWG des Rates vom 27. Juni 1985 über die Umweltverträglichkeitsprüfung bei bestimmten öffentlichen und privaten Projekten (ABl. EG Nr. L 175/40).

[5] Richtlinie 92/43/EWG des Rates vom 21. Mai 1992 zur Erhaltung der natürlichen Lebensräume sowie der wildlebenden Tiere und Pflanzen (ABl. EG Nr. L 206/7 vom 22.7.1992, S. 7).

[6] Richtlinie 2000/60/EG des europäischen Parlaments und des Rates vom 23. Oktober 2000 zur Schaffung eines Ordnungsrahmens für Maßnahmen der Gemeinschaft im Bereich der Wasserpolitik (ABl. EG Nr. L 327 vom 22.12.2000, S. 1).

[7] vgl. SRU (2006): Der Umweltschutz in der Föderalismusreform. Stellungnahme, Nr. 10, Februar 2006, S. 23.

Umweltprüfung wesentlich gesteigert werden könne, erweist sich in der Umsetzung – wie absehbar – jedoch als kontraproduktiv.

De facto sind so erhebliche Unsicherheiten bei Planungsträgern, insbesondere Städten und Gemeinden sowie Planungsbüros entstanden. Das Zusammenspiel von z. B. Flächennutzungsplan, Landschaftsplan, Fachplanungen und zugehörigen Umweltprüfungen sind schwer durchschaubar geworden und die oben zitierten rechtlichen Regelungen sind durch ihre interpretationsbedürftigen Verweisketten für eine praktische Anwendbarkeit nicht unbedingt hilfreich.

Bei dem Thema „Umweltprüfung in der Landschaftsplanung" müssen letztlich zwei Aspekte unterschieden werden:

- die Umweltprüfung der Landschaftsplanung selbst (indem sie um einige inhaltliche und verfahrensbezogene Elemente der Umweltprüfung ergänzt wird) und
- die besondere Funktion der Landschaftsplanung für die Umweltprüfung anderer Pläne und Programme wie der Raum- und Bauleitplanung und der Fachplanungen („support-Funktion" der erweiterten Landschaftsplanung).

Im Wesentlichen bleibt es wieder einmal der Praxis überlassen, die Verwirrung und Redundanzen, die der Gesetzgeber mit der Umweltprüfungs-Pflicht der Landschaftsplanung geschaffen hat in einer handhabbaren Weise zu bewältigen. Dabei ist die Schnittmenge zwischen Landschaftsplanung und Umweltprüfung herauszuarbeiten.

Die Umweltprüfung der Landschaftsplanung selbst kann und muss hier schnell abgehakt werden, weil so gut wie keine erheblichen negativen Umweltauswirkungen der Landschaftsplanung erkennbar sind (schon per Definition nicht)[8]. Die Zusammenstellung der positiven Umweltauswirkungen der Landschaftsplanung stellt eine reine Fleißaufgabe dar.

Daher gehört im Folgenden die Aufmerksamkeit den tapferen Bemühungen der Kommunen in Deutschland, dem o. a. richtlinien- und gesetzestechnischen Übereifer einer SUP-Pflicht von Schutzplanungen für die planerische Praxis einen sinnvollen Weg zu finden. Diese Situation kann – unabhängig vom gesetzlich vorgesehenen Integrationsmodell – einen Trend zur Primärintegration der Landschaftsplanung in die Raum- oder Bauleitplanung fördern.

---

[8] Vgl. Christina von Haaren, Frank Scholles, Stefan Ott, Alke Myrzik und Katrin Wulfert (2004): Strategische Umweltprüfung und Landschaftsplanung. Abschlussbericht zum F+E-Vorhaben 802 82 130 des Bundesamts für Naturschutz. Universität Hannover.

Dort, wo dies nicht bereits durch gesetzliche Regelungen erfolgt ist, wie u. a. in Bayern und Rheinland-Pfalz, müssen Landschaftsplanung und räumliche Gesamtplanung künftig enger verzahnt werden, um Doppelprüfungen zu vermeiden. Nur in den wenigen Fällen, wo es rechtlich eigenständige Landschaftspläne gibt, wie etwa in Berlin oder in Nordrhein-Westfalen, wird die o. a. Pflicht zur Umweltprüfung in der Landschaftsplanung selbst verbleiben.

In **Berlin** ist auf gesamtstädtischer Ebene das Landschaftsprogramm ein eingeführtes Instrument. Es besitzt auf dieser gesamtstädtischen Ebene breite Akzeptanz und findet Anwendung im Rahmen der Bauleitplanung. Daher soll an diesem Instrument auch in Zeiten der (Strategischen) Umweltprüfung festgehalten werden; das Landschaftsprogramm wird daher derzeit fortgeschrieben; es dürfte am Ende dieses Prozesses ein deutlich verändertes „Outfit" aufweisen.

Dies wird so vorbereitet, dass für Umweltprüfungen eine effektive Ausgangsbasis geschaffen wird. Dafür liegt in Berlin mit dem digitalen Umweltatlas[9] und dem seit kurzem eingeführten FIS-Broker eine günstige Ausgangsbasis vor, die auch eine weitere Verwendung für die Bauleitplanung erheblich erleichtert.

Die Mehrdimensionalität der dabei zu bewältigenden Aufgaben insbes. durch die Vielzahl neu hinzugekommener europäischer, oft sektoraler, und nationaler Normen erfordert eine Anpassung der Grundlagenteile der Landschaftsplanung an diese Erfordernisse. Dabei müssen die entscheidungserheblichen „Sprungadressen" für die einzelnen Schutzgüter (einschließlich ihrer Wechselwirkungen) identifiziert und abwägungsrelevant bereitgestellt werden. Ein Beispiel ist der nachfolgend dargestellte Arbeitsentwurf eines allgemeinen Bewertungsrahmens, der für jedes einzelne Schutzgut mit Hilfe eines Indikatorensets konkretisiert wird (vgl. Abbildung 1).

[9] Senatsverwaltung für Stadtentwicklung (o. D.): Digitaler Umweltatlas Berlin. Online – Fassung: http://www.stadtentwicklung.berlin.de/umwelt/umweltatlas/ mit Verzweigung zum öffentlich zugänglichen Teil des FIS-Broker. Die Aktualisierung und Fortschreibung erfolgt seit 2000 ausschließlich in der digitalen Fassung über das Internet.

	Fachliche Bedeutung (Einstufung erfolgt aufgrund der fachlichen Qualität der Indikatoren für das zu beurteilende Schutzgut)		
	Bereiche/ Bezeichnung der Wertstufe	Fachliche Einstufung der Bedeutung für die Zielerfüllung (Kriterien aus Anhang II SUP RL werden als Grundlage genommen)	Stufe
Der bauleitplanerischen Abwägung nicht zugängliche Bereiche	Unzulässigkeitsbereich	- rechtliche Normen / Standards - hoher Zielerfüllungsgrad verbindlicher Umweltqualitätsziele	5
zunehmendes Gewicht als Abwägungsbelang in der Bauleitplanung	Vorsorgebereich I = Zulässigkeitsgrenzbereich	- höchste Bedeutung für die fachliche Zielerfüllung (höchste Priorität) - aus fachlicher Sicht ökologisch besonders sensible Gebiete - sehr wertvoller Umweltzustand - belastungsfreie Gebiete	4
	Vorsorgebereich II	- hohe Bedeutung für die fachliche Zielerfüllung (hohe Priorität) - aus fachlicher Sicht ökologisch sensible Gebiete	3
	Vorsorgebereich III	- mittlere Bedeutung für die fachliche Zielerfüllung - aus fachlicher Sicht ökologisch wenig sensible Gebiete	2
	Vorsorgebereich IV	- aktuell untergeordnete Bedeutung für die fachliche Zielerfüllung - aus fachlicher Sicht ökologisch unsensible Gebiete - Gebiete mit Vorbelastungen und/oder einer fachlich nachrangigen bzw. untergeordneten Bedeutung - Aufwertungsbereiche	1

Abbildung 1: Rahmenskala zur planerischen Bewertung von Flächen für die Bauleitplanung im Rahmen der Strategischen Umweltprüfung (Arbeitsentwurf). Diese Skala bildet den Bewertungsrahmen für jeden Schutzgutbereich, wird aber durch ein jeweils spezifisches Indikatorenset konkretisiert.

Weil mit der Landschaftsplanung weniger eine unreflektierte Datensammlung betrieben wird, sondern gleichzeitig ein interpretatorischer Rahmen zur Bewertung und Folgenbewältigung von Umwelttrends geschaffen wird, tritt dabei auch ihre Bedeutung für die Monitoringverpflichtung aus der Umweltprüfung zu Tage[10].

Dieses neuartige Zusammenwirken von Landschafts- und Bauleitplanung, Umweltprüfung und den Fachplanungen (ggf. einschließlich ihrer Umweltprüfungen wiederum) entwickelt gleichzeitig starke Impulse für die Weiterentwicklung der Umweltdatenbasis bzw. des Umweltinformationssystems. Die nachfolgenden Beispiele zeigen neben der Flächennutzung für das Schutzgut Boden im Entwurf umgesetzte Bewertungskarten (Versiegelung und Bodenfunktionen, vgl. Abbildung 2). Was in Berlin aufgrund immer noch vergleichsweise leistungsfähiger Planungs- und Umweltkompetenz gelingen kann, könnte kleineren Kommunen jedoch ungleich schwerer fallen[11].

[10] Vgl. Marie Hanusch, Johann Köppel, Ulrike Weiland (2005): Monitoring-Verpflichtungen aus EU-Richtlinien und ihre Umsetzbarkeit durch die Landschaftsplanung. UVP-Report (19) 3 + 4, 159 - 165.

[11] Vgl. Reinke, M. (2006): Pilotvorhaben für eine Strategische Umweltprüfung zur Flächennutzungsplanung. Abschlussbericht inkl. Umweltbericht zum Flächennutzungsplan der VG Rothenburg-Hähnichen. Institut für ökologische Raumentwicklung, Dresden.

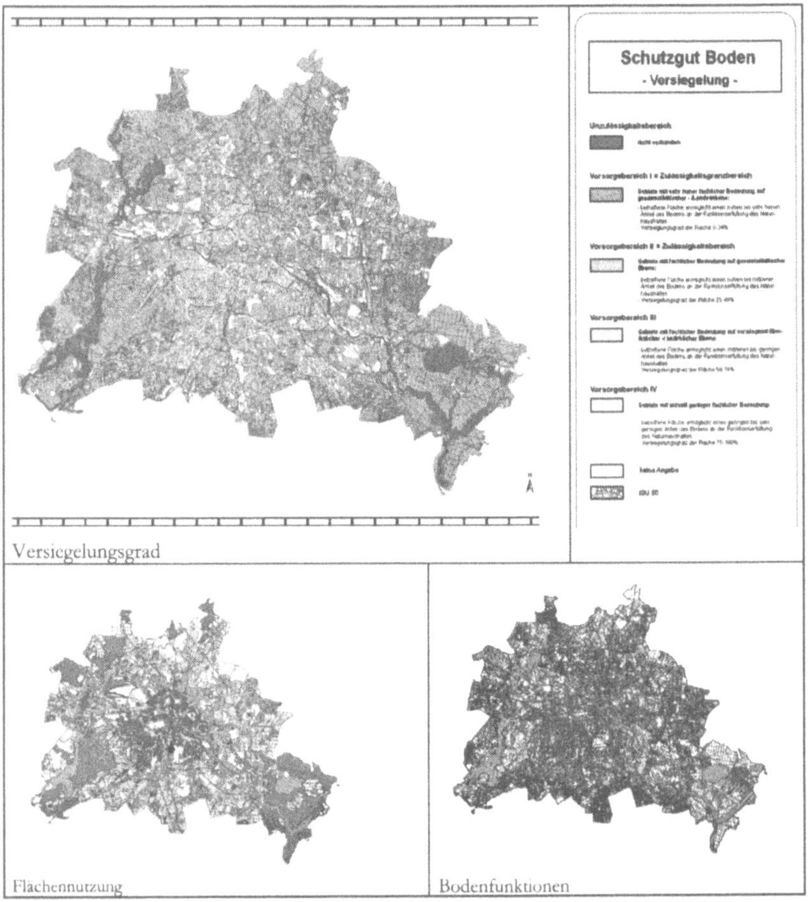

Abbildung 2: Flächennutzung und Bewertung der aktuellen Bedeutung des Schutzgutes Boden hinsichtlich der Versiegelung und der Bodenfunktionen (Entwurf).

Es bedarf derzeit also erheblicher nachholender und perspektivischer Arbeiten und Ansätze, um den aktuellen Rechtsredundanzen gerecht zu werden[12]. Der Gesetzgeber könnte dabei von praktischen Erfahrungen einer erfolgreichen Verknüpfung von Landschafts- und räumlicher Gesamtplanung bei der (Strategischen) Umweltprüfung profitieren. Die Schaffung eines konsistenten und einheitlichen „Rechts des Umweltschutzes" im Rahmen der konkurrierenden Gesetzgebungszuständigkeit des Bundes könnte hier zwar grundsätzlich Abhilfe leisten. Der Anfang Mai

---

[12] Vgl. Adrian Hoppenstedt, Johann Köppel (2005): Miteinander planen, nicht gegeneinander. Garten + Landschaft (115), 9, 12 - 13.

2006 bestehende Koalitionsentwurf für eine entsprechende Verfassungsänderung im Zuge der Föderalismusreform verfehlt diese Ziele jedoch durchweg[13].

[13] Vgl. SRU (2006): Der Umweltschutz in der Föderalismusreform. Stellungnahme, Nr. 10, Februar 2006, S. 23.

IV Öffentlichkeitsbeteiligung in der Landes- und Regionalplanung

Ludger Molitor

1. Entwicklung der Öffentlichkeitsbeteiligung in der Raumordnung

Die Beteiligung von interessierten Bürgern und Bürgerinnen und Interessensgruppen am politischen Entscheidungsprozess ist Teil einer modernen Verwaltung. Durch die Beteiligung der *Öffentlichkeit* soll Jedermann die Möglichkeit haben, seine Interessen und Rechtspositionen in staatlichen Planungsverfahren zu wahren und somit Einfluss auf Planungs- und Entscheidungsprozesse zu nehmen.

Im Bereich der Raumordnung wurde die unmittelbare Beteiligung von Privatpersonen im Rahmen einer Öffentlichkeitsbeteiligung lange Zeit mit der Begründung abgelehnt, von den Zielen der Raumordnung ginge grundsätzlich keine unmittelbare Bindungswirkung gegenüber dem einzelnen Bürger, dem Privaten, aus. Eine solche Bindung ergäbe sich erst durch die Bauleitplanung und die Fachplanung, in der ja auch eine Bürgerbeteiligung durchgeführt wurde.

Obwohl sich im Laufe der Zeit in einigen Planungsregionen informelle Formen der Öffentlichkeitsbeteiligung entwickelt haben, ist insgesamt die Öffentlichkeitsbeteiligung bei der Aufstellung von Landes- und Regionalplänen bisher kaum von praktischer Relevanz gewesen.

1.1 Raumordnungsgesetz 1998

Die Änderung des Raumordnungsgesetzes brachte im Jahre 1998 hier die überfällige Öffnung für den Planungsbereich.

- Zunächst sollten in die planerische Abwägung auch erkennbare Interessen Privater Eingang finden, unabhängig davon, ob eine Öffentlichkeitsbeteiligung durchgeführt wurde oder nicht (§ 7 Abs. 7 ROG alt).

- Ferner konnten Ziele der Raumordnung als materielle Aussagen der Raumordnungspläne in wesentlich größerem Umfang als bisher für Personen des Privatrechts, soweit sie öffentliche Aufgaben wahrnehmen, durch Außenwirkung eine rechtliche Verbindlichkeit erhalten. Für diesen Personenkreis wurde in § 7 Abs. 5 ROG alt weiterhin eine Verfahrensbeteiligung obligatorisch vorgesehen.

- Darüber hinaus wurden die Landesgesetzgeber in § 7 Abs. 6 ROG alt ermächtigt, die Öffentlichkeitsbeteiligung auch bei Raumordnungsplänen einzuführen. Die Entscheidung darüber wurde allerdings jedem Land überlassen.

1.2 SUP-Richtlinie

Den endgültigen Durchbruch brachte die SUP-Richtlinie (2001/42/EG über die Prüfung der Umweltauswirkungen bestimmter Pläne und Programme) vom 27.06.2001, die den Mitgliedsstaaten die Pflicht zur Beteiligung der Öffentlichkeit aufgab. Die Richtlinie schreibt den Mitgliedstaaten der EU für bestimmte Pläne und Programme (eben auch für Raumordnungspläne) die Durchführung einer Umweltprüfung vor. Im Rahmen der Umweltprüfung ist es nach Art. 6 SUP-Richtlinie zwingend erforderlich, vor der Entscheidungsfindung eine Öffentlichkeitsbeteiligung zum Entwurf des Plans oder Programms und dem dazugehörigen Umweltbericht durchzuführen.

Auch die Öffentlichkeitsbeteiligungsrichtlinie aus dem Jahr 2003 will eine Öffentlichkeitsbeteiligung bei der Aufstellung oder Änderung von Programmen oder Plänen sicherstellen. Vom Anwendungsbereich dieser Richtlinie sind aber die Programme und Pläne ausgeschlossen, die schon unter die SUP-Richtlinie fallen. Obwohl die Öffentlichkeitsbeteiligungsrichtlinie aus diesem Grunde bei die Aufstellung oder Änderung von Raumordnungsplänen grundsätzlich keine Anwendung findet, kann sie im Gegensatz zur SUP-Richtlinie, die keine weiteren Erläuterungen der Begriffe „frühzeitig" und „effektiv" enthält, als Auslegungshilfe dienen.

1.3 EAG Bau 2004

Die Vorschriften der SUP-Richtlinie sind durch das EAG Bau aus dem Jahr 2004 für die Raumordnung in nationales Recht umgesetzt worden. Der Bund hat entsprechend dem Wortlaut der SUP-Richtlinie in § 7 Abs. 6 Satz 1 ROG geregelt, dass den öffentlichen Stellen und der Öffentlichkeit frühzeitig und effektiv Gelegenheit zur Stellungnahme zum Entwurf des Raumordnungsplanes und seiner Begründung sowie zum Umweltbericht zu geben ist, wobei diese Stellungnahmen in der Abwägung zu berücksichtigen sind. Das neue Raumordnungsgesetz stellt somit im Vergleich zu früher deutlich mehr Anforderungen an eine Öffentlichkeitsbeteiligung.

Der Bund war aber in seiner Regelungsbefugnis beschränkt, da ihm nach dem Grundgesetz für die Raumordnung nur die Rahmengesetzgebungskompetenz zukommt. Die Länder müssen in eigener Verantwortung Regelungen des Aufstellungsverfahrens und damit auch die Beteiligungen an diesem Verfahren treffen.

Der Bundesgesetzgeber hat es den Ländern überlassen, wie sie die Öffentlichkeitsbeteiligung konkret gestalten. Die Verfahrensregelungen, die die Länder in eigener Verantwortung treffen, müssen jedoch mit den Vorschriften der SUP-Richtlinie vereinbar sein.

2. Sinn und Zweck der Öffentlichkeitsbeteiligung in der Raumplanung

Bevor man sich nun der Frage nähert, wie das Öffentlichkeitsbeteiligungsverfahren konkret auszugestalten ist, soll noch einmal konkret verdeutlichen werden, was Sinn und Zweck einer Öffentlichkeitsbeteiligung bei der Aufstellung von Raumordnungsplänen ist.

1. Ein wesentliches Ziel der Öffentlichkeitsbeteiligung besteht darin, die Informations- und Entscheidungsgrundlage bei den Trägern der Landes- und Regionalplanung zu verbreitern und damit dem Abwägungsgebot gerecht zu werden.
2. Durch eine verstärkte Beteiligung der Öffentlichkeit wird die Chance erhöht, ausgewogene und konsensuale Lösungen zu entwickeln.
3. Öffentlichkeitsbeteiligung kann die Qualität von Entscheidungen und deren Transparenz und Akzeptanz verbessern, weil das Wissen vieler Betroffener und Interessierter einfließt und das Vertrauen in demokratische Entscheidungsfindung und damit letztlich in die Politik gestärkt wird.

3. Anforderungen an eine Öffentlichkeitsbeteiligung

Dies vorausgeschickt stellt sich nun die Frage, welche europarechtlichen und rechtsstaatlichen Anforderungen an eine Öffentlichkeitsbeteiligung zu stellen sind, insbesondere was den Öffentlichkeitsbegriff und das Beteiligungsverfahren anbetrifft. Dabei gibt es bezüglich der Anforderungen an die Öffentlichkeitsbeteiligung keine grundsätzlichen Unterschiede bei der Aufstellung von Landes- oder Regionalplänen. Beide Pläne unterliegen nach dem klaren Wortlaut des ROG voll umfänglich dem Erfordernis einer Umweltprüfung und somit auch einer Öffentlichkeitsbeteiligung.

3.1 Öffentlichkeitsbegriff

Unter dem Begriff der Öffentlichkeit versteht man all die Privaten, die am Planungsverfahren zu beteiligen sind. Nach Art. 6 Abs. 4 der SUP-Richtlinie ist von dem Begriff der Öffentlichkeit zumindest der Teil umfasst, der vom Entscheidungsprozess betroffen oder voraussichtlich betroffen ist oder ein Interesse daran hat. Darunter fallen auch relevante Nichtregierungsorganisationen, z.B. Organisationen zur Förderung des Umweltschutzes und andere betroffene Organisationen.

Was unter dem Begriff „interessierte Öffentlichkeit“ zu verstehen ist, bleibt offen.

Bei der Umsetzung im ROG ist eine Differenzierung zwischen interessierter und der sonstigen Öffentlichkeit nicht vorgenommen und der Begriff der Öffentlichkeit nicht weiter beschränkt worden, obwohl die SUP-Richtlinie den Mitgliedstaaten diese Möglichkeit einräumt. Ausweislich der Begründung zum EAG Bau wird der Begriff Öffentlichkeit so wie in der SUP-Richtlinie verstanden und die Regelung der Einzelheiten des Verfahrens der Öffentlichkeitsbeteiligung den Ländern überlassen.

Fraglich ist aber, ob es den Ländern auch überlassen ist, den Kreis der Öffentlichkeit, die ein Äußerungsrecht hat, einzuschränken. Dies würde voraussetzen, dass der Gesetzgeber des ROG es den Ländern überlassen hätte, den von ihm gesetzten Rahmen auszufüllen. Anderseits könnte die Regelung des § 7 Abs. 6 ROG aber auch als eine unmittelbar geltende Regelung im Sinne des Art. 75 Abs. 2 GG getroffen worden sein, an die die Länder gebunden sind. Auch wenn man von der Vorgabe eines Rahmens für die Länder ausgeht, ist, da sich auch die Länder an die Vorgaben der SUP-Richtlinie zu halten haben, der Ausfüllungsspielraum der Länder doch sehr beschränkt. Denn nach der SUP-Richtlinie und der Öffentlichkeitsrichtlinie verbleibt den Mitgliedstaaten nur ein sehr geringer Spielraum, den Begriff der Öffentlichkeit zu definieren.

Nach Art. 6 Abs. 4 der SUP-Richtlinie umfasst der Begriff Öffentlichkeit diejenigen, die nicht nur unmittelbar durch die Planung betroffen sind, sondern auch ein Interesse am Entscheidungsprozess haben. Dieser Begriff des „Interesses“ ist in der Richtlinie nicht selbst eingeschränkt. Da beide Richtlinien zwischen der Möglichkeit der Betroffenheit und dem Interesse an der Planung unterscheiden, legen die Richtlinien diesen Begriffen auch eine unterschiedliche Wertung zugrunde. Daher kann man die Öffentlichkeitsbeteiligung nach der SUP-Richtlinie und der Öffentlichkeitsbeteiligungsrichtlinie durchaus als Beteiligung aller am Planungsverfahren Interessierter ansehen, das gerade keine individuelle Betroffenheit in eigenen Belangen erforderlich macht. Andererseits kann das aber nicht bedeuten, dass jeder, der ein irgendwie geartetes Interesse an der Planung hat, mit seiner Stellungnahme berücksichtigt werden muss. Allein durch die Tatsache, dass die SUP-Richtlinie aufzählt, wer in jedem Fall unter den Öffentlichkeitsbegriff fällt, wird deutlich, das es nach der Richtlinie auch Private geben kann, die nicht darunter fallen. Dies sind diejenigen, die nur ein subjektives Interesse an der Planung haben. Von der SUP-

Richtlinie geschützt ist nur ein objektives Interesse des Privaten, das somit auch vom Planungsträger bestimmt werden kann. Eine Abgrenzung dürfte aber in vielen Fällen äußerst schwierig werden.

3.2 Umfassende Öffentlichkeitsbeteiligung

Auch deshalb stellt sich die generelle Frage, ob eine Beschränkung der Öffentlichkeit für den Planungsträger überhaupt praktikabel ist. Bei einer Beschränkung des Äußerungsrechts wäre im Anhörungsverfahren stets zu prüfen, ob die Möglichkeit einer Betroffenheit oder ein objektives Interesse überhaupt gegeben ist. Dieses ist häufig nicht zu leisten und würde zu einem Mehraufwand führen. Weiterhin stellt sich die Frage, ob dieses dem Sinn und Zweck einer Anhörung, dem Gewinn an Erkenntnis über möglicherweise zu beachtende Auswirkungen der Planung und der Erhöhung der Akzeptanz der behördlichen Entscheidung, entspricht. Deshalb sind auch in einzelnen Fachplanungsgesetzen Eingrenzungen der zu beteiligenden Öffentlichkeit nicht vorgesehen (AtomG, WaStrG, BImSchG). Auch ist nicht zu befürchten, dass das Planungsverfahren durch eine weite Öffentlichkeitsbeteiligung zu sehr in die Länge gezogen wird. Denn es ist nicht damit zu rechnen, dass sich nun jeder zu den geplanten Inhalten eines Raumordnungsplanes äußern wird, zum anderen können Stellungnahmen, die allein querulatorischen Charakter haben, schnell ausgesondert werden. Aus diesen Gründen sollte die Planungsbehörde grundsätzlich das Recht zur Äußerung als Jedermannrecht verstehen und grundsätzlich keine Stellungnahme vom Verfahren ausschließen.

3.3 Öffentlichkeitsbeteiligungsverfahren

Das Verfahren der Öffentlichkeitsbeteiligung richtet sich nach § 7 Abs. 6 Satz 1 ROG, wonach den öffentlichen Stellen und der Öffentlichkeit frühzeitig und effektiv Gelegenheit zur Stellungnahme zum Planentwurf und zum Umweltbericht zu geben ist.

Daraus ergeben sich die folgenden rechtlichen Mindeststandards an eine Öffentlichkeitsbeteiligung bei der Aufstellung von Raumordnungsplänen.

a) Frühzeitig

Frühzeitig bedeutet, dass die Offenlegung des Planentwurfs zu einem Zeitpunkt zu erfolgen hat, zu dem die Planungen zwar schon eine gewisse Planungsreife erlangt haben, aber der planenden Behörde noch sämtliche Entscheidungsmöglichkeiten zur Disposition stehen. Andernfalls können die Erkenntnisse aus den Beteiligungen nicht in die Planung einfließen, womit die Zielsetzung der Konsultationen, u. a. die

Informationsbasis der Planungsbehörde zu verbessern, nicht erreicht werden könnte. In diesem Sinne bestimmt auch die Öffentlichkeitsbeteiligungsrichtlinie, dass zum Zeitpunkt der Beteiligung noch alle Optionen offen sein müssen.

b) Effektiv

Eine effektive Beteiligung der Öffentlichkeit ist dann anzunehmen, wenn die Öffentlichkeit in zeitlicher und tatsächlicher Hinsicht Gelegenheit hat, die Unterlagen einzusehen und eine Stellungnahme abzugeben. Die Einblicknahme erfolgt durch eine öffentliche Auslegung des Planentwurfs samt Umweltbericht.

c) Bekanntmachung der öffentlichen Auslegung

Auf die Auslegung ist vorher von dem Planungsträger ortsüblich durch eine öffentliche Bekanntmachung hinzuweisen. Inhaltlich muss diese Bekanntmachung die Art des Plans, den genauen Planungsraum, Dauer, Zeit und Ort der Auslegung und die Frist zur Abgabe einer Stellungnahme enthalten. Weiterhin muss die Planauslegung ortsüblich bekannt gegeben werden. Dies hat meistens und am effektivsten neben den öffentlichen Bekanntmachungsblättern in den örtlichen Publikationsorganen zu erfolgen. Gerade in örtlichen Tageszeitungen sind öffentliche Bekanntmachungen weit verbreitet und werden von der Öffentlichkeit auch wahrgenommen. Eine Bekanntmachung im Internet ist aus diesem Grunde nur unterstützend zulässig. Da sich voraussichtlich außerhalb des Plangebietes nur relativ wenig Private beteiligen werden, reicht es aus Verhältnismäßigkeitsgründen aus, wenn die Öffentlichkeit im Plangebiet informiert wird.

d) Zeitraum der Auslegung

Für die verschiedenen Phasen der Öffentlichkeitsbeteiligung muss ausreichend Zeit zur Verfügung stehen. Bei den Phasen ist zwischen der Auslegungsfrist und der Stellungnahmefrist, die aber beide in einer unmittelbaren Beziehung zueinander stehen, zu unterscheiden.

Bei der Aufstellung von Bauleitplänen stimmen Auslegungs- und Stellungnahmefrist nicht nur von ihrer Dauer sondern auch bezüglich ihres Anfangs- und Endpunktes überein. Im Raumordnungsrecht wird in einigen Ländern die Dauer der Auslegungsfrist auf einen kürzeren Zeitraum begrenzt, anderseits aber eine zeitlich darüber hinausgehend eigenständige Frist für die Abgabe der Stellungnahme gesetzt.

Für die öffentliche Auslegung ist aus rechtsstaatlichen Gründen eine Dauer der Auslegungs- und Stellungnahmefrist von einem Monat erforderlich aber auch ausreichend, wobei beide Fristen in der Dauer übereinstimmen können. Die tägliche Einsichtszeit kann auf die regelmäßige Dienstzeit beschränkt werden.

Anderseits kann eine längere Auslegungs- und Stellungnahmefrist vor dem Hintergrund der in der Regel hohen Abstraktheit raumordnerischer Planaussagen und der Komplexität von Planentscheidungen empfehlenswert sein. Außerdem ist zu bedenken, dass die öffentliche Auslegung der Vermittlung von raumordnerischen Planinhalten dienen soll, mit denen die Öffentlichkeit noch nicht so vertraut ist. Zur Erhöhung der Transparenz und Akzeptanz kann sich somit in Abhängigkeit vom Inhalt des Planentwurfes eine Verlängerung der Auslegungs- und Stellungnahmefrist auf zwei Monate anbieten.

e) Ort der Auslegung

Der Öffentlichkeit muss auch in tatsächlicher Hinsicht die Möglichkeit gegeben werden, den Planentwurf einzusehen. Dies bedeutet insbesondere, dass der Ort der Auslegung für die Öffentlichkeit in angemessener Anfahrtszeit und Entfernung erreichbar ist. Deshalb reicht es regelmäßig nicht aus, wenn ein landesweiter Raumordnungsplan nur in der Landeshauptstadt ausgelegt wird. Aus rechtsstaatlichen Gründen dürfte eine Auslegung nicht nur in den Planungsbehörden, sondern auch in den im Plangebiet liegenden Landkreisen und kreisfreien Städten erforderlich sein. Umfasst das Plangebiet nur einen kleinen Raum, so muss der Planentwurf auch in den betroffenen Gemeinden ausgelegt werden.

f) Einbeziehung des Internets

Die Raumordnung sollte auch das Internet für Ihre Öffentlichkeitsarbeit nutzen. Das Internet bietet vielfältige Möglichkeiten gezielt und schnell auf Informationen zugreifen zu können. Ob mit der Einstellung des Planentwurfes ins Internet eine effektive Öffentlichkeitsbeteiligung durchgeführt werden kann, scheint jedoch zweifelhaft zu sein. Solange die Öffentlichkeit mit entsprechenden Bekanntmachungen in den Printmedien rechnet und das Internet aufgrund von mangelnder Verfügbarkeit oder Unkenntnis noch nicht als Informationsmedium genutzt wird, dürfte das Internet als alleiniges Bekanntmachungsmedium nicht geeignet sein. Auch die Öffentlichkeitsbeteiligungsrichtlinie nennt die Bekanntmachung über elektronische Medien nur dann als Alternative „soweit diese zur Verfügung stehen“.

Das Internet kann aber Auswirkungen auf die Zahl und die Dichte der Auslegungsorte haben. Wird in der Bekanntmachungsveröffentlichung auch auf die Einstellung des Planentwurfs und der Umweltprüfung in das Internet unter Nennung der entsprechenden Internetseite hingewiesen, so kann dies zu einer Reduzierung der ansonsten erforderlichen Auslegungsorte auf einzelne ausgesuchte Orte des Plangebietes führen.

g) Gegenstand der öffentlichen Auslegung

Gegenstand der öffentlichen Auslegung ist neben dem Planentwurf samt Begründung auch der Umweltbericht. Der Umweltbericht muss nach Anhang i der SUP-Richtlinie eine Zusammenfassung enthalten, die der Öffentlichkeit den fachspezifisch formulierten Umweltbericht in verständlicher Form vermittelt.

In der Begründung zum Planentwurf ist darzulegen, wie der Planentwurf den Umweltbericht berücksichtigt. Nicht der Planentwurf, sondern erst der fertige Plan muss nach § 7 Abs. 8 Satz 2 ROG eine zusammenfassende Erklärung darüber enthalten, welche Gründe nach Abwägung mit den anderen Planungsmöglichkeiten für die Festlegungen des Plans entscheidungserheblich waren. Solche Aussagen in der Begründung schon zum Zeitpunkt der Auslegung des Planentwurfs würden einen schon letztabgewogenen Plan suggerieren, was der gesetzlich geforderten frühzeitigen Beteiligung widersprechen würde.

Weder aufgrund der SUP-Richtlinie noch aus rechtsstaatlichen Gesichtspunkten ist die Anhörung der Beteiligten in Form einer Pflicht zur mündlichen Erläuterung der Unterlagen während der Auslegung erforderlich. Auch die Durchführung eines Erörterungstermins der Beteiligten, die im Rahmen der Öffentlichkeitsbeteiligung eine Stellungnahme abgegeben haben, ist nicht zwingend erforderlich.

h) Grenzüberschreitende Öffentlichkeitsbeteiligung

Hat die Durchführung eines Planes voraussichtlich erhebliche Auswirkungen auf die Umwelt eines anderen Staates, so bestimmt § 7 Abs. 6 Satz 2 ROG, dass dessen Beteiligung nach den Grundsätzen des UVPG durchzuführen ist. Bei grenzüberschreitenden Auswirkungen ist danach nur die betroffene Öffentlichkeit in den Nachbarstaaten nach § 14 j UVPG zu beteiligen. Ähnlich wie die Probleme hinsichtlich der betroffenen Öffentlichkeit auf nationaler Ebene ist auch hier schwer, die betroffene Öffentlichkeit zu bestimmen. Jedenfalls sind hier die relevanten Nichtregierungsorganisationen zu beteiligen. Nach § 9 a Abs. 1 Satz 2 UVPG hat die zuständige Behörde darauf hinzuwirken, dass das Vorhaben in dem anderen Staat auf geeignete Weise bekannt gemacht wird, dabei angegeben wird, bei welcher Behörde Äußerungen und Einwendungen vorgebracht werden können und auf etwaige Präklusionswirkungen hingewiesen wird. Die Bekanntgabe der Öffentlichkeitsbeteiligung in dem betroffenen Staat muss in der dort ortsüblichen Form erfolgen. Diese hat die im anderen Staat zuständige Behörde durchzuführen. Die Kosten für die Öffentlichkeitsbeteiligung im Nachbarstaat sind nach dem Verursacherprinzip von der Planungsbehörde zu tragen, es sei denn zwischen den Nachbarstaaten gibt es Vereinbarungen, die u. a. auch die Kostentragung für grenzüberschreitende Verfahren regeln.

Eine grenzüberschreitende Öffentlichkeitsbeteiligung ist nur dann ordnungsgemäß durchgeführt worden, wenn gewährleistet ist, dass die Öffentlichkeit im Nachbarstaat auch auf Grund der ausgelegten Papiere in der Lage ist, die Planungen auch zur Kenntnis zu nehmen und ohne sprachliche Hindernisse ein Stellungnahme abzugeben. Dies erfordert umfangreiche Übersetzungen, die von der planenden Behörde zu leisten sind. Auch die Notwendigkeit von Übersetzungen kann Inhalt einer Vereinbarung mit dem Nachbarstaat sein.

i) Erneute Auslegung

Wird ein Planentwurf nach der ersten Auslegung geändert, bedarf es im Grundsatz immer einer erneuten Auslegung, weil die Beteiligten und die Öffentlichkeit vor dem endgültigen Planerlass die Möglichkeit haben müssen, zu allen (auch den geänderten) Teilen des Planentwurfs Einsicht und Stellung nehmen zu können. Dies ergibt sich schon aus dem vom Bundesverwaltungsgericht aufgestellten Grundsatz, dass Ziele der Raumordnung nur gegenüber denjenigen wirken, die im Aufstellungsverfahren ausreichend und umfassend beteiligt worden sind. Die Auslegung ist aber nicht im vollen sachlichen und zeitlichen Umfang zu wiederholen. Auch ist eine Beteiligung der nur durch die Änderung Betroffenen ausreichend.

Eine umfassende Wiederholung der Öffentlichkeitsbeteiligung ist auch nach europäischem Recht nicht vorgeschrieben. Nach der SUP-Richtlinie ist eine Fortschreibung des Umweltberichts im Laufe des Planungsverfahrens mit erneuter Öffentlichkeitsbeteiligung nicht vorgesehen. Werden durch die Änderung des Planes weitergehende Auswirkungen auf die Umwelt erwartet, so sind diese in der Begründung darzulegen. Eine erneute Öffentlichkeitsbeteiligung könnte nur dann erforderlich sein, wenn sich der Planentwurf nach der Öffentlichkeitsbeteiligung nicht mehr als geänderter Planentwurf, sondern als ein ganz neuer Entwurf präsentiert, der mit dem ursprünglichen Entwurf nicht viel gemeinsam hat. In diesem Fall ist ein neuer Umweltbericht mit entsprechender Öffentlichkeitsbeteiligung erforderlich.

4. Plädoyer für eine umfassende Öffentlichkeitsbeteiligung

Bei Einhaltung dieser Kriterien wären die rechtlichen Mindestanforderungen für eine Öffentlichkeitsbeteiligung bei der Aufstellung von Raumordnungsplänen erfüllt. Darüber hinaus könnten die Planer durchaus Instrumente der Öffentlichkeitsbeteiligung einsetzen, die die Wirksamkeit des rechtlichten Mindeststandards der Öffentlichkeitsbeteiligung bei der Raumordnung erhöht.

Wie die Ergebnisse einer Befragung von Vertretern der Landes- und Regionalplanung aus dem Jahr 2003 im Auftrag des BMVBS zeigen, kommen schon heute unterschiedliche Beteiligungsformen zum Einsatz, die sich nach den jeweils spezifischen räumlichen Ausgangssituationen, den regionalen Planungstradition sowie den unterschiedlichen wirtschaftlichen Rahmenbedingungen in den Planungsregionen richten. Da sich die Inhalte und Strukturen der Raumordnungspläne immer wieder verändern und den aktuellen Anforderungen anpassen, steht die Raumordnung vor immer neuen Herausforderungen. Beispiele hierfür sind die Aufnahme einer nachhaltigen Raumentwicklung in das ROG, die Flächensteuerung im Bereich Windkraft sowie die Raumordnung auf dem Meer. Dieses macht ein Verfahrensschema für die Öffentlichkeitsbeteiligung erforderlich, das sich flexibel nach dem aktuellen Planungsfall richtet und nicht starr die rechtlichen Mindestanforderungen abarbeitet.

Außerdem ist zu berücksichtigen, was für eine Chance eine umfängliche Öffentlichkeitsbeteiligung für die Raumordnung bedeutet. Immer wieder macht man die Erfahrung, dass die Öffentlichkeit nur ein äußerst diffuses Bild von der Raumordnung hat, das mehr in die Richtung „Verhinderungsplanung" geht. In der öffentlichen Wahrnehmung ist es noch nicht gelungen der Raumplanung einen modernen Anstrich zu geben. Nicht Management- oder Entwicklungsaufgaben, sondern die Ordnungsfunktion der Raumordnung wird am stärksten wahrgenommen. Gerade vor diesem Hintergrund haben Öffentlichkeitsbeteiligung und Öffentlichkeitsarbeit für die Raumplanung einen immer größeren Stellenwert. Einerseits müssen die planenden Institutionen in der öffentlichen Diskussion deutlich machen, welchen grundsätzlichen Beitrag die räumliche Planung mit ihren Institutionen und Instrumenten für die Entwicklung eines Raumes leistet. Anderseits haben sie die Aufgabe, durch eine gezielte Öffentlichkeitsarbeit die Akzeptanz und damit auch die Umsetzung ihrer konkreten Planungen zu verbessern. Dies macht zwar eine weitere wie oben beschriebene rechtliche Festlegung der Öffentlichkeitsbeteiligung nicht erforderlich, könnte aber den Planungsträger zur Steigerung der Wahrnehmung und der Effizienz dazu veranlassen, ergänzende nicht verbindlich vorgeschriebene Formen der Information und Beteiligung einzusetzen.

In dem Endbericht zum o. g. Forschungsprojekt werden hierzu Beteiligungskonzepte entwickelt und weitere Hinweise zur Öffentlichkeitsbeteiligung und für die verschiedenen Phasen der Aufstellung von Raumordnungsplänen gegeben, auf die ich hier aber nicht näher eingehen möchte.

Als einziges möchte an dieser Stelle das Internet hervorheben, das als Informations- und Beteiligungsmedium für das Verfahren der Öffentlichkeitsbeteiligung große Vereinfachungspotentiale bietet. Im Internet besteht die Möglichkeit der Verknüpfung von Inhalten mit anderen Informationsquellen und die umfassende und nutzerfreundliche bildliche Darstellung komplexer raumordnerischer Inhalte. Daneben können Diskussionsforen eingerichtet, Unterlagen herunter geladen und Stellungnahmen elektronisch abgegeben werden. Mit einer weiteren Verbreitung der Internetnutzung wird das Internet eine immer wichtiger werdende Säule der Öffentlichkeitsbeteiligung darstellen und irgendwann vielleicht mal das Verfahren der Öffentlichkeitsbeteiligung alleine steuern.

Abschließend ist noch einmal festzuhalten: Die Öffentlichkeitsbeteiligung im Planungsprozess dient der Gewinnung zusätzlicher Informationen und der Erhöhung der Transparenz und der Akzeptanz der Entscheidung. Dies kann aber im Einzelfall mit den Interessen an einer schnellen und „schlanken" Entscheidung kollidieren. Deshalb ist es notwendig und auch ausreichend, die rechtlichen Anforderungen an eine Öffentlichkeitsbeteiligung so zu gestalten, dass sie die rechtsstaatlichen und europarechtlichen Ansprüche erfüllt. Eine über die Regelungen in den Landesplanungsgesetzen hinausgehende Beteiligung und Information der Bürger kann nur informellen Charakter haben und muss anhand der konkreten Planungssituation von den Planungsträgern entschieden werden. Ich bin davon überzeugt, dass die Planungsträger die Öffentlichkeitsbeteiligung bei der Aufstellung von Landes- und Regionalplänen verantwortungsbewusst einsetzen werden und so die unbestrittenen Chancen einer umfassenden Öffentlichkeitsbeteiligung für Ihre Planungen nutzen werden.

V Statement zur Umsetzung der raumordnungsrechtlichen Rahmenvorschriften in Berlin/Brandenburg

Alexandra Knuth

Die am 21.07.2001 in Kraft getretene Richtlinie 2001/42/EG des Europäischen Parlaments und des Rates vom 27. Juni 2001 über die Prüfung der Umweltauswirkungen bestimmter Pläne und Programme (SUP-Richtlinie) hat zum Ziel, Pläne und Programme mit voraussichtlich erheblichen Umweltauswirkungen einer Umweltprüfung zu unterziehen. Der Geltungsbereich der SUP-Richtlinie erstreckt sich auch auf die Ausarbeitung von Plänen auf dem Gebiet der Raumordnung (Art. 3 Abs. 2 a).

Die Mitgliedstaaten der Europäischen Union hatten der SUP-Richtlinie vor dem 21.07.2004 durch den Erlass der erforderlichen Rechts- und Verwaltungsvorschriften nachzukommen. Für den Bereich der Raumordnung ist die Umsetzung durch das Europarechtsanpassungsgesetz Bau (EAG Bau) vom 24. Juni 2004, mit dem auch das Raumordnungsgesetz (ROG) geändert wurde, erfolgt. Die Bundesländer sind verpflichtet, die Änderung dieses Rahmengesetzes bis zum 31.12.2006 in Landesrecht umzusetzen (§ 22 Satz 2 ROG).

Die Länder Berlin und Brandenburg kommen dieser Pflicht nach, indem die Verfahrensregelungen zur Aufstellung und Änderung von Raumordnungsplänen im Landesplanungsvertrag und im Regionalplanungsgesetz um die Anforderungen des Bundesrechts und damit auch der SUP-Richtlinie ergänzt werden.

Der Landesplanungsvertrag bildet die gesetzliche Grundlage für eine gemeinsame Landesplanung in den Ländern Berlin und Brandenburg. Dieser Staatsvertrag ist die Basis für die Erarbeitung, Aufstellung, Änderung und Fortschreibung des Landesentwicklungsprogramms sowie von Landesentwicklungsplänen und hat für die hochstufigen Landespläne die Funktion eines Landesplanungsgesetzes. Das Brandenburgische Landesplanungsgesetz (BbgLPlG) enthält nur für das Land Brandenburg geltende Ziele, die bis zur ihrer Ablösung durch Landesentwicklungspläne gelten.

Neben den Verfahrensregelungen zur Umweltprüfung ist eine ebenfalls durch die Einführung der Umweltprüfung erforderliche Ausnahmeregelung zum Planerhaltungsgrundsatz entsprechend der Vorgabe des § 10 Abs. 2 Nr. 1 ROG zu treffen. Die Unbeachtlichkeit einer unvollständigen Begründung ist auf Fälle zu beschränken, in denen keine abwägungserheblichen Angaben in der die Umweltprüfung betreffenden Begründung fehlen.

Da der Geltungsbereich der SUP-Richtlinie auch Braunkohlen- und Sanierungspläne erfasst, sind entsprechende Änderungen des Gesetzes zur Regionalplanung und zur Braunkohlen- und Sanierungsplanung (RegBkPlG) notwendig. Das Regionalplanungsgesetz regelt die Organisation der Regionalplanung in Brandenburg und die Erstellung der Regionalpläne.

Die Änderungen im Landesplanungsvertrag und im Regionalplanungsgesetz lauten entsprechend, so dass im Folgenden die Darstellung der neuen Regelungen auf den Landesplanungsvertrag beschränkt werden kann.

Bevor mit der Erarbeitung des Gesetzesentwurfs begonnen werden konnte, war zu klären, in welcher Form die SUP in das bestehende Gesetzeswerk eingegliedert wird. Hierfür bestanden zwei Möglichkeiten. Zum einen hätten die SUP-Regelungen in die jeweiligen Artikel des Landesplanungsvertrages, z. B. zum Beteiligungsverfahren, integriert werden können. Zum anderen bot sich an, eine komplett neue Vorschrift ausschließlich zur SUP zu schaffen. Die Entscheidung fiel zugunsten eines neuen Artikels 8 a, der nach Artikel 7 und Artikel 8, die Inhalt und Aufstellungsverfahren des LEPro und der LEPs zum Gegenstand haben, eingefügt wurde.

Diese Variante bietet den Vorteil, dass über die Einführung der SUP hinaus keine weitergehenden Änderungen des Vertragstextes erforderlich waren, was bei einer Einarbeitung in bestehende Artikel nicht auszuschließen gewesen wäre. Die Änderungen des Landesplanungsvertrages blieben so auf die SUP-Regelungen beschränkt. Bedingt dadurch erwiesen sich allerdings einige Verweise auf andere Vorschriften des Vertrages als notwendig. Dennoch erleichtert diese Variante die Arbeit mit dem Vertrag. Die Änderungen sind für den Anwender der Vorschriften auf den ersten Blick erkennbar.

Die neue Vorschrift setzt einerseits die rahmengesetzlichen Vorgaben des ROG um, andererseits orientiert sie sich möglichst nahe an der Richtlinie. So sind z. B. bei Inhalten, zu denen das ROG im Gegensatz zur Richtlinie keine Aussage enthält, Formulierungen aus der Richtlinie übernommen worden. Dies jedoch stets unter der Prämisse, keine über die Mindestanforderungen von ROG und SUP-Richtlinie hinausgehenden Regelungen zu treffen. Des Weiteren bestand der Anspruch, die neue Vorschrift anwenderfreundlich zu gestalten. Hierzu gehört, dass Anhang I (Informationen, die der Umweltbericht enthalten muss) und Anhang II (Kriterien für die Bestimmung der voraussichtlichen Erheblichkeit von Umweltauswirkungen) der SUP-Richtlinie als Anlagen zum Landesplanungsvertrag übernommen wurden, statt auf die Richtlinie zu verweisen.

Zu den Änderungen im Einzelnen:

Grundsätzliche Pflicht zur Umweltprüfung bei Aufstellung, Änderung/Fortschreibung von Raumordnungsplänen

Indem Artikel 8 a Abs. 1 Satz 1 LPlV festlegt, dass während der Aufstellung, Änderung und Fortschreibung eines Raumordnungsplans (gemeinsames Landesentwicklungsprogramm, gemeinsame Landesentwicklungspläne) eine Umweltprüfung im Sinne der Richtlinie 2001/42/EG des Europäischen Parlaments und des Rates vom 27. Juni 2001 über die Prüfung der Umweltauswirkungen bestimmter Pläne und Programme (ABl. EG Nr. L 197 S. 30) durchzuführen ist, wird die grundsätzliche Pflicht zur Umweltprüfung normiert und die Rahmenvorschriften in § 7 Abs. 5 Satz 1, 8 und 9 ROG umgesetzt. Die Pflicht zur Durchführung einer Umweltprüfung ergibt sich auch aus dem Umkehrschluss zu Artikel 3 Abs. 3 der SUP-Richtlinie, der bei geringfügigen Änderungen und bei Plänen und Programmen zur Nutzung kleiner Gebiete auf lokaler Ebene eine Ausnahme von der Pflicht zulässt, wenn voraussichtlich keine erheblichen Umweltauswirkungen zu befürchten sind. Grundsätzlich gilt, dass die in Artikel 3 Abs. 2 Buchstabe a) der SUP-Richtlinie benannten Pläne und Programme obligatorisch umweltprüfungspflichtig sind, d. h., bei diesen Plänen wird vorausgesetzt, dass sie voraussichtlich erhebliche Umweltauswirkungen haben. Für den Bereich der Raumordnung folgt daraus eine grundsätzliche Verpflichtung zur Umweltprüfung. Auch die weiteren Voraussetzungen nach Artikel 3 Abs. 2 der SUP-Richtlinie treffen zu: Durch Raumordnungspläne wird generell der Rahmen für die künftige Genehmigung der in den Anhängen I und II der Richtlinie 85/337/EWG (UVP-Richtlinie) aufgeführten Projekte gesetzt bzw. ihre Auswirkungen machen eine FFH-Verträglichkeitsprüfung erforderlich.

Ziel und Inhalt der Prüfung bis zur Erstellung des Umweltberichtes

Die Sätze 2 bis 5 des Absatzes 1 beschreiben das Ziel der Umweltprüfung gemäß Artikel 1 der SUP-Richtlinie, die Prüfungsmaßstäbe im Sinne des Artikels 5 Abs. 2 der SUP-Richtlinie sowie die Informationsquellen im Sinnes des Artikels 5 Abs. 3 der SUP-Richtlinie für den Teil der Umweltprüfung, der gemäß Artikel 5 Abs. 1 SUP-Richtlinie den § 7 Abs. 5 Satz 2 ROG umsetzt, im Umweltbericht zu dokumentieren.

Die voraussichtlich erheblichen Auswirkungen der Umsetzung eines Raumordnungsplans auf die Umwelt sowie in Betracht kommende Planungsalternativen sollen ausgehend von den Zielen des Raumordnungsplans angemessen ermittelt, beschrieben, bewertet und in einem Umweltbericht niedergelegt werden. Dabei ist vom gegenwärtigen Wissensstand, vom Inhalt und Detaillierungsgrad des Raumordnungsplans und der Stellung des Raumordnungsplans im Entscheidungsprozess auszugehen und nach allgemein anerkannten Prüfmethoden zu verfahren. Mehrfachprüfungen sollen vermieden werden. Dazu können alle verfügbaren Informationen über Umweltauswirkungen der Pläne und Programme heran gezogen werden, die auf anderen Ebenen des Entscheidungsprozesses oder aufgrund anderer Rechtsvorschriften der Gemeinschaft gesammelt wurden.

Mit der Formulierung „angemessen ermitteln" wird die äußerste Grenze der Ermittlungstiefe im Rahmen der Prüfung bis zur Erstellung eines Umweltberichtes benannt. Absatz 1 Satz 2 bezieht sich insoweit auf Artikel 5 Abs. 2 1. Halbsatz der SUP-Richtlinie, der von „vernünftigerweise verlangt werden können" spricht. Nach der englischen und französischen Fassung ist jedoch auch die Übersetzung „angemessen" statt „vernünftigerweise" für „reasonable" und „raisonnable" möglich. Da sie den deutschen Rechtsanwender sprachlich stärker auf das Verhältnismäßigkeitsprinzip, das hier angesprochen werden soll, hinweist, wird diese Übersetzung aufgegriffen und auf die Phase der Ermittlung, bewusst aber nicht auf die Phase der Wertung bezogen, da die Wertung im Rahmen des Umweltberichts nicht diesem Prinzip unterliegt. Vielmehr ergibt sich aus dem rein umweltrechtlichen Ansatz der SUP-Richtlinie, dass eine Wertung nur unter Umweltgesichtspunkten erfolgt, um die Ergebnisse der Umweltprüfung dann ohne Abschwächung durch andere Überlegungen in den weiteren Prozess der Planung, in die Abwägung zu geben.

Die Gültigkeit des Verhältnismäßigkeitsprinzips auch für die anzuwendenden Maßstäbe bei der Prüfung bis zur Erstellung des Umweltberichtes wird durch die Eingangsformulierung des Satzes 3 mit „dabei" und die Formulierung „sollen vermieden werden" in Satz 4 am Ende angezeigt. Gegenstand der Umweltprüfung auf der Raumordnungsplanebene sind im Einzelnen die Festlegungen, die hinreichend räumlich-konkret sind, um einen Rahmen für künftige Genehmigungen der in den Anhängen I und II der Richtlinie 85/337/EWG (UVP-Richtlinie) aufgeführten Projekte zu setzen. Dies können insbesondere Festlegungen zu Vorrang-, Vorbehalts- und Eignungsgebieten sein. Darüber sind auch Aussagen zu konkreten Maßnahmen wie z. B. Trassenführungen möglich.

Ausnahmen von der Pflicht zur Umweltprüfung

Absatz 2 sieht für die Durchführung eines ergänzenden Verfahrens gemäß Artikel 9 Abs. 3 Satz 2 sowie für den Fall geringfügiger Änderungen eines Raumordnungsplans die Entbehrlichkeit einer Umweltprüfung vor, sofern nach den Kriterien der Anlage 4 zum Landesplanungsvertrag (Anhang II der SUP-Richtlinie) unter Beteiligung der öffentlichen Stellen, die in ihrem umweltbezogenen Aufgabenbereich betroffen sein können, festgestellt wurde, dass voraussichtlich keine erheblichen Umweltauswirkungen zu erwarten sind. Die zu diesem Ergebnis führenden Erwägungen sind gemäß Absatz 2 Satz 2 in den Entwurf der Begründung der Ergänzung oder Änderung des Raumordnungsplans aufzunehmen.

Damit wird von der Möglichkeit, unter besonderen Voraussetzungen von einer Umweltprüfung abzusehen, Gebrauch gemacht. Diese Ausnahme von der Prüfungspflicht eröffnet § 7 Abs. 5 Satz 5 bis 7 ROG, der insoweit Artikel 3 Abs. 3 der SUP-Richtlinie umsetzt. Soweit hier die Ausnahme auch für ein ergänzendes Verfahren nach Artikel 9 Abs. 3 Satz 2 vorgesehen ist, wird dies für zulässig erachtet, weil das ergänzende Verfahren unterhalb der Schwelle einer Planänderung statthaft ist. Ist eine Ausnahme schon im Fall geringfügiger Planänderungen zulässig, kann dies erst recht für ein ergänzendes Verfahren gelten.

Abschichtung zwischen den Ebenen der Landesplanung zur Vermeidung von Mehrfachprüfungen

Absatz 3 Satz 1 greift zur Minimierung des Verfahrensaufwandes die in § 7 Abs. 5 Satz 8 ROG sowie in Artikel 4 Abs. 3 in Verbindung mit Artikel 5 Abs. 2 und 3 der SUP-Richtlinie vorgesehene Abschichtung innerhalb der Pläne-Hierarchie zur Vermeidung von Mehrfachprüfungen auf. Wird eine Umweltprüfung für den gesamten Planungsraum oder für Teile davon in einem Verfahren zur Aufstellung, Änderung und Fortschreibung des gemeinsamen Landesentwicklungsprogramms durchgeführt, soll die Umweltprüfung in einem zeitlich nachfolgend oder gleichzeitig durchgeführten Verfahren zur Aufstellung, Änderung und Fortschreibung eines gemeinsamen Landesentwicklungsplans auf zusätzliche oder andere erhebliche Umweltauswirkungen beschränkt werden. Insbesondere bei der Festlegung des Untersuchungsrahmens wird zu klären sein, welche Regelungen bereits auf der übergeordneten Ebene des Landesentwicklungsprogramms abschließend getroffen werden können und insoweit auf der Ebene der Landesentwicklungspläne keiner gesonderten Prüfung mehr bedürfen.

Absatz 3 Satz 2 regelt die Möglichkeit, verschiedene Verfahren zur Prüfung von Umweltauswirkungen zusammenzufassen und setzt damit § 7 Abs. 5 Satz 9, der wiederum auf Artikel 11 Abs. 2 der SUP-Richtlinie zurückzuführen ist, um. Durch die Verbindung mit anderen Verfahren zur Prüfung von Umweltauswirkungen auf Grund von Rechtsvorschriften der Europäischen Gemeinschaft soll der Arbeitsaufwand gemindert werden. In Frage kommt hier insbesondere eine Verbindung mit der FFH-Verträglichkeitsprüfung.

Inhalt des Umweltberichts

Absatz 4 Satz 1 legt die Erstellung eines Umweltberichts gemäß § 7 Abs. 5 Satz 2 ROG bzw. nach Artikel 5 i. V. m. den Kriterien in Anhang I der SUP-Richtlinie fest. Daraus ergeben sich die Anforderungen an dessen Inhalt und an die Art und Weise der Aufbereitung. Hinsichtlich des Dokumentationsumfanges des Umweltberichtes verweist Satz 1 auf die Prüfungsphasen in Absatz 1 Satz 2, begrenzt die Dokumentationspflicht auf die Angaben, die auf dieser Planungsstufe relevant sein können und stellt damit klar, dass auch für die Frage der Dokumentationsdichte das Verhältnismäßigkeitsprinzip durchschlägt und die in der Prüfung abgemessen ermittelten Angaben auch angemessen zu dokumentieren sind, ohne die angestrebte Spiegelbildlichkeit zwischen Prüfung und Dokumentation zu gefährden. Damit wird dem Anspruch der SUP-Richtlinie in Artikel 4 Absatz 3 Rechnung getragen, der eine Begrenzung durch die Hierarchiebezogenheit der Umweltprüfung vorgibt.

Das heißt, dass der Untersuchungsrahmen und die Untersuchungstiefe der Planungsstufe der Raumordnungspläne entsprechen. Raumordnungspläne als Instrumente der Landesplanung enthalten weiträumige Festlegungen, welche erst durch nachfolgende Planungen konkretisiert werden. Der Maßstab der Raumordnungspläne lässt in der Regel keine kleinteiligen Aussagen zu. Demzufolge sind die Ergebnisse der Umweltprüfungen nur allgemein und wenig detailliert beschreibbar.

Aussagen zu kleinteiligen Auswirkungen können meist erst in Bauleitplanverfahren, bzw. im Genehmigungs-/Planfestsstellungsverfahren gemacht werden. Festlegungen in Raumordnungsplänen werden unter Abwägung raumordnerischer Aspekte getroffen. Positive Festlegungen zu bestimmten Projekten eröffnen die Möglichkeit der Realisierung aus raumordnerischer Sicht, keineswegs wird eine Verpflichtung zur Realisierung begründet. Diese Festlegungen haben auch keine positive Vorwirkung auf die spätere Erteilung von Genehmigungen oder Planfeststellungsverfahren.

Die Darstellung der Alternativen ist ausgehend von der Funktion der Raumordnung auf räumliche Alternativen zu beschränken.

Umweltbericht als gesonderter Teil der Planbegründung

Absatz 4 Satz 2 setzt § 7 Abs. 5 Satz 3 ROG um, der die Möglichkeit vorsieht, den Umweltbericht als gesonderten Teil in die Planbegründung aufzunehmen. Satz 2 macht von dieser Möglichkeit Gebrauch, da eine Aufnahme des Umweltberichtes als gesonderter Teil der Begründung auch den Umgang mit Einwendungen erleichtert, die so präziser zugeordnet werden können.

Frühzeitige Beteiligung der betroffenen öffentlichen Stellen bei der Festlegung des Untersuchungsrahmens, sog. Scoping

Absatz 4 Satz 3 hat die Beteiligung der in ihrem umweltbezogener Aufgabenbereich möglicherweise betroffenen Behörden bei der Festlegung von Umfang und Detaillierungsgrad des Umweltberichts, das sog. Scoping, zum Inhalt. Spätestens vor der Bewertung der im Umweltbericht zu dokumentierenden voraussichtlichen erheblichen Umwelteinwirkungen sind die öffentlichen Stellen unter Einräumung einer Frist von einem Monat zur Rückäußerung zu beteiligen. Gemäß Absatz 4 Satz 4 kann die Frist auf begründeten Antrag der beteiligten öffentlichen Stelle im Einzelfall einmalig angemessen verlängert werden.

Damit setzt Satz 3 § 7 Abs. 5 Satz 4 ROG um, der seinerseits Artikel 5 Abs. 4 der SUP-Richtlinie Rechnung trägt. Soweit das ROG den Zeitpunkt für die Beteiligung offen lässt, erfolgt hier nur eine Konkretisierung insoweit, als nur der späteste Zeitpunkt für die richtlinienkonforme Beteiligung explizit bezeichnet wird. Damit bleibt die Möglichkeit erhalten, den Beteiligungszeitpunkt bis zu diesem Zeitpunkt einzelfallspezifisch festzulegen.

Der benannte späteste Zeitpunkt ergibt sich letztlich aus Artikel 6 Abs. 2 der SUP-Richtlinie in Verbindung mit Nr. 15 der der Richtlinie vorangestellten Erwägungsgründe. Danach soll eine frühzeitige Beteiligung erfolgen, um so ein breites Spektrum von Faktoren bei der Entscheidungsfindung einbeziehen zu können. Die damit bezweckte breite Informationsbasis soll das Ziel der Nachhaltigkeit besser erreichbar machen. Damit sieht die SUP-Richtlinie die Beteiligung der Behörden und der Öffentlichkeit nicht als Korrektiv für die Ermittlungen der planenden Stelle, sondern als weitere Informationsquelle. Wenn die beteiligten Behörden diesem Anspruch gerecht werden sollen, müssen sie sich unvoreingenommen äußern können. Dies ist nur solange möglich, wie es noch an einer Bewertung ermittelter und beschriebener Maßnahmen fehlt, die meinungsbildend sein könnte.

Die Fristenregelungen dienen der Verfahrensökonomie.

Frühzeitige Beteiligung der betroffenen öffentlichen Stellen

Die Regelungen in § 7 Abs. 6 Satz 1 ROG bzw. Artikel 6 der SUP-Richtlinie werden bezüglich der Behördenbeteiligung in Absatz 5 Sätze 1 und 2 umgesetzt.

Der Entwurf eines Raumordnungsplans ist mit seiner Begründung und dem Umweltbericht den öffentlichen Stellen, die in ihrem umweltbezogenen Aufgabenbereich betroffen sein können, zuzuleiten. Hierbei können auch elektronische Informationstechnologien genutzt werden. Den zu beteiligenden öffentlichen Stellen ist eine Frist zur Stellungnahme von längstens drei Monaten einzuräumen. Auch diese Frist kann auf begründeten Antrag um bis zu weitere drei Monate verlängert werden. An dieser Stelle wird auf Artikel 7 Abs. 2 oder Artikel 8 Abs. 4 verwiesen. Ist bereits eine Beteiligung nach diesen Vorschriften erforderlich, sind die Beteiligungsverfahren zu verbinden. Die den Beteiligten gemäß Absatz 5 Satz 3 eingeräumte Verlängerung der Frist bleibt vom Verweis unberührt.

Grenzüberschreitende Beteiligung

Diese Regelung ist für Brandenburg durch die Nachbarschaft zur Republik Polen von besonderer Relevanz. Wird die Durchführung eines Raumordnungsplans voraussichtlich erhebliche Auswirkungen auf die Umwelt eines Mitgliedstaates der Europäischen Union haben, so richtet sich das Beteiligungsverfahren für diesen Mitgliedstaat gemäß Absatz 6 nach § 14 j in Verbindung mit §§ 8 und 9 a des Gesetzes über die Umweltverträglichkeitsprüfung in der Fassung der Bekanntmachung vom 25. Juni 2005 (BGBl I S. 1757, 2797), das durch Artikel 2 des Gesetzes vom 24. Juni 2005 (BGBl. I S. 1794) geändert worden ist.

Mit dieser Regelung trägt Absatz 6 dem § 7 Abs. 6 Satz 2 ROG Rechnung, der Artikel 7 der SUP-Richtlinie umsetzt. Mitgliedstaaten der Europäischen Gemeinschaft, auf deren Umwelt die Durchführung des Planes Auswirkungen haben kann, ist die Möglichkeit zur Stellungnahme einzuräumen.

§ 7 Abs. 6 Abs. 2 ROG verweist auf die Grundsätze des Gesetzes über die Umweltverträglichkeitsprüfung. Dies bedeutet, dass über die je nach Einzelfall Art und Weise der Beteiligung entschieden werden könnte. Doch hat dieser Verweis an Bedeutung verloren. Das Gesetz zur Einführung einer strategischen Umweltprüfung und zur Umsetzung der Richtlinie 2001/42/EG (SUPG) vom 25.06.2005 (BGBl. I S. 1746) sieht in § 14 o Absatz 1 Satz 3 die Anwendbarkeit des § 14 j auf Pläne der Raumordnung, der § 8 UVPG für anwendbar erklärt, vor. Als speziellere Regelung gegenüber § 7 Abs. 6 Satz 2 ROG ist § 14 o UVPG anzuwenden. Absatz 6 trägt diesem Umstand Rechnung. Die Einzelheiten des Verfahrens, das sich aufwändig gestalten kann, ergeben sich aus § 8 UVPG.

Beteiligung der Öffentlichkeit

Hinsichtlich der Beteiligung der Öffentlichkeit dient Absatz 7 der Umsetzung von § 7 Abs. 6 Satz 1 ROG, der wiederum Artikel 6 der SUP-Richtlinie umsetzt. Das vom Bundesgesetzgeber den Ländern zur Regelung überlassene Verfahren läuft wie folgt ab:

Der Entwurf eines Raumordnungsplans ist mit seiner Begründung und dem Umweltbericht bei der gemeinsamen Landesplanungsabteilung, den Landkreisen und den kreisfreien Städten des Landes Brandenburg sowie bei den Bezirken und der für die vorbereitende Bauleitplanung zuständigen Senatsverwaltung von Berlin für die Dauer von zwei Monaten öffentlich auszulegen. Gleichzeitig ist der Entwurf in das Internet einzustellen. Ort und Dauer der Auslegung sowie die Internetadresse sind mindestens eine Woche vorher durch die gemeinsame Landesplanungsabteilung im Amtsblatt für Brandenburg und im Amtsblatt für Berlin öffentlich bekannt zu machen. Die Bekanntmachung enthält den Hinweis, dass Anregungen innerhalb einer von der gemeinsamen Landesplanungsabteilung festzulegenden angemessenen Frist, die drei Monate ab Beginn der Auslegung nicht übersteigen soll, von natürlichen und juristischen Personen des Privatrechts, die ein bestimmtes, direktes und persönliches Interesse an dem Entwurf des Raumordnungsplans haben, vorgebracht werden können.

Von einer Veröffentlichung auch in Tageszeitungen wurde abgesehen. Diese Entscheidung sah sich unter Hinweis auf § 73 Abs. 5 VwVfG Kritik ausgesetzt. § 73 Abs. 5 VwVfG sieht im Planfeststellungsverfahren für die Information über die Auslegung die ortsübliche Bekanntmachung vor, wozu jedoch nicht zwingend die Veröffentlichung in Tageszeitungen gehört. Der Öffentlichkeit ist effektiv und frühzeitig die Gelegenheit zur Stellungnahme zu geben, d. h., sie muss in geeigneter Form von der Beteiligungsmöglichkeit Kenntnis erlangen. Dies setzt eine öffentliche Bekanntmachung voraus. Das Amtsblatt erscheint geeignet, von der interessierten Öffentlichkeit wahrgenommen zu werden. Zudem ermöglicht die zusätzlich vorgesehene Einstellung des Planentwurfs in das Internet einem großen Teil der Öffentlichkeit die Kenntnisnahme vom Recht auf Beteiligung. Nicht nur Berlin/Brandenburg hat die ausschließliche Veröffentlichung im Amtsblatt und Internet gewählt (vgl. z. B. Art. 13 Abs. 2 BayLplG).

Hinzu kommt, dass eine Veröffentlichung in Tageszeitungen zu nicht unerheblichen Kosten führen würde. Es müsste sicher gestellt sein, dass die Veröffentlichung den gesamten Planungsraum, also die gesamte Landesfläche, abdeckt. Dies würde in Brandenburg eine Veröffentlichung in jeweils denjenigen Tageszeitungen, die in der jeweiligen Region verbreitet sind und üblicherweise öffentliche Bekanntmachungen enthalten, erfordern.

Artikel 6 Abs. 4 der SUP-Richtlinie bestimmt den Umfang dessen, was unter „Öffentlichkeit" zu verstehen ist, näher, auch wenn die Einzelheiten den Mitgliedstaaten überlassen bleiben. In dieser Definition heißt es, dass dies „Teile der Öffentlichkeit ein [-schließt], die gemäß dieser Richtlinie betroffen sind ... oder ein Interesse daran haben,...". Die SUP-Richtlinie bestimmt damit den Kreis der zu beteiligenden Dritten sehr weit. Zurück geht diese Regelung auf den französischen Begriff der Klagebefugnis. Danach ist stets ein bestimmtes, direktes und persönliches Interesse an dem Entwurf des Raumordnungsplans erforderlich, egal ob es sich dabei um eins tatsächlicher, rechtlicher, wirtschaftlicher, materieller oder immaterieller, individueller oder kollektiver Art handelt. Für diesen Begriff gibt es im deutschen Verwaltungsrecht keine Entsprechung. Er deutet zwar auf eine „Jedermann"-Beteiligung hin, dennoch wird der Begriff in der Übersetzung übernommen, da diese Schlussfolgerung nicht zwingend ist. So kann es an der Direktheit des Interesses fehlen, sofern derjenige, der Einwendungen erhebt, in keinerlei dauerndem Bezug zu dem zu beplanenden Raum steht, sondern zufällig und kurzfristig am Ort ist.

Einbeziehung des Umweltberichts und der Ergebnisse aus dem Beteiligungsverfahren in den Abwägungsvorgang

Absatz 8 setzt § 7 Abs. 7 ROG und damit auch Artikel 8 der SUP-Richtlinie um. Danach sind der Umweltbericht, die Stellungnahmen der Öffentlichkeit und der öffentlichen Stellen sowie die Ergebnisse der mit den Nachbarstaaten durchgeführten Konsultationen in der Abwägung zu berücksichtigen. Durch die Bezugnahme auf Artikel 7 Abs. 4 wird klargestellt, dass die Ergebnisse der Umweltprüfung integraler Bestandteil des Abwägungsprozesses sind, der ein Teil des Planaufstellungs-, änderungs-, ergänzungs- oder Fortschreibungsverfahrens ist.

Inhalt der Begründung des Planes hinsichtlich der Umweltprüfung

Zusammenfassende Erklärung

Mit der Darstellung des Inhalts der zusammenfassenden Erklärung setzt Absatz 8 Satz 2 die Anforderungen aus § 7 Abs. 8 ROG Satz 2 in Verbindung mit Artikel 9 Abs. 1 b) der SUP-Richtlinie an eine zusammenfassende Erklärung über die Abwägung der einzustellenden Belange um.

Maßnahmen zur Überwachung

Das Erfordernis, die Maßnahmen zur Überwachung der erheblichen Auswirkungen der Durchführung des Raumordnungsplans auf die Umwelt zu benennen, regelt Absatz 8 Satz 3 und setzt damit die Vorgaben aus § 7 Abs. 8 Satz 3 ROG in Verbindung mit Artikel 9 Abs. 1 c) der SUP-Richtlinie um.

Öffentliche Bekanntmachung des Planes

Absatz 9 hat die öffentliche Bekanntmachung des Planes mit seiner die Umweltprüfung betreffenden Begründung zum Inhalt und verweist hierbei auf Artikel 8 Abs. 6 Satz 4 und 5 mit der Maßgabe, dass der Raumordnungsplan mit seiner Begründung einschließlich der zusammenfassenden Erklärung und der benannten Überwachungsmaßnahmen niederzulegen ist und zusätzlich in das Internet unter der Adresse der gemeinsamen Landesplanungsabteilung einzustellen ist.

Absatz 9 setzt § 7 Abs. 9 ROG und damit auch Artikel 9 Abs. 1 a), b) und c) der SUP-Richtlinie um. Durch die Niederlegung und Nutzung des Internets werden der Raumordnungsplan und der Umweltbericht einschließlich der zusammenfassenden Erklärung und der benannten Überwachungsmaßnahmen der Öffentlichkeit zugänglich gemacht und die Möglichkeit zur Nutzung moderner Kommunikationsmittel eröffnet.

Überwachung der erheblichen Umweltauswirkungen der Plandurchführung unter Anwendung bestehender Überwachungsmechanismen, sog. Monitoring

Gemäß § 7 Abs. 10 ROG und Artikel 10 der SUP-Richtlinie sind die erheblichen Umweltauswirkungen bei der Durchführung der Raumordnungspläne zu überwachen. Die gemeinsame Landesplanungsabteilung bedient sich für die Überwachung unter besonderer Berücksichtigung des Raumordnungskatasters nach Artikel 18 LPlV der Mittel der Raumbeobachtung (Absatz 10).

Damit wird von der nach Artikel 10 Abs. 2 der SUP-Richtlinie ausdrücklich zugestandenen Anwendung bereits bestehender Überwachungsinstrumente und -verfahren Gebrauch gemacht. Da bei der Raumbeobachtung Untersuchungs- und/oder Überwachungssysteme existieren, ist deren Einbeziehung nach dem Anliegen der Richtlinie, vorhandene Ressourcen unter Vermeidung von Mehrfachprüfungen zu nutzen, konsequent.

Überleitungsvorschrift

Die Verpflichtung zur Durchführung der Umweltprüfung gilt für jeden Raumordnungsplan, dessen erster förmlicher Vorbereitungsakt nach dem 20. Juli 2004 liegt. Die Verpflichtung gilt ebenfalls für jeden Raumordnungsplan, dessen erster förmlicher Vorbereitungsakt vor dem 21. Juli 2004 liegt und der nach dem 21. Juli 2006 in das Gesetz- oder Verordnungsgebungsverfahren eingebracht wird. Somit ist für Raumordnungspläne, deren erster förmlicher Vorbereitungsakt vor dem 21. Juli 2004 liegt und die bis zum 21. Juli 2006 ins Gesetz- oder Verordnungsgebungsverfahren eingebracht wurden, keine Umweltprüfung erforderlich. Die Fristen leiten sich aus Artikel 13 Abs. 1 und 3 SUP-Richtlinie i. V. m. § 23 Abs. 3 ROG ab.

VI Das geänderte Raumordnungsgesetz nach dem EAG Bau

Dr. Peter Runkel

1. Die gesetzgeberische Konzeption

Das Europarechtsanpassungsgesetz Bau setzt die Plan-UP-Richtlinie auch für den Bereich der Raumordnung als Rahmengesetzgebung nach Art. 75 Abs. 1 Satz 1 Nr. 4 GG um.

Die Umsetzungskonzeption ist in ihren Grundzügen schnell geschildert:

- Die Umsetzung erfolgt bezogen auf die Raumordnungsplanung in den Ländern im rahmenrechtlichen Teil des Gesetzes in § 7 Abs. 5 bis 10 ROG und bezogen auf die Raumordnung in der deutschen ausschließlichen Wirtschaftszone im unmittelbar geltenden § 18 a ROG.
- Die Umsetzung beschränkt sich auf die Nennung der wesentlichen Elemente einer UP und vermeidet Details durch Verweis auf die Richtlinie selbst bzw. auf die Kriterien des Anhangs 1 der Richtlinie.

Damit diese Vorschriften rechtzeitig vor Ablauf der Umsetzungsfrist der Richtlinie zum 20. Juli 2004 in allen Ländern in Kraft treten, ordnet § 22 Satz 3 ROG bis zu einer Umsetzung der Plan-UP-Richtlinie durch die Länder die unmittelbare Anwendung des § 7 Abs. 5 bis 10 ROG und – worauf noch zurückzukommen sein wird – des § 10 Abs. 2 Nr. 1 ROG an.

Die gesetzgeberische Umsetzungskonzeption besteht somit aus vier Teilen:

1. Die Elemente der Plan-UP-Richtlinie sind in das Rahmenrecht aufgenommen worden.
2. Die Länder sind durch § 22 Satz 2 ROG verpflichtet, diese Vorschriften in Erfüllung ihrer Pflicht nach Art. 75 Abs. 3 GG bis Ende 2006 in Landesrecht zu überführen und dabei die Einzelheiten festzulegen.
3. Bis zur Umsetzung der Plan-UP-Richtlinie durch die Länder sind die rahmenrechtlichen Umsetzungsvorschriften unmittelbar anzuwenden.

4. Nach § 23 Abs. 3 S. 1 ROG gilt die unmittelbare Anwendung für alle Raumordnungspläne, deren Aufstellung nach dem 20. Juli 2004 förmlich eingeleitet worden ist.

   Für Planverfahren, die vor diesem Datum eingeleitet worden sind und nach dem 20. Juli 2006 abgeschlossen werden, gilt die unmittelbare Anwendung, es sei denn, die Länder entscheiden nach § 23 Abs. 3 Satz 2 ROG im Einzelfall, dass dies nicht durchführbar ist. Sie haben dann die Öffentlichkeit über ihre Entscheidung zu unterrichten.

   Für Raumordnungspläne, deren Aufstellung bis zum 20. Juli 2004 eingeleitet und bis zum 20. Juli 2006 abgeschlossen wird, gilt das bisherige Landesrecht weiter – auch wenn § 23 Abs. 3 Satz 3 ROG vermeintlich etwas anderes anordnet.

2. Mögliche Vorbehalte gegen diese Konzeption und deren Überwindung

Diese zeitlich konditionierte unmittelbare Anwendung der rahmenrechtlichen Vorschriften zur Umsetzung der Plan-UP-Richtlinie wirft europarechtliche, verfassungsrechtliche und einfachrechtliche Fragen auf, die aber alle im Sinne der getroffenen Regelungen beantwortet werden können.

a) Europarechtlich sind keine ernst zu nehmenden Vorbehalte ersichtlich

Europäische Richtlinien sind national von der Ebene umzusetzen, die dazu innerstaatlich legitimiert ist. Maßgeblich sind die einzelstaatlichen Zuständigkeitszuweisungen, in Deutschland also die Art. 70 ff. GG. Im Bereich der Raumordnung bezieht sich die Richtlinie in erster Linie auf Raumordnungspläne, die § 3 Nr. 7 ROG als Raumordnungsplan für das Landesgebiet und Pläne für Teilräume der Länder im Sinne der Regionalpläne definiert.

Für die Raumordnung als Landesraumordnung hat der Bund nur die rahmenrechtliche Kompetenz nach Art. 75 Abs. 1 Satz 1 Nr. 4 GG. Sie wird ausgefüllt durch Abschnitt 2 des ROG mit der Überschrift „Raumordnung in den Ländern".

Daraus folgt, dass die nationale Umsetzungsverpflichtung der Plan-UP-Richtlinie im Bereich der Raumordnungspläne den Bund und die Länder trifft.

Dies bedeutet nicht zwingend, dass die Umsetzung der Plan-UP-Richtlinie im Bereich der Raumordnungspläne zunächst durch den Rahmengesetzgeber und anschließend durch die Landesgesetzgeber erfolgen muss.

Dieser Weg ist rein pragmatischen Überlegungen geschuldet. Danach ist es zweckmäßig, wenn die zahlreichen mit der Umsetzung einer solchen Richtlinie einhergehenden Fragen zunächst – sofern die verfassungsrechtlichen Voraussetzungen gegeben sind – in einem breit angelegten gesetzgeberischen Diskurs zwischen Bundesregierung, Bundestag und Bundesrat vorgeklärt werden, ehe die einzelnen Länder die konkrete Umsetzung in das Landesrecht vornehmen.

Europarechtlich ist maßgeblich, ob der jeweilige Mitgliedstaat seiner Umsetzungsverpflichtung voll umfänglich und fristgerecht nachgekommen ist.

Das ist die Bundesrepublik Deutschland für den Bereich der Raumordnungspläne u. a. dann, wenn die zeitlich konditionierte Anordnung der unmittelbaren Geltung der rahmenrechtlichen Umsetzungsvorschriften nach nationalem Verfassungsrecht zulässig ist.

Europarechtlich dürfte an diesem Umsetzungskonzept nicht zu beanstanden sein, dass die rahmenrechtlichen Umsetzungsvorschriften des § 7 Abs. 5 - 10 ROG den in der Richtlinie angelegten Gestaltungsraum nicht ausfüllen, sondern an die Landesgesetzgeber weiterreichen.

Eine solche Vorgehensweise ist vergleichbar der Umsetzung vieler EU-Richtlinien in anderen Mitgliedstaaten. Diese ordnen zur Umsetzung der Richtlinien deren unmittelbare Anwendung an, ohne sie in das nationale Recht einzufügen bzw. die in der Richtlinie angelegten Gestaltungsmöglichkeiten auszuformen.

National ist diese „offene" Umsetzung den Prinzipien der Rahmengesetzgebung geschuldet, nachdem ins Einzelne gehende Vorschriften im Rahmenrecht nur unter Ausnahmegesichtspunkten zulässig sind.

b) Verfassungsrechtliche Erforderlichkeitshürde nach Art. 75 Satz 1 in Verbindung mit Art. 72 Abs. 2 GG

Das Bundesverfassungsgericht hat bekanntlich in mehreren Grundsatzentscheidungen mit der Reform des Grundgesetzes aus dem Jahr 1994 ernst gemacht und nicht nur strenge Kriterien für die Erforderlichkeit von neuem Bundesrecht aufgestellt, sondern dieses auch weitgehend gerichtlich überprüfbar gemacht.

Ich will die dabei aufgestellten Kriterien hier im Einzelnen nicht wiederholen, denn das führt nicht weiter. Sie betreffen stets die Frage, unter welchen Voraussetzungen der Bund neue Materien im Bereich der konkurrierenden oder Rahmengesetzgebung regeln darf. Sie sind nicht auf die Frage zugeschnitten, unter welchen Voraussetzungen der Bund bestehende bundesrechtliche Regelungen neuen Anforderungen anpassen darf, zumal wenn diese Anforderungen der Umsetzung europarechtlicher Vorgaben dienen.

Das Bundesverfassungsgericht hat dazu im Rahmen von Art. 125 a Abs. 2 GG erste Überlegungen angestellt, um eine Versteinerung des Bundesrechtes zu vermeiden. Zum EAG Bau bleibt festzuhalten, dass die Umsetzung der gemeinsamen Konzeption von Bund und Ländern entspricht und der Bundesrat dem Gesetz einstimmig zugestimmt hat.

c) Verfassungsrechtliche Hürde eines Ausnahmefalls für unmittelbar geltende Regelungen nach Art. 75 Abs. 2 GG

In seinem Urteil zur Juniorprofessur hat das Bundesverfassungsgericht festgehalten, dass die Rahmengesetzgebung des Bundes auf inhaltliche Konkretisierung und Gestaltung durch die Länder angelegt ist. Den Ländern müsse ein eigener Bereich politischer Gestaltung von substanziellem Gewicht bleiben.

Ein Ausnahmefall im Sinne des Art. 75 Abs. 2 GG liege nur vor, wenn die Rahmenvorschriften ohne die in Einzelheiten gehenden oder unmittelbar geltenden Regelungen verständlicherweise nicht erlassen werden könnte, diese also schlechthin unerlässlich sind.

Im Fall des § 22 Satz 3 ROG geht es aber nicht um eine unbefristete unmittelbare Geltung von Bundesrecht, sondern um eine zeitlich konditionierte unmittelbare Geltung. Sachgerecht erscheint daher die Anerkennung einer Ausnahmesituation im Sinne des Art. 75 Abs. 2 GG deswegen, weil (nur) auf diese Weise der europarechtlichen Umsetzungsverpflichtung des Gesamtstaates fristgerecht Genüge getan werden konnte.

Nur so war es möglich, innerhalb der für eine nationale Gesetzgebung in 16 Ländern zu kurz bemessenen Frist von 3 Jahren die Umsetzung für das gesamte Bundesgebiet fristgerecht vorzunehmen.

Dem verfassungsrechtlichen Anliegen, den Gestaltungsraum der Länder im Bereich des Rahmenrechts zu wahren, wird dadurch Rechnung getragen, dass es allein in der Macht der Länder steht, die unmittelbare Geltung der rahmenrechtlichen Vorschriften für ihren Bereich dadurch zu beenden, dass sie ihrer Umsetzungsverpflichtung nach § 22 Satz 2 ROG nachkommen.

Im Übrigen hätte jedes Land die zeitlich konditionierte unmittelbare Geltung verhindern können, in dem es innerhalb der nationalen Umsetzungsfrist die Umsetzung in Landesrecht vorgenommen hätte. Durch die bundesrechtliche Rahmenkompetenz war das einzelne Land daran nicht gehindert.

d) Einfachrechtliche Hürde der unmittelbaren Anwendung von Vorschriften, die nicht in Einzelheiten gehen (dürfen)

Probleme ergeben sich auch nicht daraus, dass der Bund – bis auf Ausnahmefälle – keine in Einzelheiten gehenden Regelungen erlassen darf, mit der Folge, dass rahmenrechtliche Vorschriften, weil zu allgemein gehalten, wegen ihrer Unbestimmtheit grundsätzlich nicht unmittelbar anwendbar sind.

Im Falle der vorliegenden Vorschrift des § 7 Abs. 5 - 10 ROG ist zu berücksichtigen, dass der Rahmengesetzgeber eine EU-Richtlinie europarechtskonform umsetzen musste und damit der Detaillierungsgrad seiner Regelungen europarechtlich vorgegeben war.

Diese Vorgaben sind wiederum so konkret, dass sie unter Zuhilfenahme allgemeiner Rechtsgrundsätze und vergleichbarer Regelungen in anderen Rechtsmaterien vollzogen werden können und damit eine unmittelbare Anwendung nicht an der Unbestimmtheit der Regelungen scheitert.

Dies kann am Beispiel einer effektiven Öffentlichkeitsbeteiligung nach § 7 Abs. 6 Satz 1 ROG verdeutlicht werden. Was unter dieser allgemeinen Anordnung im einzelnen zu verstehen ist, kann aus allgemeinen Rechtsgrundsätzen und den vergleichbaren Regelungen zu Planfeststellungsverfahren nach den Verwaltungsverfahrensgesetzen bzw. zur Bauleitplanung nach dem Baugesetzbuch mit hinreichender Sicherheit abgeleitet werden.

e) Bedeutung rahmenrechtlicher „Kann-Vorschriften“ während ihrer unmittelbaren Anwendung

Einfachrechtlich stellt sich ferner die Frage, welche Bedeutung die unmittelbare Geltung von rahmenrechtlichen „Kann-Regelungen“ hat. Die unmittelbare Anwendungserklärung der Vorschrift wird regelmäßig eine Delegation des „Wahlrechts“ auf den Träger der Planung bedeuten.

So hat der Träger der Planung bei unmittelbarer Anwendung des § 7 Abs. 5 Satz 3 ROG ein Wahlrecht bezogen auf die Frage, ob der Umweltbericht als gesonderter Teil in die Begründung des Raumordnungsplans nach Abs. 8 aufgenommen wird.

Diese vom Rahmengesetzgeber dem Landesgesetzgeber eingeräumte Entscheidungsmöglichkeit – Umweltbericht als gesonderter Teil der Begründung oder als eigenständiges Dokument – steht, solange der Landesgesetzgeber nicht entschieden hat, dem Träger der Planung zu.

Anders verhält es sich dagegen im Rahmen der gleichfalls unmittelbar anzuwendenden Planerhaltungsvorschrift des § 10 Abs. 2 Nr. 1 ROG. Nach dem Grundsatz der Gewaltenteilung und dem Wesentlichkeitsgrundsatz müssen die materiellen Regeln der Planerhaltung abschließend vom Gesetzgeber getroffen werden und dürfen dem Plangeber nicht überlassen bleiben.

Es kann dem Träger der Planung nicht anheim gestellt werden, selbst zu bestimmen, ob durch Unvollständigkeit der Begründung hervorgerufene Verletzungen von gesetzlich vorgeschriebenen Verfahrens- und Formvorschriften beachtlich oder unbeachtlich sein sollen.

Der Wille des Gesetzgebers des ROG ist daher dahin auszulegen, dass während der unmittelbaren Geltung des § 7 Abs. 5 - 10 ROG die Planerhaltungsvorschrift des § 10 Abs. 2 Nr. 1 ROG als bindende unmittelbare Regelung zur Anwendung gelangt.

Ob dies für alle Länder gilt oder nur für diejenigen Länder, die von der Ermächtigung nach altem Recht, eine entsprechende Planerhaltungsvorschrift aufzunehmen Gebrauch gemacht haben, wird noch zu erörtern sein.

3. Unterschiede in den Regelungen zur Plan-UP zwischen Raumordnungsgesetz und Baugesetzbuch und deren Gründe

Das EAG Bau hat die Plan-UP für die kommunale Bauleitplanung und die Raumordnungsplanung umgesetzt.

Dass sich dabei Unterschiede ergeben haben, folgt aus der Tatsache, dass es sich bei den Regelungen zum BauGB um konkurrierende Gesetzgebung und bei den Regelungen zum ROG um Rahmengesetzgebung handelt. Beide unterliegen anderen Gesetzmäßigkeiten.

Auf folgende Punkte ist beispielhaft hinzuweisen.

a) Vorprüfung im Einzelfall

Das ROG sieht in § 7 Abs. 5 Satz 5 ROG eine Ausnahme von der Pflicht, eine Umweltprüfung durchzuführen, bei geringfügigen Änderungen von Raumordnungsplänen vor. Solange diese Vorschrift bundesunmittelbar gilt, richtet sich die darin enthaltene Ermächtigung anstelle an die Länder an den jeweiligen Träger der Planung. Dieser kann prüfen, ob die Voraussetzungen für ein Absehen von der Plan-UP vorliegen.

Zu beachten ist aber für das neue Recht, dass auch dann eine Öffentlichkeitsbeteiligung nach § 7 Abs. 6 Satz 1 ROG durchzuführen ist, wenn als Ergebnis der Vorprüfung im Einzelfall festgestellt wird, dass keine Plan-UP durchgeführt wird.

Die strikte Anordnung der Öffentlichkeitsbeteiligung nach neuem Recht unterscheidet nicht zwischen UP-pflichtigen und nicht UP-pflichtigen Planverfahren.

Dies ist anders als im Rahmen der gesetzlichen Artausnahme des § 13 BauGB.

Bei der vom Träger der Planung anzustellenden Entscheidung hinsichtlich der Verfahrenswahl ist zu beachten, dass eine geringfügige Änderung des Plans nur der Einstieg in ein dann erforderliches Vorprüfungsverfahren im Einzelfall ist, das so genannte Screening.

In diesem Verfahren kommt es darauf an, ob von der geringfügigen Änderung des Plans voraussichtlich erhebliche Umweltauswirkungen ausgehen oder nicht. Die Änderungen beziehen sich auf alle Festlegungen des Planentwurfs unabhängig von der Frage, ob es sich dabei um Ziele oder Grundsätze der Raumordnung handelt. Bei einer geringfügigen Änderung des Plans mit voraussichtlich erheblicher Umweltauswirkung ist stets eine Plan-UP durchzuführen.

Geht also der Träger der Planung davon aus, dass eine Planänderung zwar geringfügig z. B. hinsichtlich der betroffenen Fläche oder der inhaltlichen Änderung bzw. Ergänzung ist, diese dennoch voraussichtlich erhebliche Umweltauswirkungen haben wird, sollte er von sich aus direkt ein Planänderungsverfahren mit Plan-UP einleiten. Er spart sich dann das kosten- und zeitaufwändige Screening. Nur wenn sich der Träger der Planung sicher ist, dass eine geringfügige Planänderung nicht mit erheblichen Umweltauswirkungen verbunden ist, kann es sich lohnen, ein Screening zur Bestätigung dieser Einschätzung durchzuführen.

Das werden aber häufig die Fälle sein, die – da die Grundzüge der Planung nicht betroffen sein werden – auch im Wege eines Zielabweichungsverfahrens nach § 11 ROG lösbar sind, das seinerseits nicht UP-pflichtig ist.

Der Gesetzgeber des BauGB hat auf der Grundlage der Erfahrungen mit der Vorprüfung im Einzelfall nach der Novelle 2001 davon Abstand genommen, den Gemeinden die Möglichkeit des Screenings weiterhin zu eröffnen, sondern hat alle Bauleitplanverfahren mit Ausnahme der gesetzlichen Artausnahme nach § 13 BauGB UP-pflichtig gemacht.

Als Beispiel für eine geringfügige Planänderung ohne zu erwartende erhebliche Umweltauswirkungen kann die planerische Rückwandlung eines bisher für Siedlungszwecke festgelegten Bereichs in seine tatsächliche Nutzung als landwirtschaftlich genutzte Fläche aufgrund des demographischen Wandels und eines daraus abgeleiteten geringeren Bedarfs an Siedlungsflächen angeführt werden.

Die gleiche geringfügige Planänderung kann aber dann mit erheblichen Umweltauswirkungen verbunden sein, wenn für den Bereich einer Stadt mehrere Siedlungserweiterungsflächen festgelegt sind und aufgrund sinkender Bevölkerungsprognosen eine der Flächen umgeplant werden soll und die Siedlungserweiterungsflächen eine unter Umweltgesichtspunkten deutlich unterschiedliche Wertigkeit aufweisen, so dass eine Alternativenprüfung angezeigt erscheint.

b) Fakultative / obligatorische Verortung des Umweltberichts als Teil der Begründung

Der Rahmengesetzgeber hat nicht festgelegt, welchen Status der Umweltbericht im Planungsverfahren haben soll. Er bietet zwei Möglichkeiten an, zwischen denen die Landesgesetzgeber wählen können. Solange dies noch nicht erfolgt ist, steht das Wahlrecht dem Träger der Planung zu.

Die eine Möglichkeit besteht nach § 7 Abs. 5 Satz 3 ROG darin, dass der Umweltbericht als gesonderter Teil in die Begründung aufzunehmen ist.

Der Umweltbericht kann aber auch als eigenständiges Dokument neben die Begründung gestellt werden.

Ist der Umweltbericht ein eigenständiges Dokument, müssen in der Begründung wie bisher Ausführungen zu den Umweltauswirkungen der Planung enthalten sein. Dies kann durch Verweisung auf den Umweltbericht geschehen.

Bedürfen aber die Aussagen zu den Umweltauswirkungen im laufenden Planungsverfahren der Fortschreibung, stellt sich die Fortschreibungsverpflichtung nach nationalem Recht hinsichtlich der Begründung. Sie ist nach nationalem Recht entsprechend dem Verfahrensstand fortzuschreiben, der Umweltbericht europarechtlich dagegen grundsätzlich nicht.

Auch die Verfahrensvorschriften und die Planerhaltungsvorschriften stellen traditionell auf die Begründung und den Begründungsentwurf ab.

Der Gesetzgeber des BauGB hat daher den Umweltbericht zwingend zum Bestandteil der Begründung zum Entwurf des Bauleitplans gemacht, wie sich aus § 2 a Satz 2 Nr. 2 und Satz 3 BauGB ergibt.

Dass der Gesetzgeber des ROG diesen Schritt nicht gegangen ist, ist seiner Stellung als Rahmengesetzgeber geschuldet. Dieser wollte der Entscheidung der Landesgesetzgeber nicht vorgreifen.

c) Umfang der auszulegenden Dokumente und Hinweis in der öffentlichen Bekanntmachung

Ein Kernelement der Plan-UP besteht in der Einsichtnahmemöglichkeit der Öffentlichkeit in die maßgeblichen Unterlagen. Dies sind der Entwurf des Raumordnungsplans, der Entwurf der Begründung und der Umweltbericht, entweder als selbstständiger Teil der Begründung oder als gesondertes Dokument.

Besondere Bedeutung hat dabei die allgemein verständliche Zusammenfassung des Umweltberichts nach Anhang I Buchstabe j) der Plan-UP-Richtlinie, weil diese der

Öffentlichkeit die technischen und fachspezifischen Kernaussagen des Umweltberichts vermitteln soll.

Zu diesem Zeitpunkt braucht der Entwurf der Begründung noch nicht die Angaben nach § 7 Abs. 8 Satz 2 ROG enthalten. Das ist die zusammenfassende Erklärung, wie Umwelterwägungen, der Umweltbericht sowie die abgegebenen Stellungnahmen im Plan berücksichtigt wurden und welche Gründe nach Abwägung mit den geprüften anderweitigen Planungsmöglichkeiten für die Festlegungen des Plans entscheidungserheblich waren. Diese zusammenfassenden Angaben sind nach Art. 9 Abs. 1 Buchstabe b) der Plan-UP-Richtlinie der Öffentlichkeit erst nach Annahme des Plans zugänglich zu machen.

Im Plan-UP-Verfahren der Raumordnung nicht auszulegen sind bereits vorliegende umweltbezogene Stellungnahmen sei es von Behörden oder der Öffentlichkeit wie z. B. von Nicht-Regierungsorganisationen.

Eine solche Verpflichtung besteht nach der Öffentlichkeitsbeteiligungsrichtlinie nur im Rahmen von Projekt-UVP-Verfahren nach der entsprechenden Richtlinie 96/61/EG, nicht dagegen im Rahmen der Öffentlichkeitsbeteiligung bei Plänen und Programmen. Die gilt also nur für solche Planverfahren, die ausnahmsweise der Projekt-UVP unterliegen.

Diese Verpflichtung wurde im Rahmen der Bauleitplanung nach § 3 Abs. 2 Satz 1 BauGB auf alle Bauleitpläne ausgeweitet, damit die Gemeinden nicht im Einzelfall prüfen und entscheiden müssen, ob es sich nur um einen UP-pflichtigen, oder auch einen UVP-pflichtigen Bebauungsplan handelt.

Für die Raumordnungsplanung kommt dies nicht in Betracht, auch wenn durch ihre Festlegungen UVP-pflichtige Vorhaben wie Windenergiefarmen räumlich gesteuert werden können.

d) Verortung der zusammenfassenden Erklärung in der Begründung oder als gesondertes Dokument zum Plan

Der Gesetzgeber des ROG hat die zusammenfassende Erklärung nach Art. 9 Abs. 1 Buchstabe b) sowie die Angaben zum Monitoring nach Art. 9 Abs. 1 Buchstabe c) der Plan-UP-Richtlinie in der Begründung zum Plan verortet. Damit sind unabhängig von der Frage, ob der Umweltbericht Teil der Begründung oder ein selbstständiges Dokument neben Plan und Begründung ist, in der Begründung hinsichtlich der Umweltprüfung Angaben darüber zu machen, wie Umwelterwägungen, der Umweltbericht sowie die abgegebenen Stellungnahmen im Plan berücksichtigt wurden und welche Gründe nach Abwägung mit den geprüften anderweitigen Planungsmöglichkeiten für die Festlegung des Plans entscheidungserheblich waren. Die Begründung muss ferner die Abwägungsentscheidung zu den im Umweltbericht vorgeschlagenen Maßnahmen der Überwachung enthalten.

Im BauGB ist die Verortung der zusammenfassenden Erklärung im laufenden Gesetzgebungsverfahren anders erfolgt. Während noch der Regierungsentwurf eine Verortung in der Begründung vorsah, ist die zusammenfassende Erklärung nun ein gesondertes Dokument, das dem Flächennutzungsplan bzw. dem Bebauungsplan beizufügen ist (vgl. § 6 Abs. 5 Satz 2 BauGB für den Flächennutzungsplan und § 10 Abs. 4 BauGB für den Bebauungsplan).

Eine Harmonisierung mit dem ROG hat der Gesetzgeber nicht mehr vorgenommen.

4. Effektive Beteiligung der Öffentlichkeit als (weitgehendes) Neuland für die Raumordnungsplanung

Die Regeln zur Beteiligung öffentlicher Stellen und der Öffentlichkeit sind im § 7 Abs. 6 ROG aus Anlass der Umsetzung der Plan-UP-Richtlinie erweitert worden. Dabei stellt das Gesetz grundsätzlich keine unterschiedlichen Anforderungen hinsichtlich des Umweltteils und der sonstigen Teile des Planentwurfs. Die Öffentlichkeitsbeteiligung ist auch nicht davon abhängig, ob ein Verfahren mit oder ohne UP durchgeführt wird. Selbst wenn die Vorprüfung im Einzelfall zu dem Ergebnis kommt, dass nicht mit erheblichen Umweltauswirkungen zu rechnen ist, ist eine Öffentlichkeitsbeteiligung durchzuführen.

Öffentliche Stellen und Öffentlichkeit müssen nun nach § 7 Abs. 6 Satz 1 ROG stets im Planaufstellungs- oder Änderungsverfahren frühzeitig und effektiv Gelegenheit zur Stellungnahme erhalten.

Der Begriff der Öffentlichkeit ist im Bereich der Raumordnung wie im Bereich der Bauleitplanung weit auszulegen und als eine Art Jedermannsrecht zu begreifen.

5. Die unmittelbar anzuwendende Planerhaltungsvorschrift des § 10 Abs. 2 Satz 1 ROG

a) Geltung nur in Ländern mit entsprechender Planerhaltungsvorschrift

Wir hatten bereits gesehen, dass die Vorschrift während ihrer unmittelbaren Anwendung als „Ist-Regelung“ anzusehen ist. Dies bedarf jedoch nach Sinn und Zweck der Vorschrift einer weiteren Einschränkung.

Dieser Sinn und Zweck besteht darin, die inhaltlich recht weitgehende Ermächtigung an die Länder, die Unvollständigkeit der Begründung zum Raumordnungsplan für unbeachtlich zu erklären, hinsichtlich der europarechtlichen Teile der Begründung europarechtskonform einzuschränken.

Die Vorschrift ist dann in all den Ländern hinsichtlich ihres einschränkenden Teils unmittelbar anzuwenden, die eine dem § 10 Abs. 2 Nr. 1 ROG a. F. entsprechende Regelung in ihr Landesplanungsgesetz aufgenommen haben.

Für eine solche einengende Auslegung spricht neben Sinn und Zweck der Vorschrift auch der Umstand, dass § 22 Satz 2 ROG in den Kanon der umzusetzenden Vorschriften § 10 Abs. 2 Nr. 1 ROG nicht aufgenommen hat, es also beim Wahlrecht des Landesgesetzgebers bleiben soll. Dann macht es aber keinen Sinn, die Vorschrift während der Zeit ihrer unmittelbaren Anwendung auch in den Ländern gelten zu lassen, die eine solche Planerhaltungsvorschrift bisher nicht für erforderlich erachtet haben und dies wahrscheinlich auch im Rahmen der Umsetzung nach Satz 2 nicht tun werden.

b) Erfasst sind alle europarechtlich gebotenen Teile der Begründung

Die Vorschrift nennt durch Bezug auf § 7 Abs. 8 Satz 2 und 3 ROG die zusammenfassende Erklärung und die Angaben zum Monitoring, die das ROG zum zwingenden Bestandteil der Begründung eines UP-pflichtigen Raumordnungsplans gemacht hat.

Eine Sonderregelung bezogen auf die Planerhaltung ist aber europarechtlich auch hinsichtlich zweier anderer Teile der Begründung erforderlich.

Dies ist einmal der Umweltbericht, soweit er nach § 7 Abs. 5 Satz 3 ROG als gesonderter Teil in die Begründung des Raumordnungsplans aufgenommen worden ist. Auch dieser gesonderte Teil der Begründung muss europarechtlich bedingt anderen Regeln der Planerhaltung unterworfen werden, als der Rest der Begründung, der nach nationalen Maßstäben beurteilt werden kann.

Auch § 214 Abs. 1 Satz 3 Nr. 3 BauGB sieht insoweit eine Sonderregelung für die Verletzung von Vorschriften in Bezug auf den Umweltbericht vor.

Zu nennen sind schließlich die Erwägungen nach § 7 Abs. 5 Satz 7 ROG hinsichtlich der Frage, warum nach Durchführung einer Vorprüfung im Einzelfall von der Planänderung keine erheblichen Umweltauswirkungen zu erwarten sind. Diese Erwägungen sind in den Entwurf der Begründung zur Planänderung und auch in die Begründung zum Plan selbst aufzunehmen.

Bei unvollständiger Darstellung dieser Erwägungen können gleichfalls nicht die nationalen Maßstäbe der Planerhaltung gelten, vielmehr sind sie auf europarechtskonforme Maßstäbe zurückzuführen.

c) Europarechtlich akzeptabler Maßstab für die Beachtlichkeit / Unbeachtlichkeit bei Unvollständigkeit europarechtlich gebotener Angaben in der Begründung

Berücksichtigt man, dass die zulässige Reichweite von nationalen Planerhaltungsvorschriften zu europarechtlichen Verfahrensvorgaben umstritten und vom EuGH bisher nur in Ansätzen geklärt werden konnte, so zeichnen sich zur Zeit lediglich zwei Ansätze für nationale Unbeachtlichkeitsvorschriften ab.

Der eine stellt auf die „Wesentlichkeit" bzw. „Unwesentlichkeit" eines Verfahrensverstoßes ab, wie er zum Beispiel auch in Art. 230 EGV verankert ist. Der andere Ansatz betrifft die „Kausalität" zwischen Verfahrensverstoß und Verfahrensergebnis.

Bei beiden Ansätzen legt der EuGH strenge Maßstäbe an. Daraus folgt für die Vollständigkeit des Umweltberichts als Teil des Begründungsentwurfs und hinsichtlich der anderen europarechtlich bedingten Angaben, dass gesetzlich nur die Unbeachtlichkeit bei Unvollständigkeit in unwesentlichen Punkten angeordnet werden darf.

Auch ein Vergleich mit § 214 Abs. 1 Nr. 3 BauGB zeigt, dass eine Verletzung von Vorschriften in Bezug auf den Umweltbericht nur unbeachtlich sein kann, wenn die Begründung hierzu nur in unwesentlichen Punkten unvollständig ist.

Dagegen erklärt § 10 Abs. 2 Nr. 1 ROG die Unvollständigkeit der zusammenfassenden Erklärung für unbeachtlich, wenn nicht abwägungserhebliche Angaben fehlen. Insoweit besteht ein Widerspruch zu § 7 Abs. 8 Satz 2 ROG. Danach hat sich die zusammenfassende Erklärung auf die abwägungserheblichen Aspekte der Umweltprüfung zu beschränken.

Nicht abwägungserhebliche Angaben gehören mithin nicht in die zusammenfassende Erklärung.

Die Vorschrift gilt daher während der unmittelbaren Anwendung in folgender Lesefassung:

„(2) Die Beachtlichkeit einer Verletzung von Verfahrens- und Formvorschriften ist ausgeschlossen bei

1. Unvollständigkeit der Begründung des Raumordnungsplans und seines Entwurfes, sofern die Länder dies angeordnet haben; bei Unvollständigkeit des Umweltberichts als gesonderter Teil der Begründung nach § 7 Abs. 5 Satz 3, den Erwägungen zur Feststellung, dass keine erheblichen Umweltauswirkungen zu erwarten sind nach § 7 Abs. 5 Satz 7, der zusammenfassenden Erklärung nach § 7 Abs. 8 Satz 2 und den Angaben zum Monitoring nach § 7 Abs. 8 Satz 3 gilt Halbsatz 1, wenn die Begründung hierzu nur in unwesentlichen Punkten unvollständig ist."

VII Planerhaltung nach dem Entwurf eines Umwelt-Rechtsbehelfsgesetzes

Prof. Dr. Wilhelm Söfker

1. Allgemeines zum Stand des Gesetzgebungsverfahrens

Grundlage des in Vorbereitung befindlichen „Gesetzes über ergänzende Vorschriften zu Rechtsbehelfen in Umweltangelegenheiten nach der EG-Richtlinie 2003/35/EG - (Umwelt-Rechtbehelfsgesetz)" ist die hier erwähnte Richtlinie des Europäischen Parlamentes und Rates vom 26. Mai 2003 über die Beteiligung der Öffentlichkeit bei der Ausarbeitung bestimmter umweltbezogener Pläne und Programme und zur Änderung der Richtlinie 85/337/EWG und 96/61/EG des Rates in Bezug auf die Öffentlichkeitsbeteiligung und den Zugang zu Gerichten (ABl. EU Nr. L 156 S. 17). Durch die Richtlinie 2003/35/EG werden u. a. die Vorgaben von Artikel 9 Abs. 2, 4 und 5 des „UN ECE-Übereinkommens über den Zugang zu Informationen, die Öffentlichkeitsbeteiligung an Entscheidungsverfahren und den Zugang zu Gerichten in Umweltangelegenheiten", sogen. Aarhus-Konvention, im Gemeinschaftsrecht umgesetzt.

Für die Umsetzung dieser Richtlinie in deutsches Recht hatte das Bundesministerium für Umwelt, Naturschutz und Reaktorsicherheit Anfang 2005 den Entwurf eines „Umwelt-Rechtsbehelfsgesetzes" vorgelegt (Stand: 21. Febr. 2005), der Gegenstand der Anhörung der Länder und Verbände war. Wegen der vorgezogenen Bundestagswahl am 18. Sept. 2005 wurden die weiteren Schritte des Gesetzgebungsverfahrens zurückgestellt; zu einem Beschluss der Bundesregierung über den Gesetzentwurf kam es nicht. Es kann erwartet werden, dass alsbald das Gesetzgebungsverfahren wieder aufgegriffen wird.[1]

Parallel zur Vorlage des Entwurfs eines Umwelt-Rechtsbehelfsgesetzes wurde der Entwurf eines Gesetzes über die Öffentlichkeitsbeteiligung in Umweltangelegenheiten nach der EG-Richtlinie 2003/35/EG („Öffentlichkeitsbeteiligungsgesetz") Anfang 2003 vorgelegt (Stand 21. Apr. 2005), der ebenfalls Gegenstand der Anhörung der Länder und Verbände war. Auch für diesen Gesetzentwurf wurde aus den gleichen Gründen das Gesetzgebungsverfahren nicht fortgeführt. Allerdings liegt eine fortgeschriebene Fassung des Gesetzentwurfs (Stand: 30. Juni 2005) vor, dem Empfehlungen des Bundesministeriums für Umwelt, Naturschutz und Reaktorsicherheit vom 28. Juli 2005 zur Beachtung der Richtlinie im Vollzug ab 25. Juni 2005 beigefügt sind.

[1] Bei Abfassung dieses Beitrags lag ein Beschluss der Bundesregierung über den Gesetzentwurf noch nicht vor.

Mit Rücksicht auf diesen Stand des Gesetzgebungsverfahrens wird in diesem Referat und Beitrag auf der Grundlage des Gesetzentwurfs vom 21. Febr. 2005 vorgetragen, wobei besonders die Bedeutung eines „Umwelt-Rechtsbehelfsgesetzes" für die Bauleitplanung und insofern auch für die Planerhaltungsvorschriften (vgl. dazu §§ 214 f. BauGB) herausgestellt werden soll.

2. Zur Konzeption eines Umwelt - Rechtsbehelfsgesetzes und seine Bedeutung für die Planerhaltung der Bauleitpläne

2.1 Zielsetzung

Zielsetzung und Inhalt ergeben sich aus der Richtlinie 2003/35/EG:

- Ergänzung bzw. Schaffung von Rechtsschutzmöglichkeiten, insbesondere auch für Umweltverbände, bei Zulassungsentscheidungen für bestimmte Industrieanlagen und Infrastrukturmaßnahmen nach der sogen. UVP-Richtlinie und der sogen. IVU-Richtlinie;
- Einführung einer Öffentlichkeitsbeteiligung bei bestimmten Plänen und Programmen des EG-Rechts, die nicht bereits nach der sogen. SUP-Richtlinie einer Umweltprüfung mit Öffentlichkeitsbeteiligung bedürfen;
- Ergänzung nationaler Bestimmungen zur Öffentlichkeitsbeteiligung bei Zulassungsverfahren für bestimmten Vorhaben nach der UVP-Richtlinie und der IVU-Richtlinie der EG.

Das Umwelt – Rechtsbehelfsgesetz wird demgemäß ergänzende Vorschriften zum bestehenden deutschen Rechtsbehelfssystem nach der VwGO, und zwar für Rechtsbehelfe von Mitgliedern der Öffentlichkeit enthalten. Der Individualrechtsschutz gegen Zulassungsentscheidungen für Vorhaben im Sinne der UVP- und IVU-Richtlinie würde danach weiterhin von der Geltendmachung und dem Vorliegen einer Verletzung von eigenen Rechten (§ 42 Abs. 2, § 113 Abs. 1 Satz 1 VwGO) abhängig bleiben. Neu ist die erweiternde Einführung einer Vereins- bzw. Verbandsklage gegen bestimmte umweltrechtliche Zulassungsentscheidungen. Für solche Vereinigungen ist keine Verletzung eigener Rechte erforderlich; ihre Klage ist vielmehr begründet, wenn die Entscheidung gegen Rechtsvorschriften, die dem Umweltschutz dienen, verstößt und die Vereinigung dadurch in ihrem satzungsgemäßem Aufgabenbereich der Förderung der Ziele des Umweltschutzes berührt wird.

2.2 Anwendungsbereich

Im Vordergrund – mit Blick auf die Bauleitplanung – stehen Entscheidungen im Sinne des § 2 Abs. 3 des Gesetzes über die Umweltverträglichkeitsprüfung über die Zulässigkeit von Vorhaben, für die – insbesondere – nach dem Gesetz über die Umweltverträglichkeitsprüfung eine Pflicht zur Durchführung einer Umweltverträglichkeitsprüfung (UVP) besteht.

Der Begriff „Entscheidung" entspricht der Legaldefinition des § 2 Abs. 3 UVPG, d. h. Gegenstand des Rechtsbehelfs ist auch der Bebauungsplan im Sinne von § 2 Abs. 3 Nr. 3 UVPG. Dies sind Beschlüsse nach § 10 BauGB über die Aufstellung, Änderung oder Ergänzung von Bebauungsplänen, durch die die Zulässigkeit von Vorhaben im Sinne der Anlage 1 zum UVPG begründet wird oder durch die Planfeststellungsbeschlüsse für Vorhaben im Sinne der Anlage 1 zum UVPG ersetzt werden.

Dabei ist entscheidend, ob für das Vorhaben bzw. den Bebauungsplan eine zwingende Umweltverträglichkeitsprüfung erforderlich war oder ob nach dem Ergebnis einer vorgeschriebenen Vorprüfung des Einzelfalls eine Umweltverträglichkeitsprüfung erforderlich war oder gewesen wäre. Es reicht danach nicht aus, ob nur eine sogen. Vorprüfungspflicht bestand.

In den Fallgestaltungen der Vorprüfung des Einzelfalls ist im Rahmen des Rechtsbehelfs primär zu prüfen, ob eine UVP durchgeführt wurde bzw. hätte durchgeführt werden müssen. Bestand eine UVP-Pflicht, ist der Rechtsbehelf eröffnet. Wurde eine UVP-Pflicht im Rahmen der Vorprüfung des Einzelfalls verneint, ist nur eine Plausibilitätsprüfung im Hinblick auf die Feststellung, dass keine Verpflichtung zur Durchführung einer Umweltverträglichkeitsprüfung besteht, anzustellen (vgl. § 3 a Satz 4 UVPG).

Für die Zwecke dieser Rechtsbehelfe kommt es also auf die tatsächliche UVP Pflicht von Bebauungsplänen an. Für das Verfahren der Aufstellung der Bebauungspläne bleibt es aber dabei, dass nach dem Baugesetzbuch – abgesehen vom vereinfachten Verfahren nach § 13 BauGB – stets eine Umweltprüfung im Sinne des § 2 Abs. 4 BauGB durchzuführen ist, die nach den Ausgestaltungen der Vorschriften des Baugesetzbuchs über die Aufstellung der Bauleitpläne die Anforderungen der UVP-Richtlinie an UVP-pflichtige Bebauungspläne umfasst.

2.3 Voraussetzungen für Rechtsbehelfe von Vereinen

Als Grundsatz gilt: Eine Vereinigung, die bestimmte förmliche Voraussetzungen erfüllt, kann, ohne eine Verletzung in eigenen Rechten geltend machen zu müssen, Rechtsbehelfe gegen eine Entscheidung einlegen, d. h. sie hat auch die Möglichkeit des Rechtsbehelfs gegen UVP-pflichtige Bebauungspläne. Die Vereinigung hat somit die Möglichkeit, den Bebauungsplan im Rahmen einer Normenkontrolle gemäß § 47 VwGO gerichtlich überprüfen zu lassen.

Voraussetzungen sind nach dem Gesetzentwurf vom 21. Febr. 2005 insbesondere:

- Die Vereinigung fördert nach ihrer Satzung ideell und nicht nur vorübergehend vorwiegend Ziele des Umweltschutzes;
- im Zeitpunkt der Einlegung des Rechtsbehelfs besteht sie mindestens drei Jahre und ist entsprechend aktiv.

Nach diesem Gesetzentwurf hätte das Verwaltungsgericht die Prüfung der Voraussetzungen vorzunehmen. Ausgehend von dieser Konzeption wurde zugleich aber auch ein Verfahren zur Anerkennung der Vereinigung durch eine Behörde als Voraussetzung für die Befugnis des Vereins für Rechtsbehelfe zur Diskussion gestellt[2]. Diese Überlegung würde sich an § 61 Abs. 2 BNatSchG orientieren und hätte die Folge, dass in einem behördlichen Verfahren anerkannte Vereinigungen berechtigt sind, Rechtsbehelfe einzulegen. Dabei wäre die weitere Frage aufgeworfen, wie mit Vereinigungen verfahren werden soll, die nicht anerkannt sind, die aber – entsprechend den europarechtlichen Vorgaben – von einem Klageverfahren nicht ausgeschlossen werden sollen, namentlich ausländische Vereinigungen. Hier liegt die Überlegung nahe, diesen Vereinigungen die Möglichkeit, einen Rechtsbehelf einlegen zu können, zu geben, wenn sie die Voraussetzungen für eine Anerkennung erfüllen, sie einen solchen Antrag gestellt haben und über die Anerkennung aus Gründen, die sie nicht zu vertreten haben, noch nicht entschieden ist (bei ausländischen Vereinigungen zu unterstellen). Diese Voraussetzungen wären vom Verwaltungsgericht zu prüfen.

Weitere Zulässigkeitsvoraussetzungen für den Rechtsbehelf sind, dass die Vereinigung:

1. geltend macht, dass eine Entscheidung (also z. B. der UVP-pflichtige Bebauungsplan) Rechtsvorschriften, die dem Umweltschutz dienen, widerspricht;
2. geltend macht, in ihrem satzungsgemäßem Aufgabenbereich der Förderung der Ziele des Umweltschutzes berührt zu sein;

---

[2] So bereits ein Hinweis im Gesetzentwurf vom 21. Febr. 2005.

3. zur Mitwirkung im Verwaltungsverfahren berechtigt war und sie sich in der Sache geäußert hat oder ihr entgegen den Rechtsvorschriften keine Gelegenheit zur Äußerung gegeben worden ist.

Der Rechtsbehelf wäre somit zulässig in Bezug auf Umweltvorschriften und darauf bezogener satzungsgemäßer Aufgaben der Vereinigung und weiter nur in Bezug auf ihre Stellungnahme oder die fehlende Gelegenheit dazu. Letzteres wird gekoppelt mit einer Präklusion von nicht fristgemäß vorgebrachten Einwendungen. Dies bedeutet: Hat eine Vereinigung im Verwaltungsverfahren Gelegenheit zur Äußerung gehabt, ist sie im Verfahren über den Rechtsbehelf mit den Einwendungen ausgeschlossen, die sie im Verfahren nicht oder nicht rechtzeitig geltend gemacht hat.

Zur Begründetheit des Rechtsbehelfs einer Vereinigung kommt es in Bezug auf Bebauungspläne darauf an, ob die Festsetzungen eines UVP-pflichtigen Bebauungsplans gegen Rechtvorschriften, die dem Umweltschutz dienen, verstoßen und die Vereinigung dadurch in ihrem satzungsmäßigen Aufgabenbereich der Förderung von Zielen des Umweltschutzes berührt ist.

Eine weitere, noch zu klärende Frage ist, ob die Vereinigung nur solche Einwendungen geltend machen kann, die – abgesehen etwa von den Naturschutz und Landschaftspflege betreffenden Belangen – nur im herkömmlichen Individualrechtsschutz von privaten Personen geltend gemacht werden könnten.

2.4 Beachtlichkeit von Fehlern

Der Gesetzentwurf sieht eigenständige Regelungen zur Beachtlichkeit von Fehlern vor, die nicht nur für Rechtsbehelfe der hier behandelten Vereinigungen, sondern für alle Rechtsbehelfe gelten sollen. Abweichend von § 46 Verwaltungsverfahrensgesetz soll die Aufhebung der betreffenden Entscheidung über die Zulässigkeit eines Vorhabens nur verlangt werden können, wenn

- eine erforderliche Umweltverträglichkeitsprüfung oder
- eine erforderliche Vorprüfung des Einzelfalls über die UVP-Pflichtigkeit oder
- eine oder mehrere der vorgeschriebenen Verfahrensschritte der UVP überhaupt nicht

durchgeführt worden sind. Dies sind die Grundelemente der Umweltverträglichkeitsprüfung. Für weniger bedeutsame Verfahrensfehler verbleibt es bei den Regelungen des § 46 VwVfG.

Abweichend hiervon sollen für die Zwecke von Rechtsbehelfen gegen UVP-pflichtige Bebauungspläne im Gesetzentwurf die Vorschriften über die Planerhaltung (§§ 214 und 215 BauGB) maßgeblich sein.

Mit den sich hieraus ableitbaren Grundsätzen wird allgemein der Bedeutung des Verfahrensrechts in Umsetzung der Richtlinien der EG entsprochen[3]. Den Vorschriften über die Umweltverträglichkeitsprüfung mit ihren Elementen „Ermitteln, Beschreiben und Bewerten" der Umweltauswirkungen sowie Öffentlichkeits- und Behördenbeteiligung kommt damit maßgebliche, eigenständige Bedeutung für die Bestandskraft/Wirksamkeit der Entscheidungen zu. Dies findet für UVP-pflichtige Bebauungspläne Ausdruck in der grundsätzlichen Bedeutung dieser Elemente der Umweltprüfung in § 214 Abs. 1 Satz 1 Nr. 1 bis 3 BauGB für die Wirksamkeit der Bauleitpläne. Dies sind insbesondere:

- § 2 Abs. 3 und 4 BauGB über das Ermitteln und Bewerten sowie Beschreiben der Umweltauswirkungen i. V. m. § 214 Abs. 1 Satz 1 Nr. 1 BauGB,
- §§ 3 bis 4 a BauGB über die Öffentlichkeits- und Behördenbeteiligung i. V. m. § 214 Abs. 1 Satz 1 Nr. 2 BauGB,
- § 2 a, § 5 Abs. 6, § 9 Abs. 8 BauGB über die Begründung mit Umweltbericht i. V. m. § 214 Abs. 1 Satz 1 Nr. 3 BauGB.

Diese Planerhaltungsvorschriften stellen allerdings – auch aus anderen Gründen als den mit der förmlichen Umweltprüfung oder Umweltverträglichkeitsprüfung verbundenen Aspekten – in Teilen weitergehende Anforderungen an die Wirksamkeit der Bauleitpläne.

2.5 Überleitungsrecht

In Übereinstimmung mit den Vorgaben der eingangs zitierten Richtlinie soll das Umwelt-Rechtsbehelfsgesetz für Verfahren gelten, die nach dem 25. Juni 2005 eingeleitet worden sind. Dieser Termin entspricht der Frist für die Umsetzung der

[3] Vgl. auch EuGH, Urt. vom 11.8.1995 – C-431/92 –; BVerwG, Urt. vom 18.11.2004 – 4 CN 11.03 –.

Richtlinie. Nach dem Gesetzentwurf sind daher Rechtsbehelfe der Vereinigungen gegen UVP-pflichtige Bebauungspläne nur zulässig, wenn mit deren Aufstellung erst nach dem 25. Juni 2005 begonnen wurde. Somit sind UVP-pflichtige Bebauungspläne nicht Gegenstand von Rechtsbehelfen von Vereinigungen, wenn diese Bebauungspläne bereits am 25. Juni 2005 in Kraft gesetzt worden waren oder wenn mit ihrer Aufstellung vor dem 25. Juni 2005 begonnen worden ist.

Mit Rücksicht darauf kann angenommen werden, dass trotz verspäteter Umsetzung der Richtlinie – auch nicht unter dem Aspekt einer unmittelbaren Geltung der Richtlinie – Rechtsbehelfe von Umweltvereinigungen gegen UVP-pflichtige Bebauungspläne zunächst nicht in Betracht kommen werden. Tritt das Umwelt-Rechtsbehelfsgesetz in Kraft, kann angenommen werden, dass gegen alle UVP-pflichtigen Bebauungspläne, deren Aufstellung, Änderung oder Ergänzung nach dem 25. Juni 2005 eingeleitet worden sind, Rechtsbehelfe der Umweltvereine/-verbände möglich sind.

VIII Das Gesetz zur Einführung einer strategischen Umweltprüfung

Dr. Arno Bunzel

Das Gesetz zur Einführung einer strategischen Umweltprüfung (SUPG)[1] dient im Wesentlichen der Anpassung des Bundesrechts an die zwingenden Vorgaben der SUP-Richtlinie[2]. Dabei wurden auch die Vorgaben des UN-ECE-Protokolls über die Strategische Umweltprüfung vom 21. Mai 2003 zum Übereinkommen über die Umweltverträglichkeitsprüfung im grenzüberschreitenden Rahmen (Espoo-Konvention) vom 25. Februar 1991 in das deutsche Recht umgesetzt. Für den Bereich der Bauleitplanung und rahmenrechtlich für den Bereich der Raumordnungsplanung erfolgte die Umsetzung vorab durch das Europarechtsanpassungsgesetz Bau (EAG Bau) durch Änderung der jeweiligen Fachgesetze[3]. Für sonstige Planung und Programme, für die nach der Richtlinie eine Umweltprüfung durchzuführen ist, erfolgte die Umsetzung erst mit dem In-Kraft-Treten des SUPG am 25.6.2005 und damit verspätet, da die Frist zur Umsetzung mit dem 20. Juli 2004 ablief. Soweit die Gesetzgebungszuständigkeit der Länder für bestimmte Pläne und Programme gegeben ist, erfolgt die Umsetzung durch gesonderte Landesgesetze.

Die Regelungen zur Umweltprüfung von Plänen und Programmen wird mit dem SUPG in das UVPG integriert und zu diesem Zweck die Struktur dieses Gesetzes neu geordnet in dem ein neuer eigener Teil mit der Überschrift „Strategische Umweltprüfung (SUP)“ gebildet wird (§§ 14 a bis 14 o). Diese Integration war nahe liegend, da Umweltprüfung und Umweltverträglichkeitsprüfung vor allem hinsichtlich Zielsetzung und der zu berücksichtigenden Schutzgüter im Wesentlichen identisch sind. Das UVPG dient damit nicht mehr nur der Umweltverträglichkeitsprüfung, sondern auch als „Stammgesetz“ für die Strategische Umweltprüfung[4]. Es gibt damit die wesentlichen Regelungsmaßstäbe und das Anforderungsprofil für ergänzende Vorschriften des Fachrechts über die Strategische Umweltprüfung vor.

Die Einführung einer Umweltprüfung für Pläne und Programme zielt nach den Vorgaben der SUP-Richtlinie darauf ab, eine nachhaltige Entwicklung zu fördern und ein hohes Umweltschutzniveau sicherzustellen, indem für bestimmte Pläne und Programme, die voraussichtlich erhebliche Umweltauswirkungen haben, eine Umweltprüfung durchgeführt wird. Eingeführt werden damit neue Verfahrensstandards für die Aufstellung von Plänen und Programmen, die dazu beitragen sollen,

---

[1] Gesetz zur Einführung einer Strategischen Umweltprüfung und zur Umsetzung der Richtlinie 2001/42/EG vom 25.6.2005, BGBl. I, S. 1746.

[2] Richtlinie 2001/42/EG des Europäischen Parlaments und des Rates vom 27. Juni 2001 über die Prüfung der Umweltauswirkungen bestimmter Pläne und Programme, ABl. EG Nr. L 197 S. 30.

[3] Europarechtsanpassungsgesetz Bau (EAG Bau) vom 24. Juni 2004 (BGBl. I S. 1359).

[4] Der Begriff „Stammgesetz“ findet sich in der Begründung des Gesetzentwurfs. BT-Drucks. 15/3441, S. 1.

dass Umwelterwägungen bei der Ausarbeitung und Annahme von Plänen und Programmen einbezogen werden. Ziel ist eine Umweltprüfung mit umfassender Öffentlichkeitsbeteiligung schon auf der räumlichen Planungsebene und nicht erst bei der Projekt-Zulassung, bei der das Instrument der Umweltverträglichkeitsprüfung für bestimmte Vorhaben bereits besteht[5].

1. Anwendungsbereich der strategischen Umweltprüfung

Das Gesetz findet nach § 3 Abs. 1 a UVPG zunächst Anwendung auf Pläne und Programme, die in der Anlage 3 des Gesetzes aufgeführt werden. Darüber hinaus sind in den Anwendungsbereich auch sonstige Pläne und Programme einbezogen, für die nach den §§ 14 b bis 14 d UVPG eine Strategische Umweltprüfung oder Vorprüfung durchzuführen ist. Insoweit ist von Bedeutung, dass das UVPG nach § 2 Abs. 5 nur solche Pläne und Programme erfasst, zu deren Ausarbeitung, Annahme oder Änderung eine Behörde durch Rechts- oder Verwaltungsvorschriften verpflichtet ist[6]. Ausgenommen sind zudem Pläne und Programme, die ausschließlich den Zielen der Verteidigung oder des Katastrophenschutzes dienen, sowie Finanz- und Haushaltspläne und -programme.

Zudem ist eine strategische Umweltprüfung nur für solche Planungen und Programme erforderlich, die einen Rahmen für Entscheidungen über die Zulässigkeit von Vorhaben, die nach Bundes- oder Landesrecht einer Umweltverträglichkeitsprüfung oder Vorprüfung des Einzelfalls bedürfen, einen Rahmen setzen. Eine Strategische Umweltprüfung ist entsprechend den europarechtlichen Vorgaben auch grundsätzlich durchzuführen, wenn für die Planung oder das Programm eine Verträglichkeitsprüfung nach § 35 Satz 1 Nr. 2 des Bundesnaturschutzgesetzes (FFH-Gebiete und europäische Vogelschutzgebiete) erforderlich ist[7]. In diesem Fall können wesentliche Teile der im Rahmen der FFH-Verträglichkeitsprüfung zu untersuchenden Sachverhalte für die Umweltprüfung genutzt werden.

Während hiermit der sachliche Anwendungsbereich für die strategische Umweltprüfung allgemein umrissen ist, enthält das UVPG eine weitere Konkretisierung.

---

[5] Richtlinie 85/337/EWG des Rates vom 27. Juni 1985 über die Umweltprüfung bei bestimmten öffentlichen und privaten Projekten, ABl. EG Nr. L 175 S. 40, geändert durch die Richtlinie 97/11/EG vom 3. März 1997, ABl. EG Nr. L 73 S. 5, Projekt-UVP-Richtlinie

[6] Vgl. hierzu ausführlich Th. Bunge, und U. Nesemann, Das Gesetz zur Einführung einer strategischen Umweltprüfung und zur Umsetzung der EG-Richtlinie 2001/42/EG, in Handbuch der Umweltverträglichkeitsprüfung, Loseblatt, Ordnungsnummer 0507, S. 5.

[7] Nach Artikel 3 der Plan-UP-Richtlinie unterliegen der Verpflichtung zur Durchführung einer Umweltprüfung grundsätzlich Pläne und Programme, die einen Rahmen für die künftige Genehmigung von Projekten setzen, welche in den Anhängen I und II der Projekt-UVP-Richtlinie aufgeführt sind, sowie Pläne und Programme, die gemäß der Richtlinie 92/43/EWG des Rates vom 21. Mai 1992 zur Erhaltung der natürlichen Lebensräume sowie der wildlebenden Tiere und Pflanzen, ABl. EG Nr. L 206 S. 7, zuletzt geändert durch die Richtlinie 97/62/EG vom 27. Oktober 1997, ABl. EG Nr. L 305 S. 42 (Fauna-Flora-Habitat-Richtlinie), zu prüfen sind.

Schlüsselvorschriften sind insoweit § 14 b UVPG sowie Anlage 3 zum UVPG[8]. Hiernach muss unterschieden werden zwischen folgenden Fallgruppen:

- obligatorische Strategische Umweltprüfung nach § 14 b Abs. 1 Nr. 1 UVPG i. V. m. Anlage 3 Nr. 1,
- sonstige Pläne und Programme, soweit diese rahmensetzende Wirkung für UVP-pflichtige Vorhaben haben nach § 14 b Abs. 1 I Nr. 2 UVPG i. V. m. Anlage 3 Nr. 2,
- sonstige nicht in Anlage 3 aufgeführten Pläne mit rahmensetzender Wirkung für UVP-pflichtige Vorhaben nach § 14 b Abs. 2 UVPG soweit diese nach den Ergebnissen einer Vorprüfung im Einzelfall voraussichtlich erhebliche Umweltauswirkungen haben,
- Pläne und Programme, für die eine Verträglichkeitsprüfung nach § 35 BNatSchG durchzuführen ist.

1.1 Obligatorische SUP

Welche Pläne und Programme obligatorisch einer SUP zu unterziehen sind, ergibt sich abschließend aus Nr. 1 der Anlage 3 zum UVPG i. V. m. § 14 b Abs. 1 Nr. 2 UVPG). Aufgeführt sind hier die Pläne und Programme, für die der Bund zumindest rahmenrechtlich Gesetzgebungskompetenz besitzt und von denen angenommen wird, dass sie grundsätzlich einen Rahmen für UVP-pflichtige oder vorprüfungspflichtige Vorhaben setzen, mithin folgende Pläne und Programme:

- Verkehrswegeplanungen auf Bundesebene einschließlich Bedarfspläne nach einem Verkehrswegeausbaugesetz,
- Ausbaupläne nach § 12 Abs. 1 LuftVG, wenn diese bei ihrer Aufstellung oder Änderung über den Umfang der Entscheidungen nach § 8 Abs. 1 und 2 LuftVG wesentlich hinausreichen,
- Hochwasserschutzpläne nach § 31 d WHG,

[8] Anlage 3 kann nach § 3 Abs. 1a UVPG durch Rechtsverordnung mit Zustimmung des Bundesrates um weitere Pläne und Programme, welche voraussichtlich erhebliche Auswirkungen auf die Umwelt haben, ergänzt oder geändert werden. Damit kann das Gesetz auf einfachem Wege an neue Entwicklungen im Bereich des Planungsrechts angepasst werden.

- Maßnahmenprogramme nach § 36 WHG,
- Raumordnungsplanungen nach den §§ 8 und 9 ROG,
- Raumordnung des Bundes in der deutschen ausschließlichen Wirtschaftszone nach § 18 a ROG,
- Festlegung der besonderen Eignungsgebiete nach § 3 a Seeanlagenverordnung,
- Bauleitplanungen nach den §§ 6 und 10 BauGB,
- Landschaftsplanungen nach den §§ 15 und 16 BNatSchG.

Während die anderen in der Liste aufgeführten Pläne und Programme konkret unter Bezugnahme auf die jeweils zugrunde liegende fachrechtliche Vorschrift bezeichnet sind, sind die Verkehrswegeplanungen des Bundes nur allgemein nach ihrer Art genannt. Diese relative Unbestimmtheit erklärt sich aus dem Umstand, dass auch künftige Entwicklungen und neue Instrumente auf diesem Gebiet damit erfasst werden sollen[9]. Nach der Begründung zum Regierungsentwurf des SUPG umfasst der Begriff „Verkehrswegplanung" den Bundesverkehrswegeplan sowie vergleichbare verkehrsträgerübergreifende Pläne und Programme auf Bundesebene, welche Grundlage für Neu- und Ausbauvorhaben im Verkehrssektor sind, z. B. Anti-Stau-Programme, sowie Bedarfspläne nach einem Verkehrswegeausbaugesetz des Bundes[10]. Erfasst sind danach auch der Bedarfsplan für Schienenwege nach dem Gesetz über den Ausbau der Schienenwege des Bundes sowie der Bedarfsplan für Straßen nach dem Fernstraßenausbaugesetz.

Ob auch der Bundesverkehrswegeplan den Merkmalen des § 2 Abs. 5 entspricht und demgemäß die Bundesregierung aufgrund einer Rechts- oder Verwaltungsvorschrift zu dessen Ausarbeitung verpflichtet ist, – nur dann handelt es sich um einen Plan im Sinne des UVPG – ist strittig[11]. Der Bundesverkehrswegeplan ist gesetzlich nämlich nicht geregelt. Er enthält aber selbst eine Fortschreibungsklausel. Diese Klausel, die mit dem Bundesverkehrswegeplan von der Bundesregierung beschlossen wird, wird man als eine einer Verwaltungsvorschrift gleichstehende Verpflich-

---

[9] BT-Drucks. 15/3441, S. 42.

[10] BT-Drucks. 15/3441, S. 42.

[11] Dafür R. Hendler, Zur Umweltprüfung der Richtlinie zur strategischen Umweltprüfung, UVP-report 2003, 57 f.; Th. Bunge und U. Nesemann, Das Gesetz zur Einführung einer strategischen Umweltprüfung und zur Umsetzung der EG-Richtlinie 2001/42/EG, in Handbuch der Umweltverträglichkeitsprüfung, Loseblatt, Ordnungsnummer 0507, S. 10; dagegen A. Schink, Umweltprüfung für Pläne und Programme – Anwendungsbereich der SUP-Richtlinie und Umsetzung in das deutsche Recht, NVwZ 2005, 615 (622); B. Stüer, Umweltprüfung in der Verkehrswegeplanung, Landes- und Regionalplanung, UPR 2003, 97 (99).

tung zur Fortschreibung des Plans ansehen können. Uneinheitlich ist der Meinungsstand insbesondere dazu, ob der Bundesverkehrswegeplan einen Rahmen für UVP-pflichtige oder vorprüfungspflichtige Vorhaben setzt. Zum Teil wurde dies mit der Begründung verneint, dass diese Planung des Bundes lediglich die Finanzierung von Projekten zum Gegenstand habe und keine förmliche Bindung für nachfolgende Planungsentscheidungen enthielte[12]. Unabhängig von der Frage, ob der Bundesverkehrswegeplan Bindungen für nachfolgende Bedarfsplanungen auslöst, erübrigt sich dieser Meinungsstreit, den der Gesetzgeber hat entschieden, dass für die Verkehrswegeplanung des Bundes zwingend eine Strategische Umweltprüfung durchzuführen ist[13].

Die ausdrückliche Erwähnung der Raumordnungspläne und der Bauleitpläne im Katalog der Anlage 3 zum UVPG hat nur deklaratorische und keine konstitutive Bedeutung, da die Pflicht zur Durchführung einer Umweltprüfung sich bereits durch die insoweit abschließenden Regelungen der § 7 Abs. 5 bis 10 ROG und § 2 Abs. 4 BauGB ergibt. Die Vorschriften des BauGB weichen etwas von den Bestimmungen des UVPG ab. Diese Abweichung betrifft zum einen die Bezeichnung der durchzuführenden Prüfung, die für den Bereich der Bauleitplanung sowie für die Raumordnungsplanung Umweltprüfung genannt wird, während dass UVPG den Begriff der Strategischen Umweltprüfung in Anlehnung an den englischen Begriff „Strategic Environmental Assessement" kreiert. Zum anderen bestehen gewisse Abweichungen dahingehend, dass die Regelungen des BauGB auf die Verfahrensmodalitäten des Bauleitplanverfahrens zugeschnitten sind[14]. Das SUPG muss von seiner Zwecksetzung offener sein, da es für eine Vielzahl unterschiedlicher Fachplanungen gelten soll. Die Regelungen zur Umweltprüfung von Raumordnungsplänen in § 7 Abs. 5 bis 10 ROG sind vergleichsweise allgemein gehalten, da diese lediglich rahmenrechtlicher Natur sind und von den Ländern noch umgesetzt werden müssen[15].

---

[12] A. Schink, Umweltprüfung für Pläne und Programme –Anwendungsbereich der SUP-Richtlinie und Umsetzung in das deutsche Recht, NVwZ 2005, 615 (623); B. Stüer, Umweltprüfung in der Verkehrswegeplanung, Landes- und Regionalplanung, UPR 2003, 97 (99).

[13] Th. Bunge und U. Nesemann, Das Gesetz zur Einführung einer strategischen Umweltprüfung und zur Umsetzung der EG-Richtlinie 2001/42/EG, in Handbuch der Umweltverträglichkeitsprüfung, Loseblatt, Ordnungsnummer 0507, S. 10; dagegen A. Schink, Umweltprüfung für Pläne und Programme –Anwendungsbereich der SUP-Richtlinie und Umsetzung in das deutsche Recht, NVwZ 2005, 615 (622)

[14] Vgl. hierzu für viele A. Bunzel, Umweltprüfung in der Bauleitplanung, Berlin 2004.

[15] Ausführlich S. Grotefels, Umweltprüfung und Umweltbericht in der Regionalplanung, in S. Mitschang (Hrsg.), Umweltprüfung in der Stadt- und Regionalplanung, S. 19 ff.

1.2 Fakultative SUP für Pläne und Programme der Nr. 2 in Anlage 3 zum UVPG

Nach § 14 b Abs. 1 Nr. 2 UVPG ist eine Strategische Umweltprüfung auch bei Plänen und Programmen durchzuführen, die in der Anlage 3 Nr. 2 des Gesetzes aufgeführt sind und für Entscheidungen über die Zulässigkeit von in der Anlage 1 des Gesetzes aufgeführten Vorhaben oder von Vorhaben, die nach Landesrecht einer Umweltverträglichkeitsprüfung oder Vorprüfung des Einzelfalls bedürfen, einen Rahmen setzen. Mit dieser Regelung trägt das SUPG dem Umstand Rechnung, dass es diverse Pläne und Programm gibt, die zwar im Einzelfall rahmensetzende Wirkung für UVP-pflichtige oder vorprüfungspflichtige Vorhaben setzen, hiervon aber nicht grundsätzlich ausgegangen werden kann. Erforderlich ist es deshalb bei diesen Plänen zunächst zu klären, ob im konkreten Planungsfall eine solche rahmensetzende Wirkung anzunehmen ist oder nicht[16].

§ 14 b Abs. 3 UVPG regelt, unter welchen Voraussetzungen davon auszugehen ist, dass Pläne und Programme einen Rahmen für die Entscheidung über die Zulässigkeit von Vorhaben setzen. Dies ist dann anzunehmen, wenn der Plan oder das Programm Festlegungen mit Bedeutung für spätere Zulassungsentscheidungen, insbesondere zum Bedarf, zur Größe, zum Standort, zur Beschaffenheit, zu Betriebsbedingungen von Vorhaben oder zur Inanspruchnahme von Ressourcen, enthält. Einen Rahmen für die Entscheidung über die Zulassung von Vorhaben können auch so genannte „Negativplanungen" setzen, also solche Planungen, die für näher bezeichnete Gebiete die Verwirklichung von bestimmten Vorhaben ausschließen, indem sie für die betreffenden Gebiete eine spezifische Nutzung vorschreiben oder gewisse Nutzungen verbieten. Solche „Negativplanungen" können erhebliche Auswirkungen auf die Umwelt haben, z.B. wenn durch die Planung Verdrängungs- und Verlagerungseffekte hervorgerufen werden, die wiederum mit Veränderungen der Umweltbelastungen einhergehen[17].

Für die folgenden in Anlage 3 Nr. 2 UVPG aufgeführten Pläne und Programme ist eine solche Klärung der rahmensetzenden Wirkung für UVP- oder vorprüfungspflichtige Vorhaben erforderlich:

- Lärmaktionspläne nach § 47 d BImSchG
- Luftreinhaltepläne nach § 47 Abs. 1 BImSchG
- Abfallwirtschaftskonzepte nach § 19 Abs. 5 KrW-/AbfG

[16] Th. Bunge und U. Nesemann, Das Gesetz zur Einführung einer strategischen Umweltprüfung und zur Umsetzung der EG-Richtlinie 2001/42/EG, in Handbuch der Umweltverträglichkeitsprüfung, Loseblatt, Ordnungsnummer 0507, S. 6. f.

[17] BT-Drucks. 15/3441, S. 30.

- Fortschreibung der Abfallwirtschaftskonzepte nach § 16 Abs. 3 Satz 4, 2. Alternative KrW-/AbfG

- Abfallwirtschaftspläne nach § 29 KrW-/AbfG, einschließlich von besonderen Kapiteln oder gesonderten Teilplänen über die Entsorgung von gefährlichen Abfällen, Altbatterien und Akkumulatoren oder Verpackungen und Verpackungsabfällen

Ob Abfallwirtschaftskonzepte einen Rahmen für Entscheidungen über die Zulässigkeit von UVP-pflichtigen oder vorprüfungspflichtigen Vorhaben setzen können, hängt zum Teil von der landesrechtlichen Ausgestaltung dieses Instrumentes ab[18].

Die Lärmaktionspläne[19] und die Luftreinhaltepläne[20] machen ebenso wie die in Nr. 1 der Anlage 3 zum UVPG aufgeführten Landschaftspläne (auf die unten noch gesondert einzugehen ist) deutlich, dass auch Pläne und Programme einer Strategischen Umweltprüfung zu unterziehen sind, die nach ihrer gesetzlichen Funktion Umweltbelastungen reduzieren und damit positive Auswirkungen auf die Umwelt haben sollen. Ziel der Lärmaktionspläne ist die Reduzierung der Zahl lärmbelasteter Personen in Gebieten. Auch sollen ruhige Gebiete gegen eine Zunahme des Lärms geschützt werden. Luftreinhaltepläne sind nach § 47 Abs. 1 BImSchG aufzustellen, wenn die Immissionsgrenzwerte einschließlich festgelegter Toleranzmargen der einschlägigen Rechtsverordnung (insbesondere der 22. BImSchV) überschritten werden. Sie dienen der Verbesserung der Luftqualität und enthalten Festlegungen von Maßnahmen zur dauerhaften Verminderung von Luftverunreinigungen. Beide Planarten können einen Rahmen für UVP-pflichtige oder vorprüfungspflichtige Vorhaben setzen, denn die Festlegungen dieser Pläne sind gemäß § 47 Abs. 6 bzw. § 47 d Abs. 6 BImSchG von anderen Planungsträgeren bei deren Planung zu berücksichtigen.

Die Strategische Umweltprüfung kann bei diesen Plänen vor allem ergänzende Funktion haben, in dem die Prüfung auch diejenigen Schutzgüter in den Blick nimmt, die nicht Gegenstand der planerischen Zielsetzung sind. Wird zum Beispiel der Bau einer Umgehungsstraße als Maßnahme zur Verringerung der Lärmbelastungen und zur Verbesserung der Luftqualität an innerörtlichen Durchgangsstraßen

---

[18] Th. Bunge und U. Nesemann, Das Gesetz zur Einführung einer strategischen Umweltprüfung und zur Umsetzung der EG-Richtlinie 2001/42/EG, in Handbuch der Umweltverträglichkeitsprüfung, Loseblatt, Ordnungsnummer 0507, S. 21; Beckmann, Martin, Umweltverträglichkeitsprüfung im Abfallrecht, in Erbguth, Wilfried (Hrsg.), Die Umweltverträglichkeitsregelung: Neuregelungen, Entwicklungstendenzen, Baden-Baden 2004, S. 121 (137).

[19] Hierzu z.B. S. Mitschang, Neue Anforderungen durch die Umgebungslärmrichtlinie, in ders. (Hrsg.), Umweltprüfung in der Stadt- und Regianonalplanung, S. 176 ff.

[20] Hierzu z.B. R. Sparwasser, Neue Anforderungen an die Planung durch die Luftqualitätsvorgaben der EU, in S. Mitschang (Hrsg.), Umweltprüfung in der Stadt- und Regianonalplanung, S. 135 f.

vorgeschlagen, sind im Rahmen der Strategischen Umweltprüfung auch die Auswirkungen auf Natur- und Landschaft in den Blick zu nehmen. Allerdings stellt sich dann wiederum die Frage der Abschichtungen gegenüber anderen Planungen, die der Realisierung der Umgehungsstraße dienen[21]. Wichtige Informationen sind insoweit auch der örtlichen Landschaftsplanung als auch der kommunalen Flächennutzungsplanung zu entnehmen. Ausdrücklich regelt dies § 19 a Abs. 3 UVPG für die Landschaftsplanungen. Danach sollen die Inhalte von Landschaftsplanungen, bei denen eine Strategische Umweltprüfung durchgeführt worden ist, bei der Umweltprüfung anderer Pläne und Programme herangezogen werden. Sowohl im Rahmen der Fachplanungen als auch bei der räumlichen Gesamtplanung werden insoweit verschiedene Trassen alternativ geprüft. Dies ist nicht nur eine Frage der in § 14 f Abs. 3 UVPG geregelten vertikalen Abschichtung in einem mehrstufigen Planungsprozess. Daneben kommen auch eine gesetzlich nicht geregelte Abschichtung zwischen unterschiedlichen sektoralen und nebeneinander stehenden Planungen in Betracht.

1.3 Auffangvorschrift für in der Anlage 3 zum UVPG nicht genannte Pläne und Programme

Nach § 14 b Abs. 2 UVPG kann auch bei Plänen und Programmen, die nicht in der Anlage 3 zum UVPG aufgeführt sind, eine Strategische Umweltprüfung erforderlich sein. Dies ist allerdings nur dann der Fall, wenn der Plan oder das Programm für die Entscheidung über die Zulässigkeit von UVP- oder vorprüfungspflichtigen Vorhaben einen Rahmen setzt und nach einer Vorprüfung im Einzelfall voraussichtlich erhebliche Umweltauswirkungen zu erwarten sind.

Nach § 2 Abs. 5 UVPG muss es sich um Pläne und Programme handeln, zu deren Ausarbeitung, Annahme oder Änderung eine Behörde durch Rechts- oder Verwaltungsvorschrift des Bundes verpflichtet ist[22]. Da der Gesetzgeber mit der Anlage 3 zum UVPG bereits das Ziel verfolgte, diese Pläne und Programm vollständig zu erfassen, dürfte der Regelung in § 14 b Abs. 2 UVPG keine praktische Bedeutung zukommen, sondern lediglich die Funktion eines aus systematischen Gründen eingefügten Auffangtatbestandes haben[23].

Der Klarstellung dient § 14 b Abs. 2 Satz 2 UVPG. § 34 Abs. 4 und § 35 Abs. 6 BauGB bleiben unberührt. Bei diesen Plänen handelt es sich um gesetzliche Artausnahmen, bei denen keine Strategische Umweltprüfung durchzuführen ist. Soweit diese Satzungen überhaupt in den Anwendungsbereich der SUP-Richtlinie fallen,

[21] Vgl. hierzu unten Kapitel 3.3.
[22] Diese Regelung dient der Umsetzung von Artikel 3 Abs. 4 der SUP-Richtlinie.
[23] Der Gesetzgeber ging davon aus, dass es bei Erlass des SUPG keine bundesrechtlich vorgesehenen Pläne und Programme gab, für die Absatz 2 gilt. BT-Drucks. 15/3441, S. 29.

setzen sie nach den Vorgaben des Baugesetzbuchs jedenfalls keinen Rahmen für UVP-pflichtige Vorhaben[24].

1.4 Geringfügige Änderungen oder Nutzung kleiner Gebiete auf lokaler Ebene

Eine Ausnahme von der Pflicht zur Durchführung einer Strategischen Umweltprüfung ist in § 14 d Abs. 1 UVPG für die nach § 14 b Abs. 1 und § 14 c UVPG Planungen oder Programme geregelt, wenn diese nur geringfügig geändert werden oder die Nutzung kleiner Gebiete auf lokaler Ebene festlegen. Diese Pläne und Programme oder Plan- und Programmänderungen haben häufig nur begrenzte Auswirkungen auf die Umwelt. Eine Strategische Umweltprüfung ist bei ihnen daher nur erforderlich, wenn eine Vorprüfung des Einzelfalls im Sinne von § 14 b Abs. 4 UVPG ergibt, dass erhebliche Umweltauswirkungen auftreten können[25]. Auf den Bereich der Bauleitplanung ist auch diese Vorschrift nicht anwendbar, da das BauGB insoweit eine abschließende Regelung enthält. Dies wird in § 14 Abs. 1 Satz 2 UVPG noch einmal ausdrücklich hervorgehoben.

Soweit es sich um Pläne und Programme aus den Bereichen Wasserhaushalt, Raumordnung und Forstwirtschaft handelt, wird den Ländern überlassen, eine dem § 14 d Abs. 1 UVPG entsprechende Regelung zu schaffen. Diese Einschränkung ergibt sich aus der auf die Rahmengesetzgebung beschränkten Kompetenz des Bundes für diese Bereiche. Hiervon wiederum abweichend beurteilt sich die Pflicht zur Durchführung einer Strategischen Umweltprüfung bei Raumordnungsplänen und -programmen des Bundes in der deutschen ausschließlichen Wirtschaftszone nach § 18 a ROG nach § 14 d Abs. 3 UVPG[26] nach den Bestimmungen des Bundes, so dass § 14 d Abs. 1 UVPG zur Anwendung kommt.

2. Gegenstand der Umweltprüfung und des Umweltberichts

Die strategische Umweltprüfung umfasst die Ermittlung, Beschreibung und Bewertung der unmittelbaren und mittelbaren Auswirkungen eines Plans oder Programms auf die Umwelt.

---

[24] BT-Drucks. 15/3441, S. 29.

[25] Die Vorschrift nutzt den durch Artikel 3 Abs. 5 der SUP-Richtlinie eingeräumten Gestaltungsspielraum.

[26] BT-Drucks. 15/2250.

2.1 Schützgüter

In die strategische Umweltprüfung sind die gleichen Schutzgüter einzubeziehen, wie bei der Umweltverträglichkeitsprüfung für konkrete Projekte (§ 2 Abs. 4 Satz 2 UVPG). Dies sind die folgenden in § 2 Abs. 1 UVPG aufgeführten Schutzgüter:

- Menschen, einschließlich der menschlichen Gesundheit, Tiere, Pflanzen und die biologische Vielfalt,
- Boden, Wasser, Luft, Klima und Landschaft,
- Kulturgüter und sonstige Sachgüter sowie
- die Wechselwirkung zwischen den vorgenannten Schutzgütern.

Der Katalog der Schutzgüter wurde durch das SUPG geringfügig modifiziert, um die Regelung an den Wortlaut aktueller EG-rechtlicher und internationaler Vorschriften anzupassen. Eine inhaltliche Erweiterung ist damit nicht verbunden[27]. Der Begriff der „menschlichen Gesundheit" erfasst nur die voraussichtlichen erheblichen Umweltauswirkungen auf die Gesundheit des Menschen, nicht hingegen ökonomische oder soziale Folgen für die menschliche Gesundheit und hat somit lediglich klarstellende Funktion[28].

Neu ist auch die ausdrückliche Einbeziehung des Schutzguts „biologische Vielfalt". Auch diese dient der Angleichung an den Wortlaut der SUP-Richtlinie (Anhang I Buchstabe f) und hat ebenfalls lediglich klarstellende Funktion[29], ohne dass damit für die Umweltverträglichkeitsprüfung materielle Änderungen verbunden sind. Eine Definition des Begriffs der biologischen Vielfalt findet sich in Artikel 2 Abs. 2 der Biodiversitätskonvention[30]. Nach dieser Konvention bedeutet „biologische Vielfalt" die Variabilität unter lebenden Organismen jeglicher Herkunft, darunter unter anderem Land-, Meeres- und sonstige aquatische Ökosysteme und die ökologischen Komplexe, zu denen sie gehören; dies umfasst die Vielfalt innerhalb der Arten und zwischen den Arten und die Vielfalt der Ökosysteme. Das BNatSchG hat dies in § 2 Abs. 1 Nr. 8 aufgegriffen. Danach umfasst die biologische Vielfalt die Vielfalt an Lebensräumen und Lebensgemeinschaften, an Arten sowie die gene-

[27] BT-Drucks. 15/3441, S. 22.
[28] Die Aufnahme in den Katalog der Schutzgüter des UVPG dient der Umsetzung der SUP-Richtlinie (Anhang I Buchstabe f), der Espoo-Konvention (Artikel 1 Ziffer VII) sowie des SEA-Protokolls (Artikel 2 Nr. 7).
[29] BT-Drucks. 15/3441, S. 22.
[30] Gesetz zu dem Übereinkommen vom 5. Juni 1992 über die biologische Vielfalt vom 30. August 1993, BGBl. 1993 II S. 1741

tische Vielfalt innerhalb der Arten. Die biologische Vielfalt ist ein zentrales Kriterium zur Bewertung der Auswirkungen auf Flora und Fauna und die für diese relevanten Lebensräume[31]. Ihre Beurteilung ist damit notwendigerweise Bestandteil der Bewertung der Erheblichkeit der Beeinträchtigungen der Leistungsfähigkeit des Naturhaushalts im Sinne der Eingriffsregelung[32].

2.2 Inhaltliche Anforderungen an den Umweltbericht

Weitere Anforderungen an den Gegenstand der Umweltprüfung ergeben sich aus der Regelung zum Inhalt des Umweltberichts. Nach § 14 g UVPG sind nicht nur die voraussichtlichen erheblichen Umweltauswirkungen der Durchführung des Plans oder Programms sowie vernünftiger Alternativen zu ermitteln, zu beschreiben und zu bewerten. Daneben sind im Umweltbericht auch folgende Angaben zu machen.

1. Kurzdarstellung des Inhalts und der wichtigsten Ziele des Plans oder Programms sowie der Beziehung zu anderen relevanten Plänen und Programmen,

2. Darstellung der für den Plan oder das Programm geltenden Ziele des Umweltschutzes sowie der Art, wie diese Ziele und sonstige Umwelterwägungen bei der Ausarbeitung des Plans oder des Programms berücksichtigt wurden,

3. Darstellung der Merkmale der Umwelt, des derzeitigen Umweltzustands sowie dessen voraussichtliche Entwicklung bei Nichtdurchführung des Plans oder des Programms,

4. Angabe der derzeitigen für den Plan oder das Programm bedeutsamen Umweltprobleme, insbesondere der Probleme, die sich auf ökologisch empfindliche Gebiete nach Nummer 2.6 der Anlage 4 zum UVPG beziehen,

5. Beschreibung der voraussichtlichen erheblichen Auswirkungen auf die Umwelt nach § 2 Abs. 4 Satz 2 in Verbindung mit § 2 Abs. 1 Satz 2 UVPG,

6. Darstellung der Maßnahmen, die geplant sind, um erhebliche nachteilige Umweltauswirkungen aufgrund der Durchführung des Plans oder des Programms zu verhindern, zu verringern und soweit wie möglich auszugleichen,

---

[31] Th. Bunge, Zur Harmonisierung von UVP, SUP, FFH-Verträglichkeitsprüfung und Raumverträglichkeitsprüfung, in: R. Hendler (Hrsg.), Die strategische Umweltprüfung (sog. Plan-UVP) als neues Instrument des Umweltrechts, Berlin 2004, S. 191 - 201, ders., in: P.-Ch. Storm/Th. Bunge (Hrsg.), Handbuch der Umweltverträglichkeitsprüfung Kennzahl 0600, § 2 Rn. 58 f.

[32] A. Bunzel, in J. Berkemann, BauGB 2004 – Nachgefragt. 250 Fragen zum BauGB 2004, S. 47.

7. Hinweise auf Schwierigkeiten, die bei der Zusammenstellung der Angaben aufgetreten sind, zum Beispiel technische Lücken oder fehlende Kenntnisse,

8. Kurzdarstellung der Gründe für die Wahl der geprüften Alternativen sowie eine Beschreibung, wie diese Prüfung durchgeführt wurde,

9. Darstellung der geplanten Überwachungsmaßnahmen gemäß § 14 m UVPG.

Der Begriff der Umweltauswirkungen umfasst in Übereinstimmung positive und negative Auswirkungen auf die Umwelt. In die Umweltprüfung sind auch vernünftige Alternativen einzubeziehen und deren voraussichtliche erhebliche Umweltauswirkungen zu ermitteln, zu beschreiben und zu bewerten. Auf dieser Grundlage soll der planaufstellenden Behörde die Möglichkeit eröffnet werden, eine Plan- oder Programmvariante zu identifizieren und auszuwählen, die mit geringen Umweltauswirkungen verbunden ist[33]. Eine Einschränkung der danach erforderlichen Alternativenprüfung ergibt sich allerdings aus dem Verhältnismäßigkeitsgebot. Dass heißt der Ermittlungsaufwand muss insgesamt noch zumutbar sein. Zudem sind der geographische Anwendungsbereich der Planung sowie der räumliche Zuständigkeitsbereich der Planungsbehörde zu berücksichtigen. Schließlich beschränkt sich die Prüfung der Alternativen auf solche, die in gleicher Weise geeignet sind, dass mit dem Plan oder dem Programm verfolgte Ziel zu erreichen.

Eine Pflicht zur Berücksichtigung von vernünftigen Alternativen ergibt sich bereits aus dem Abwägungsgebot. Das BVerwG hat insoweit für das Planfeststellungsrecht festgestellt, dass die Planungsbehörde ernsthaft in Betracht kommende Planungsalternativen als Teil des Abwägungsmaterials mit der ihnen zukommenden Bedeutung in die vergleichende Prüfung der von den möglichen Varianten jeweils berührten öffentlichen und privaten Belange unter Einschluss der Gesichtspunkte der Umweltverträglichkeit einzubeziehen hat[34]. Von einer solchen Abwägungserheblichkeit ist dann auszugehen, wenn sich die Alternativen geradezu anbieten oder aufdrängen[35] oder wenn im Verfahren der Öffentlichkeits- und Behördenbeteiligung alternative Standorte ausdrücklich vorgeschlagen werden[36]. Ob der aus der

---

[33] BT-Drucks. 15/3441, S. 32.

[34] BVerwG, Urteil vom 25.1.1996 - 4 C 5.95 – BVerwGE 100, 238 = DVBl 1996, 677 = NVwZ 1996, 788 = DÖV 1996, 604 = UPR 1996, 228 = NuR 1996, 466 = ZfBR 1996, 275 = BauR 1996, 511 = BRS 58 Nr. 7 (1996) mit Bespr. M. Ruffert, in: ZUR 1996, 235-238.

[35] BVerwG, Urteil vom 22.3.1985 – 4 C 15.83 – BVerwGE 71, 166 = DVBl. 1985, 900 = NJW 1986, 80 = DÖV 1985, 789 = UPR 1985, 368 = NuR 1986, 170 = BRS 45 Nr. 125 mit Bespr. R. Steinberg, in: NVwZ 1986, 812-815; BVerwG, Beschluß vom 31.3.1998 – 4 BN 4.98 – NVwZ-RR 1998, 544 = DÖV 1998, 603 = GewArch 1998, 257 = UPR 1998, 352 = NuR 1999, 273 = BauR 1998, 751 = BRS 60 Nr. 227 (1998) zur Planungsalternative bei der Ausweisung eines Entwicklungsbereichs.

[36] BayVGH, Urteil vom 13.3.1995 – 2 N 94.1198 – BayVBl. 1995, 399 = BRS 57 Nr. 14 (1995) zu unzureichenden Lärmschutzvorkehrungen.

europäischen Richtlinie übernommene Begriff der „vernünftigen Alternative" eine darüber hinausgehende Verpflichtung zur aktiven Suche nach anderen Lösungsmöglichkeiten verlangt, ist fraglich[37], denn die SUP-RL will keine neuen materiellen Anforderungen, sondern lediglich ein formalisiertes Verfahren der Berücksichtigung von Umweltauswirkungen einführen[38]. Maßstab für die Beachtlichkeit bleibt das Abwägungsgebot[39].

In welcher Weise vernünftige Alternativen während der Aufstellung des Plans oder Programms behandelt werden müssen, ist von den Erfordernissen des Einzelfalls abhängig. Dass heißt, der Prüfrahmen ist nach den Erfordernissen des Einzelfalls unter Berücksichtigung der bereits vorliegenden Informationen festzulegen. Dies bedeutet nicht, dass die Umweltprüfung bezogen auf die vernünftigen Planungsalternativen zwingend mit gleichem Aufwand durchzuführen ist, wie sie für die später bevorzugte Planungsalternative durchgeführt wurde[40]. Nicht alle erwogenen Alternativen müssen gleichermaßen detailliert und umfassend untersucht werden[41]. Die Variantenprüfung muss auch nicht bis zum Abschluss des Planungsverfahrens offen gehalten werden. Auch bei der Prüfung der anderer Planungsmöglichkeiten gilt, dass nur das zu untersuchen ist, was angemessener Weise verlangt werden kann[42]. Auch im Bereich der Planungsalternativen braucht der Sachverhalt nur so weit aufgeklärt zu werden, wie dies für eine sachgerechte Entscheidung und eine zweckmäßige Gestaltung des Verfahrens erforderlich ist. Dabei wird es unter ande-

---

[37] So aber A. Schink, Umweltprüfung für Pläne und Programme – Gemeinschaftsrechtliche Vorgaben und Fachplanung, in Gesellschaft für Umweltrecht (Hrsg.), Risikoregulierung und Risikokommunikation – Umweltprüfung für Pläne und Programme, Dokumentation zur 28. wissenschaftlichen Fachtagung der Gesellschaft für Umweltrecht e.V., S. 93 (146) und für den Bereich der Bauleitplanung W. Spannowsky, Notwendigkeit und rechtliche Anforderungen an die Alternativenprüfung in der Bauleitplanung, in: UPR 2005, 401-409 [404 ff.], M. Uechtritz, Die Umweltprüfung in der Bauleitplanung, in: BauR 2005, 1859-1878 [1870]; offen lassend W. Schrödter, in: H. Schrödter (Hrsg.), BauGB, 7 Aufl. 2005, § 2 a Rn. 35.

[38] Erwägung Nr. 9 Plan-UP-RL: „Die Richtlinie betrifft den Verfahrensaspekt."

[39] Im Ergebnis für den Bereich den Bauleitplanung ebenso U. Kuschnerus, Der sachgerechte Bebauungsplan, Bonn, 3. Aufl.2004, Rn. 490; M. Krautzberger/B. Stüer, Städtebaurecht 2004: Umweltprüfung und Abwägung – Vom schlichten Wegwägen zum Grundsatz der nachhaltigen Trauerarbeit -, in: DVBl. 2004, 914-924 [922]; J. Busse; Die Plan-UP-Richtlinie aus kommunaler Sicht, in: KommJur 2005, 245-251 [249]; A. Bunzel, Umweltprüfung in der Bauleitplanung, Berlin, 2005, S. 121; M. Krautzberger, in: E/Z/B/K, BauGB, Loseblattkommentar (Stand: Sept. 2004), § 2 Rn. 212.

[40] Der Mustereinführungserlass der ARGEBAU ist insoweit missverständlich, weil dort unter Bezugnahme auf die „Guidelines der EU-Kommission – Generaldirektion Umwelt – Umsetzung der Richtlinie 2001/42/EG über die Prüfung der Umweltauswirkungen bestimmter Pläne und Programme" ausgeführt wird, dass die Umweltauswirkungen des Plans und der Alternativen in vergleichbarer Weise ermittelt und bewertet werden sollten (ARGEBAU, Mustereinführungserlass, Kap. 2.4.2.4).

[41] So zum Planfeststellungsverfahren BVerwG, Urteil vom 25.1.1996 - 4 C 5.95 –, BVerwGE 100, 238 = DVBl 1996, 677 = NVwZ 1996, 788 = DÖV 1996, 604 = UPR 1996, 228 = NuR 1996, 466 = ZfBR 1996, 275 = BauR 1996, 511 = BRS 58 Nr. 7 (1996) mit Bespr. M. Ruffert, in: ZUR 1996, 235-238.

[42] M. Uechtritz, Die Umweltprüfung in der Bauleitplanung, in: BauR 2005, 1859-1878 [1871].

rem und vor allem um die Frage gehen, ob die in Betracht gezogene anderweitige Planungsmöglichkeit in gleicher Weise geeignet ist, das angestrebte Planungsziel zu erreichen[43], welche Probleme/Konflikte mit der in Betracht gezogenen Planungsalternative verbunden sind und welche Möglichkeiten bestehen, diese Probleme/Konflikte zu bewältigen.

2.3 Festlegung des Untersuchungsrahmens

Der Untersuchungsrahmen der Strategische Umweltprüfung variiert nach der Art der Pläne aber auch zwischen Plänen und Programmen der gleichen Art in Abhängigkeit von den Besonderheiten der jeweiligen Planung. Er ist im Einzelfall von der planaufstellenden Behörde festzulegen (§ 14 f Abs. 1 UVPG). Dabei ist auch Umfang und Detaillierungsgrad der in den Umweltbericht aufzunehmenden Angaben festzulegen. Ausdrücklich verweist § 14 f Abs. 2 Satz 2 UVPG darauf, dass bei der Festlegung des Untersuchungsrahmens der gegenwärtigen Wissensstand und der Behörde bekannte Äußerungen der Öffentlichkeit, allgemein anerkannte Prüfungsmethoden, Inhalt und Detaillierungsgrad des Plans oder Programms sowie dessen Stellung im Entscheidungsprozess zu berücksichtigen sind. In den Umweltbericht sind nur solche Angaben aufzunehmen, die mit zumutbarem Aufwand ermittelt werden können. Im übrigen verweist das UVPG darauf, dass sich der Untersuchungsrahmen nach den Rechtsvorschriften bestimmt, die für die Entscheidung über die Ausarbeitung, Annahme oder Änderung des Plans oder Programms maßgebend sind.

Der Hinweis auf den gegenwärtigen Wissensstand und die allgemein anerkannten Prüfungsmethoden macht deutlich, was dass BVerwG in mehreren Entscheidungen zur UVP bereits entschieden hat. Die Strategische Umweltprüfung ist kein wissenschaftlicher Selbstzweck, sondern dient der ordnungsgemäßen Vorbereitung der Planungsentscheidung je nach den Zielen und Gegebenheiten des betreffenden Plans. Wie die UVP ist die Strategische Umweltprüfung kein „Suchverfahren", in dem alle nur erdenklichen Auswirkungen eines Plans oder Programms auf Umweltgüter und deren Wertigkeit bis in alle Einzelheiten und feinste Verästelungen zu untersuchen wären und gar Antworten auf in der Wissenschaft bisher noch ungeklärte Fragen gefunden werden müssten"[44]. Vom Planungsträger kann nicht mehr verlangt werden, als dass er die Annahmen zugrunde legt, die dem allgemeinen Kenntnisstand und den allgemein anerkannten Prüfmethoden entsprechen. Die Umweltprüfung ist nicht als Suchverfahren konzipiert, das dem Zweck dient, Um-

[43] M. Uechtritz, Die Umweltprüfung in der Bauleitplanung, in: BauR 2005, 1859-1878 [1871], weist darauf hin, dass diese Ziele zumeist nicht durch Umweltbelange motiviert sind.
[44] BVerwG, Urt. v. 21.3.1996, – 4 C 19.94 –, BVerwGE, S. 100, 370.

weltauswirkungen aufzudecken, die sich der Erfassung mit den herkömmlichen Erkenntnismitteln entziehen[45].

Zur Vermeidung von Doppelprüfungen und um den fachlichen und tatsächlichen Eigenheiten des jeweiligen Plans oder Programms gerecht zu werden, ist bei der Festlegung des Untersuchungsrahmens auch die Stellung des Plans oder Programms in einem mehrstufigen Planungs- und Zulassungsprozess zu berücksichtigen. Damit folgt das UVPG den Vorgaben der SUP-Richtlinie (Artikel 4 der Richtlinie). Demgemäß bestimmt § 14 f Abs. 3 UVPG, dass bei einem mehrstufigen Planungs- und Zulassungsprozesses, zur Vermeidung von Mehrfachprüfungen bei der Festlegung des Untersuchungsrahmens bestimmt werden soll, auf welcher der Stufen dieses Prozesses bestimmte Umweltauswirkungen schwerpunktmäßig geprüft werden sollen. Art und Umfang der Umweltauswirkungen, fachliche Erfordernisse sowie Inhalt und Entscheidungsgegenstand des Plans oder Programms sind dabei zu berücksichtigen. Eine Überfrachtung hochstufiger Planungsebenen mit dort nicht sachgerecht durchzuführenden Detailprüfungen soll damit genauso verhindert werden, wie die unsachgemäße „Verlagerung" von Prüfungen übergreifender Umweltauswirkungen auf eine nachfolgende Planungsebene[46].

Die Abschichtung ist nur materieller nicht aber formeller Natur. Die Pflicht zur Durchführung einer Strategischen Umweltprüfung wird nicht hinfällig. Lediglich ihr Umfang und Detaillierungsgrad wird durch die Abschichtung beeinflusst. Dementsprechend regelt § 14 f Abs. 3 Satz 3, dass sich die Umweltprüfung bei nachfolgenden Plänen und Programmen sowie bei der nachfolgenden Zulassung von Vorhaben auf zusätzliche oder andere erhebliche Umweltauswirkungen sowie auf erforderliche Aktualisierungen und Vertiefungen beschränkt. Umgekehrt kann die übergeordnete Planungs- oder Programmebene auf die nachfolgende verweisen, wenn bestimmte Umweltauswirkungen erst auf der nachfolgenden Planungsebene angemessen erfasst werden können. Insgesamt ist für die Abschichtung entscheidend, auf welcher Hierarchieebene bestimmte Umweltauswirkungen aus fachlicher Sicht am besten geprüft werden können. Zudem ist zu berücksichtigen, ob eine Verlagerung bestimmter Prüfaspekte auf eine nachfolgende Planungsebene, auf dieser Ebene noch in einer dem Schutzgut angemessenen Weise Berücksichtigung finden können. Hier gelten die vom BVerwG entwickelten Maßstäbe zur Konfliktverlagerung entsprechend[47].

---

[45] So zur UVP BVerwG, Urt. v. 25.1.1996, – 4 C 5.95 –, BVerwGE, S. 100, 238.

[46] BT-Drucks. 15/3441, S. 31.

[47] BVerwG, Urteil vom 11.3.1988, – 4 C 56.84 – NVwZ 1989, 659 = DÖV 1988, 686 = UPR 1988, 268 = NuR 1990, 208 = ZfBR 1988, 189 = BauR 1988, 448 = BRS 48 Nr. 8 mit Bespr. K. Kleinlein, in: DVBl 1989, 184-190; Beschluss vom 17.2.1984 – 4 B 191.83 – BVerwGE 69, 30 = DVBl. 1984, 343 = NVwZ 1984, 235 = DÖV 1984, 858 = UPR 1984, 165 = ZfBR 1984, 90 = BRS 42 Nr. 30; Beschluss vom 31.1.1997 – 4 NB 27.96 – BVerwGE 104, 68 = DVBl. 1997, 1112 = NVwZ 1997, 1213 = UPR 1997, 403 = ZfBR 1997, 316 = BauR 1997, 794 = BRS 59 Nr. 8 (1997); Urteil vom 19.9.2002 – 4 CN 1.02 – BVerwGE 117, 58 = DVBl. 2003, 204 = NVwZ

Neben der vertikalen Abschichtung in einem mehrstufigen Planungsprozess kennt das UVPG auch eine Abschichtung zwischen unterschiedlichen Planarten. Nach § 14 g Abs. 4 UVPG können Angaben, die der planaufstellenden Behörde aus anderen Verfahren oder Tätigkeiten vorliegen, in den Umweltbericht aufgenommen werden, wenn sie für den vorgesehenen Zweck geeignet und hinreichend aktuell sind. Das dies von großer praktischer Bedeutung sein kann, wurde bereits bei den Ausführungen zu den Lärmaktionsplänen und Luftreinhalteplänen deutlich. Auch hier geht es darum, überflüssige Mehrfachprüfungen zu vermeiden. Für die Heranziehung von Inhalten der Landschaftsplanungen bei der Umweltprüfung anderer Pläne und Programme sieht § 19 a Abs. 2 UVPG eine gesonderte Regelung vor.

Eine Vermeidung von Doppelprüfungen kann auch dadurch erreicht werden, dass die Umweltprüfung mit anderen Prüfungen zur Ermittlung und Bewertung von Umweltauswirkungen verbunden werden kann (§ 14 n UVPG). Möglich ist beispielsweise eine Verbindung der Strategischen Umweltprüfung mit der Prüfung der Auswirkungen von Maßnahmenprogrammen nach § 36 WHG sowie mit der Verträglichkeitsprüfung nach der Fauna-Flora-Habitat-Richtlinie (§ 35 BNatSchG)[48]. Eine Verknüpfung ist daneben auch zwischen den jeweiligen Strategischen Umweltprüfungen bei verschiedenen Plänen und Programmen insbesondere bei sich überschneidenden oder deckungsgleichen Planungsgebieten denkbar. Die Verknüpfung kann sowohl die Ermittlung und Beschreibung als auch die Durchführung von Verfahrensschritten betreffen[49].

3. Verfahrensschritte der strategischen Umweltprüfung

Nach § 2 Abs. 4 UVPG ist die Strategische Umweltprüfung ein unselbständiger Teil behördlicher Verfahren zur Aufstellung oder Änderung von Plänen und Programmen, die von einer Behörde, einer Regierung oder im Wege eines Gesetzgebungsverfahrens angenommen werden. Das Verfahren ist in §§ 14 e bis 14 o UVPG geregelt. Diese Vorschriften finden allerdings nach § 14 e UVPG nur Anwendung, soweit Rechtsvorschriften des Bundes und der Länder die Strategische Umweltprüfung nicht näher bestimmen oder in ihren Anforderungen diesem Gesetz nicht entsprechen.

Rechtsvorschriften des UVPG mit weitergehenden Anforderungen bleiben demgegenüber unberührt.

Das Gesetz enthält weitere Einschränkungen des Anwendungsbereichs der Verfahrensregelungen. Für Pläne und Programme aus den Bereichen Wasserhaushalt sowie Raumordnung, die einer Strategischen Umweltprüfung bedürfen, regeln die Länder das Verfahren für die Feststellung der SUP-Pflicht und für die Durchfüh-

---

2003, 478 = UPR 2003, 146 = NuR 2003, 357 = ZfBR 2003, 260 = BauR 2003, 488 = BRS 65 Nr. 74 (2002) mit Bespr. St. Jung, in: BauR 2003, 1509 - 1512.

[48] So ausdrücklich Erwägungsgrund 19 der SUP-Richtlinie.

[49] BT-Drucks. 15/3441, S. 36.

rung der Strategischen Umweltprüfung (§ 14 o UVPG). Dies gilt nicht für Raumordnungspläne oder -programme des Bundes in der deutschen ausschließlichen Wirtschaftszone nach § 18 a ROG. Die Regelungen zur grenzüberschreitenden Behörden- und Öffentlichkeitsbeteiligung in § 14 j UVPG sind allerdings grundsätzlich auch bei den Planungen und Programmen in den Bereichen Wasserhaushalt und Raumordnung anzuwenden.

Sonderregelungen gelten auch für die Landschaftsplanungen nach § 19 a UVPG (hierauf wird unten eingegangen) und die Verkehrswegeplanungen auf Bundesebene nach § 19 b UVPG. Schließlich findet sich für den Bereich der Bauleitplanung eine Sonderregelung. Besteht für die Aufstellung, Änderung oder Ergänzung eines Bauleitplans eine Verpflichtung zur Durchführung einer Strategischen Umweltprüfung, wird nach § 17 Abs. 2 UVPG hierfür eine Umweltprüfung einschließlich der Überwachung nach den Vorschriften des Baugesetzbuchs durchgeführt[50]. Das BauGB ist insoweit lex specialis. Dies gilt auch für die Regelung des § 14 e Satz 2 UVPG, der zufolge Rechtsvorschriften des UVPG mit weitergehenden Anforderungen im Verhältnis zum Fachrecht unberührt bleiben und Beachtung verlangen. Diese Auffangregelung gilt nur im Verhältnis zu externen Verfahrensregelungen, nicht jedoch gegenüber speziellen Verfahrensregelungen des UVPG. Um eine solche handelt es sich aber bei § 17 Abs. 2 UVPG.

3.1 Screening

In den Fällen des § 14 d Abs.1 und den theoretischen Fällen des § 14 b Abs. 2 UVPG ist eine Vorprüfung des Einzelfalls erforderlich. Bei eine Vorprüfung des Einzelfalls hat die planaufstellende Behörde nach § 14 b Abs. 4 UVPG aufgrund einer überschlägigen Prüfung einzuschätzen, ob der Plan oder das Programm voraussichtlich erhebliche Umweltauswirkungen hat, die im weiteren Aufstellungsverfahren zu berücksichtigen wären. Bei der Vorprüfung sind die in Anlage 4 aufgeführten Kriterien zu berücksichtigen. Zudem ist zu berücksichtigen, inwieweit Umweltauswirkungen durch Vermeidungs- und Verminderungsmaßnahmen offensichtlich ausgeschlossen werden. Entsprechend den europarechtlichen Vorgaben[51] muss zur Vorprüfung eine „Konsultation" der Behörden stattfinden. Die Behörden sind deshalb bereits in diesem Verfahrensstand erstmals zu beteiligen, um auf diese Weise sicherzustellen, dass der verfügbare Kenntnisstand in die überschlägig durchzuführende Vorprüfung einfließen kann[52]. Weitergehende Untersuchungen sind im Rahmen der Vorprüfung nicht erforderlich. Vielmehr soll die Vorprüfung

[50] Für viele W. Schrödter, in J. Berkemann, BauGB 2004 – Nachgefragt. 250 Fragen zum BauGB 2004, S. 113 f.

[51] Art. 3 Abs. 6 SUP-Richtlinie.

[52] Th. Bunge und U. Nesemann, Das Gesetz zur Einführung einer strategischen Umweltprüfung und zur Umsetzung der EG-Richtlinie 2001/42/EG, in Handbuch der Umweltverträglichkeitsprüfung, Loseblatt, Ordnungsnummer 0507, S. 28.

klären, ob Anlass für weitere Untersuchungen im Rahmen einer förmlichen Strategischen Umweltprüfung besteht.

3.2 Scoping

Die planaufstellende Behörde legt den Untersuchungsrahmen der strategischen Umweltprüfung in eigener Verantwortung fest. Das Gesetz verlangt hierzu aber eine Beteiligung der Behörden. Nach § 14 f Abs. 4 UVPG werden die Behörden, deren umwelt- und gesundheitsbezogener Aufgabenbereich durch den Plan oder das Programm berührt wird, bei der Festlegung des Untersuchungsrahmens der Strategischen Umweltprüfung sowie des Umfangs und Detaillierungsgrads der in den Umweltbericht aufzunehmenden Angaben beteiligt. Dieser europarechtlich zwingend einzuführende Verfahrensschritt soll dazu beitragen, durch frühzeitige Einbeziehung externen Sachverstandes in den Planungsprozess sowohl Ermittlungsfehler als auch unnötigen Aufwand bei der Zusammenstellung des Abwägungsmaterials zu vermeiden. Die frühzeitige Beteiligung der Behörden erleichtert auch die rechtzeitige Ermittlung der planungsrelevanten Informationen[53]. Die planaufstellende Behörde (das Gesetz spricht von zuständiger Behörde) gibt den zu beteiligenden Behörden auf der Grundlage geeigneter Informationen Gelegenheit zu einer Besprechung oder zur Stellungnahme. Dies bedeutet, dass hier Wahlfreiheit zwischen einem rein schriftlichen Beteiligungsverfahren und einem so genannten „Scopingtermin" besteht. Auch soweit Gelegenheit zur Besprechung in einem solchen Scopingtermin gegeben wird, wird zumindest die Unterrichtung der Träger schriftlich erfolgen müssen, so dass der Scopingtermin faktisch immer nur ergänzende Funktion haben kann. Ausdrücklich im Gesetz angesprochen ist auch die Möglichkeit, Sachverständige und Dritte hinzu zuziehen. Die beteiligten Behörden sind verpflichtet, alle ihnen verfügbaren, für den Umweltbericht zweckdienliche Informationen zu übermitteln.

3.3 Erstellen und Fortschreiben des Umweltberichts

Nach § 14 g Abs. 1 UVPG hat die planaufstellende Behörde den Umweltbericht frühzeitig zu erstellen. Der Umweltbericht ist Gegenstand der Öffentlichkeitsbeteiligung nach § 14 i und Behördenbeteiligung nach § 14 h UVPG. Er muss deshalb vor deren Durchführung ausgearbeitet sein. Da Umfang und Detaillierungsgrad der in den Umweltbericht aufzunehmenden Inhalte nach § 14 f Abs. 2 UVPG festzulegen ist und zu dieser Festlegung selbst eine Behördenbeteiligung stattzufinden hat, wird der Umweltbericht zwischen dieser ersten frühzeitigen Öffentlichkeitsbeteili-

[53] Th. Bunge und U. Nesemann, Das Gesetz zur Einführung einer strategischen Umweltprüfung und zur Umsetzung der EG-Richtlinie 2001/42/EG, in Handbuch der Umweltverträglichkeitsprüfung, Loseblatt, Ordnungsnummer 0507, S. 30 f.

gung zum Untersuchungsrahmen der strategischen Umweltprüfung und der Öffentlichkeits- und Behördenbeteiligung zum Umweltbericht erarbeitet. Dabei kann es durchaus sinnvoll sein, wenn die planaufstellende Behörde bereits mit einem ersten Rohentwurf des Umweltberichts, der nicht mehr als die bereits bekannten Umweltaspekte aufführt, in die frühzeitige Behördenbeteiligung nach § 14 f Abs. 4 UVPG geht. Dieser erste Rohentwurf des Umweltberichts kann dann der erforderlichen Unterrichtung der Behörden dienen.

Zunächst ist im Umweltbericht eine vorläufige Bewertung der Umweltauswirkungen vorzunehmen. Die Bewertung der Umweltauswirkungen hat im Hinblick auf eine wirksame Umweltvorsorge zu erfolgen. Maßstab setzend sind insoweit § 1 und § 2 Abs. 4 Satz 2 in Verbindung mit § 2 Abs. 1 Satz 2 UVPG sowie die fachgesetzlichen Vorgaben. Die Bewertung ist notwendiger Weise vorläufig, weil der Umweltbericht einschließlich der vorläufigen Bewertung zunächst Gegenstand der Öffentlichkeits- und Behördenbeteiligung ist. Soweit diese Beteiligungsverfahren neue Erkenntnisse zu Tage befördern, können eine Fortschreibung des Umweltberichts und eine Neubewertung der Umweltauswirkungen erforderlich werden. Das Gesetz sieht aus diesem Grund als formalen Verfahrensschritt eine abschließende Bewertung der Umweltauswirkungen nach der Öffentlichkeits- und Behördenbeteiligung vor (§ 14 k UVPG).

Welche Angaben der Umweltbericht enthalten muss, ergibt sich aus § 14 g Abs. 2 UVPG. Die dort aufgeführten Inhalte stellen keine zwingende Gliederungsvorgabe dar. Die Gliederung ergibt sich vielmehr aus dem Blickwinkel einer möglichst einem Laien verständlichen Darstellungsform, die auf Wiederholungen soweit wie möglich verzichtet[54]. Soweit nach den fachgesetzlichen Vorgaben dem Plan oder Programm eine Begründung beizufügen ist, kann der Umweltbericht ein gesonderter Teil der Begründung sein. Möglich ist es aber auch, den Umweltbericht als gesondertes Dokument neben der Begründung des Plans abzufassen[55]. Auch spricht nichts dagegen, zwischen Begründung und Umweltbericht zu verweisen, soweit hierdurch die Verständlichkeit nicht beeinträchtigt wird.

3.4 Öffentlichkeits- und Behördenbeteiligung

In Übereinstimmung mit den Vorgaben der SUP-Richtlinie müssen die Behörden, deren umwelt- und gesundheitsbezogener Aufgabenbereich durch den Plan oder das Programm berührt wird, Gelegenheit haben, zum Entwurf des Plans oder Programms Stellung zu nehmen. Die planaufstellende Behörde hat deshalb gemäß

---

[54] Für den Bereich der Bauleitplanung A. Bunzel, Umweltprüfung in der Bauleitplanung, Berlin, 2005, S. 104 ff.; ders., J. Berkemann, BauGB 2004 – Nachgefragt. 250 Fragen zum BauGB 2004, S. 147 f.

[55] Th. Bunge und U. Nesemann, Das Gesetz zur Einführung einer strategischen Umweltprüfung und zur Umsetzung der EG-Richtlinie 2001/42/EG, in Handbuch der Umweltverträglichkeitsprüfung, Loseblatt, Ordnungsnummer 0507, S. 32.

§ 14 h UVPG die Stellungnahmen dieser Behörden einzuholen. Hierfür wird diesen der Plan- oder Programmentwurf sowie der Umweltbericht übermittelt. Nach § 14 h Satz 2 ist den beteiligten Behörden für die Abgabe der Stellungnahmen eine angemessene Frist zu setzen, die in Anlehnung an § 73 Abs. 3 a VwVfG mindestens einen Monat beträgt. Bei der Fristsetzung sollen Inhalt und Umfang der Unterlagen berücksichtigt werden.

Die Öffentlichkeitsbeteiligung richtet sich im Wesentlichen nach den Bestimmungen, die auch für die Umweltverträglichkeitsprüfung gelten (§ 14 i Abs. 1 UVPG). Der Entwurf des Plans oder Programms und der Umweltbericht sind für eine angemessene Dauer von mindestens einem Monat öffentlich auszulegen. Auszulegen sind daneben auch weitere Unterlagen, deren Einbeziehung die zuständige Behörde für zweckmäßig hält. Hier hat die planaufstellende Behörde einen Einschätzungsspielraum. Mit ausgelegt werden können z.B. Fachgutachten und bereits vorliegende fachliche Stellungnahmen von Behörden oder Umweltverbänden. Die Stellungnahmen zum Umweltbericht sind so frühzeitig einzuholen, dass sie bei der abschließenden Entscheidungsfindung effektiv berücksichtigt werden können[56]. Eine längere Auslegungsdauer kann wegen des großen Umfangs und Inhalts des Plans oder Programms, der Komplexität des Umweltberichts und der Art und Qualität möglicher erheblicher Umweltauswirkungen angemessen sein. Umgekehrt ist auch das Interesse der Allgemeinheit an einem zügigen Abschluss des Planungsverfahrens zu berücksichtigen[57].

Nach § 14 h Abs. 1 Satz 2 UVPG hat die Behörde zu bestimmen, an welchen Orten die Unterlagen nach Satz 1 auszulegen sind. Zulässig ist auch die Bestimmung mehrerer Auslegungsorte, um sicherzustellen, dass die Teile der Öffentlichkeit, deren Belange von den voraussichtlich erheblichen Umweltauswirkungen berührt werden, sich wirksam beteiligen können. Weitere Einzelheiten der Bekanntmachung sind im UVPG nicht geregelt, sondern ergeben sich aus dem Fachrecht oder aus den Bekanntmachungsvorschriften der Länder[58].

Die betroffene Öffentlichkeit hat Gelegenheit, sich innerhalb einer ebenfalls zu bestimmenden Frist von mindestens einem Monat zu dem Entwurf des Plans oder Programms und zu dem Umweltbericht zu äußern. In der Regel wird es sinnvoll sein, diese Frist mit der Dauer der öffentlichen Auslegung zu koppeln, um die Effektivität des Beteiligungsverfahrens zu gewährleisten. Ein Erörterungstermin ist nur dann durchzuführen, wenn Rechtsvorschriften des Bundes dies für bestimmte Pläne und Programme vorsehen.

Für die grenzüberschreitende Behörden- und Öffentlichkeitsbeteiligung gelten nach § 14 j UVPG die entsprechenden Vorschriften zur grenzüberschreitende Beteili-

---

[56] BT-Drucks. 15/3441, S. 33.
[57] BT-Drucks. 15/3441, S. 34.
[58] BT-Drucks. 15/3441, S. 34.

gung bei der Umweltverträglichkeitsprüfung (§§ 8 und 9 a UVPG) entsprechend. Ergänzende Regelungen hierzu finden sich in § 14 j UVPG.

3.5 Abschluss des Planungsverfahrens

Die Darstellungen und Bewertungen des Umweltberichts sind von der planaufstellenden Behörde unter Berücksichtigung der Stellungnahmen der Behörden und der Öffentlichkeit zu überprüfen. Diese sich bereits aus dem Gebot einer gerechten Abwägung ergebende Pflicht wird in § 14 k UVPG ausdrücklich postuliert. Es kann deshalb erforderlich sein, den Umweltbericht nach Abschluss der Behörden- und Öffentlichkeitsbeteiligung zu überarbeiten. Soweit keine Änderungen vorgenommen werden, sollte der Umweltbericht dies unter Verweis auf die Ergebnisse der Öffentlichkeits- und Behördenbeteiligung feststellen. Die Erarbeitung eines neuen Umweltberichts ist nicht erforderlich. Vielmehr handelt es sich um einen Bewertungsschritt neben dem Umweltbericht, der diesen ergänzt[59]. Das Gesetz verbietet es aber nicht, den Umweltbericht, soweit dies nach den Ergebnissen der Beteiligungsverfahren erforderlich ist, schlicht zu ändern. Ebenso wie bei der Bewertung der Umweltauswirkungen im Rahmen des Umweltberichts nach § 14 g Abs. 3 werden auch bei der Überprüfung dieser Bewertung allein die Umweltbelange und keine sonstigen Belange in den Blick genommen.

Das Ergebnis der Überprüfung des Umweltberichts ist wie der Umweltbericht nach § 14 k Abs. 2 UVPG im Verfahren zur Aufstellung oder Änderung des Plans oder Programms zu berücksichtigen. Eine Bindung für die Abwägungsentscheidung ergibt sich aus den Bestimmungen des UVPG nicht. Inwieweit Umwelterwägungen bei der Entscheidung über die Annahme des Plans oder Programms Rechnung zu tragen sind, bestimmt sich nach den allgemein geltenden Abwägungsregeln im Rahmen dieser Gesamtabwägung[60].

Die Annahme eines Plans oder Programms ist nach § 14 l UVPG öffentlich bekannt zu machen. Bei Ablehnung eines Plans oder Programms besteht diese Pflicht nicht. Allerdings verweist das Gesetz auch insoweit auf die Möglichkeit der Bekanntmachung. Die Unterrichtung betroffener Nachbarstaaten richtet sich nach § 14 j in Verbindung mit § 8 Abs. 3 und § 14 l Abs. 2 UVPG.

§ 14 l Abs. 2 UVPG verlangt, in Umsetzung von Art. 9 Abs. 1 Satz 2 SUP-Richtlinie bei Annahme des Plans oder Programms folgende Informationen zur Einsicht auszulegen:

---

[59] BT-Drucks. 15/3441, S. 34.
[60] BT-Drucks. 15/3441, S. 34.

1. der angenommene Plan oder das angenommene Programm,

2. eine zusammenfassende Erklärung, wie Umwelterwägungen in den Plan oder das Programm einbezogen wurden, wie der Umweltbericht nach § 14 g sowie die Stellungnahmen und Äußerungen nach den §§ 14 h bis 14 j berücksichtigt wurden und aus welchen Gründen der angenommene Plan oder das angenommene Programm nach Abwägung mit den geprüften Alternativen gewählt wurde, sowie

3. eine Aufstellung der Überwachungsmaßnahmen nach § 14 m.

Abweichend vom Wortlaut der europäischen Richtlinie verwendet das SUPG den Begriff der Auslegung, der bereits für die Beteiligung der Öffentlichkeit Verwendung findet. Nach Art. 9 Abs. 1 Satz 2 SUP-Richtlinie sind die aufgeführten Dokumente und Informationen der der Öffentlichkeit und jedem gemäß Artikel 7 konsultierten Mitgliedstaat „zugänglich zu machen". Gemeint ist damit, dass der Plan oder das Programm und die weiteren genannten Unterlagen zur Einsicht bereitgehalten werden müssen. Hierzu wird es ausreichen, diese Unterlagen in einem Archiv einzulagern und bei entsprechender Nachfrage, diese zur Einsichtnahme herauszugeben. Eine ständige oder befristete Auslegung in dem aus dem Beteiligungsverfahren bekannten Sinne ist demgegenüber nicht gefordert. Die Regelung lässt jedoch Interpretationsspielräume. Soll es ausreichen, dass der Plan oder das Programm für eine bestimmte Dauer, z.B. ein Monat nach seiner öffentlichen Bekanntmachung ausgelegt wird, oder ist er dauerhaft zur Einsicht bereit zu halten? Der Wortlaut des Gesetzes schließt dies jedenfalls nicht aus.

Auszulegen ist neben dem Plan oder Programm eine zusammenfassende Erklärung, wie Umwelterwägungen in den Plan oder das Programm einbezogen wurden, wie der Umweltbericht sowie eingegangene Stellungnahmen der Behörden und Äußerungen der Öffentlichkeit berücksichtigt wurden und aus welchen Gründen der Plan oder das Programm nach Abwägung mit den geprüften Alternativen gewählt wurde. Aus Art. 9 Abs. 1 SUP-Richtlinie ergibt sich nämlich genauso wenig wie aus § 14 l Abs. 2 UVPG, dass mit dem Plan oder Programm auch der Umweltbericht für die Einsichtnahme auszulegen bzw. bereitgehalten werden muss. Ein Anspruch auf Einsichtnahme in den Umweltbericht ergibt sich allerdings aus den gesetzlichen Bestimmungen des Bundes und der Länder über den Zugang zu Umweltinformationen und der Umweltinformationsrichtlinie der EG[61]. Die zusammenfassende Erklärung hat die Funktion, zusammenzufassen und für die beteiligten Behörden und der beteiligten Öffentlichkeit zu erläutern, dass und wie sich die zuständige Behörde bei der Ausstellung oder Änderung des Plans oder Programms mit den unter-

[61] Richtlinie 2003/4/EG des Europäischen Parlaments und des Rates vom 28.01.2003 über den Zugang der Öffentlichkeit zu Umweltinformationen und zur Aufhebung der Richtlinie 90/313/EWG des Rates (ABl. EU L 41/26, vom 14.2.2003).

schiedlichen Umweltaspekten auseinandergesetzt und diese bei der Planung berücksichtigt hat. Erläuterungsbedarf besteht – so dass in der Gesetzesbegründung gewählte Beispiel – insbesondere dann, wenn der Plan oder das Programm Festlegungen enthält, die mit erheblichen nachteiligen Umweltauswirkungen verbunden sind, gleichzeitig aber weniger umweltbelastende Alternativen verworfen wurden[62]. Der Begriff „zusammenfassend" bezieht sich nach der Funktion dieser Erklärung vor allem auf den Inhalt des Umweltberichts. Soweit der Umweltbericht nach Annahme des Plans oder Programms mit diesem zur Einsichtnahme bereitgehalten bzw. ausgelegt wird, könnte die für den Umweltbericht geforderte allgemein verständliche Zusammenfassung (§ 14 g Abs. 2 Satz 3 UVPG) deshalb zugleich die Funktion zusammenfassende Erklärung haben. Sie müsste dann allerdings die im Einzelnen in § 14 l Abs. 2 Nr. 2 UVPG aufgeführten Angaben enthalten und sollte entsprechend als zusammenfassende Erklärung bezeichnet werden.

Schließlich ist auch eine Aufstellung der geplanten Maßnahmen zur Überwachung (vgl. hierzu unten) nach § 14 m UVPG erforderlich. Da diese Angaben bereits im Umweltbericht zu machen sind (§ 14 g Abs. 2 Satz 1 Nr. 9 UVPG), können die entsprechenden Passagen aus dem Umweltbericht als Aufstellung im genannten Sinne genutzt werden.

4. Sonderregelung für Landschaftspläne

Im Gesetzgebungsverfahren umstritten und vor allem von den Planerverbänden kritisiert, war die Forderung, auch für die Aufstellung von Landschaftsplänen eine strategische Umweltprüfung vorzuschreiben[63]. Eine Planung, deren originärer Zweck der Schutz, die Pflege und die Entwicklung von Natur und Landschaft ist, verlangt bereits eine umfassende Ermittlung und Bewertung von Natur und Landschaft. Insbesondere sind von diesen Planungen keine nachteiligen erheblichen Umweltauswirkungen zu erwarten. Die Pflicht zur strategischen Umweltprüfung beschränkt sich im Einklang mit den europarechtlichen Vorgaben aber nicht nur auf Pläne und Programme, von den nachteilige Umweltauswirkungen ausgehen[64]. Auch bei Plänen und Programmen mit positiven Auswirkungen auf die Umwelt, führt die Umweltprüfung zu einer in der Regel noch systematischeren Erfassung und Bewertung der Umweltauswirkung unter Einbeziehung der Öffentlichkeit und der Behörden[65].

---

[62] BT-Drucks. 15/3441, S. 35.

[63] A. Schink, Umweltprüfung für Pläne und Programme – Anwendungsbereich der SUP-Richtlinie und Umsetzung in das deutsche Recht, NVwZ 2005, 615 (623).

[64] R. Hendeler, Der Geltungsbereich der EG-Richtlinie zur strategischen Umweltprüfung, NuR 2003, 2 (3), A. Schink, Umweltprüfung für Pläne und Programme –Anwendungsbereich der SUP-Richtlinie und Umsetzung in das deutsche Recht, NVwZ 2005 (617 u. 625); BT-Drucks. 15/3441, S. 26.

[65] Hierauf verweisen R. Hendeler, Der Geltungsbereich der EG-Richtlinie zur strategischen Umweltprüfung, NuR 2003, 2 (3) und Th. Bunge und U. Nesemann, Das Gesetz zur Einführung

Die meisten bei der Strategischen Umweltprüfung zu untersuchenden Schutzgüter werden auch bei der Landschaftsplanung untersucht und zwar ebenfalls mit einem medienübergreifenden Ansatz. Lediglich die Schutzgüter „Menschen, einschließlich der menschlichen Gesundheit" sowie „Kulturgüter und sonstige Sachgüter" finden bei der Aufstellung von Landschaftsplänen nicht die gebotene umfassende Berücksichtigung. Der beschreibende Teil der Landschaftsplanungen kann bei entsprechender Strukturierung wesentliche Anforderungen eines Umweltberichts im Rahmen der Strategischen Umweltprüfung erfüllen. Daher wird die Landschaftsplanung weitgehend von den sonst geltenden Anforderungen an die strategische Umweltprüfung freigestellt. Die Strategische Umweltprüfung ist hier kein eigenständiger, zur Planaufstellung hinzutretender Prüfungsschritt. Vielmehr reicht es nach § 19 a UVPG aus, wenn die Darstellungen im Landschaftsplan oder -programm lediglich um die Schutzgüter nach § 2 Abs. 1 Satz 2 UVPG ergänzt werden, die nicht bereits nach dem Naturschutzrecht zu behandeln sind.

Die Ausgestaltung des Verfahrens zur Aufstellung von Landschaftsplänen ist bundesrahmenrechtlich nicht geregelt. Daher überlässt das UVPG den Ländern, die bestehenden landesrechtlichen Bestimmungen zum Aufstellungsverfahren an die europarechtlichen Anforderungen anzupassen. Dabei sind die Verfahren zur Aufstellung und Änderung von Landschaftsplanungen lediglich um fehlende Elemente und Verfahrensschritte aus der Strategischen Umweltprüfung zu ergänzen. Die Begründung zum Gesetzentwurf führt hierzu aus[66]: „So bedarf es insbesondere einer Festlegung des Untersuchungsrahmens (vgl. § 14 f) und einer Prüfung von Alternativen nach § 14 g Abs. 2 Nr. 8. Darüber hinaus muss im Rahmen der Landschaftsplanung eine Öffentlichkeits- und Behördenbeteiligung entsprechend der §§ 14 h und 14 i sowie eine Überwachung der voraussichtlich erheblichen Umweltauswirkungen erfolgen."

Unmittelbare Anwendung finden demgegenüber die Vorschriften des Verfahrens der grenzüberschreitenden Strategischen Umweltprüfung (§ 14 j UVPG).

5. Monitoring

Mit der Einführung des durch Artikel 10 der Plan-UP-Richtlinie vorgegebenen Instruments des sog. Monitoring[67] werden die den Plan oder das Programm aufstellenden Behörden verpflichtet, die erheblichen Auswirkungen der Durchführung der Pläne und Programme auf die Umwelt zu überwachen. Zuständig ist im Regel-

---

einer strategischen Umweltprüfung und zur Umsetzung der EG-Richtlinie 2001/42/EG, in Handbuch der Umweltverträglichkeitsprüfung, Loseblatt, Ordnungsnummer 0507.

[66] BT-Drucks. 15/3441, S. 26.

[67] Zur Entstehungsgeschichte und zum Begriff M. Roder, Anforderungen der SUP-Richtlinie an ein Monitoring für Pläne und Programme, in: A. Bunzel, F. Frölich und S. Tomerius, Monitoring und Bauleitplanung – neue Herausforderungen für Kommunen bei der Überwachung von Umweltauswirkungen (Difu-Materialien 3/2004), S. 13 ff.

fall die planaufstellenden Behörde[68]. Der europarechtlich eröffnete Gestaltungsspielraum soll den Trägern der Planung erhalten bleiben, damit diese über Zeitpunkt, Inhalt und Verfahren des Monitoring entsprechend den Bedürfnissen der jeweiligen Planungskonzepte entscheiden und das Monitoring somit als Instrument zur Verbesserung der Planungspraxis und auch zur Erfolgsbilanzierung insgesamt nutzen können. Aus diesem Grund verlangt § 14 m Abs. 1 UVPG nur allgemein, dass die erheblichen Umweltauswirkungen, die sich aus der Durchführung des Plans oder Programms ergeben, zu überwachen sind, um insbesondere frühzeitig unvorhergesehene nachteilige Auswirkungen zu ermitteln und geeignete Abhilfemaßnahmen ergreifen zu können. Das im Einzelfall festzulegende Konzept zur Plan- oder Programmüberwachung ist im Umweltbericht darzulegen (§ 14 g Abs. 2 Satz 1 Nr. 9 UVPG)[69]. Zudem ist nach Annahme des Plans oder Programms eine Aufstellung der festgelegten Maßnahmen zur Überwachung zur Einsichtnahme auszulegen (§ 14 l Abs. 2 Nr. 3 UVPG).

Zur Entlastung der den Plan aufstellenden Behörde und zur Vermeidung von Doppelarbeit sollen die beteiligten Behörden der planaufstellenden Behörde nach § 14 m Abs. 3 UVPG auf Verlangen alle Umweltinformationen zur Verfügung stellen, die zur Wahrnehmung der Überwachungsaufgabe erforderlich sind. Die planaufstellende Behörde kann deshalb die vorhandenen Überwachungsmechanismen, Daten- und Informationsquellen vor allem, aber nicht nur im Bereich der Umweltverwaltungen nutzen[70]. Hierauf verweist § 14 m Abs. 3 UVPG ausdrücklich. Dem Träger der Planung obliegt insoweit eine koordinierende Funktion. Ob und in welchem Rahmen darüber hinausgehende eigens aus Anlass der Planung veranlasste Untersuchungen, Messungen oder andere Maßnahmen der Überwachung erforderlich sind, ist nach den Erfordernissen des Einzelfalls zu bestimmen. Wie bei der Festlegung des Untersuchungsrahmen für die Umweltprüfung ist auch bei der Planung der Überwachungsmaßnahmen das Verhältnismäßigkeitsgebot zu berücksichtigen. Die planaufstellende Behörde hat dabei einen Ermessensspielraum.

Die Ergebnisse der Überwachung sind nach § 14 m Abs. 4 UVPG der Öffentlichkeit nach den Vorschriften des Bundes und der Länder über den Zugang zu Umweltinformationen sowie den in § 14 h UVPG genannten Behörden zugänglich zu machen und bei einer erneuten Aufstellung oder einer Änderung des Plans oder Programms zu berücksichtigen.

---

[68] Abweichende Regelungen zur Zuständigkeit sind ausdrücklich zugelassen (§ 14 m Abs. 2 UVPG).

[69] Vgl. zum Monitoring in der Bauleitplanung die umfassende Untersuchung von A. Bunzel und J. Jekel, Monitoring in der Bauleitplanung, Berlin 2006.

[70] Grundansatz der Planung jeder Überwachung ist die möglichst effektive Nutzung bestehender Überwachungsmechanismen. Vgl. Europäische Gemeinschaften, Umsetzung der Richtlinie 2001/42/EG des europäischen Parlaments und des Rates über die Prüfung der Umweltauswirkungen bestimmter Pläne und Programm, 2003, S. 65 ff.

6. Fazit

Insgesamt ist mit dem SUPG ein flexibler Rahmen geschaffen worden, der Spielräume für die Umsetzung der strategischen Umweltprüfung in den unterschiedlichen Fachplanungen lässt. In der Praxis wird sich vor allem die Frage nach dem angemessenen Untersuchungsrahmen der Umweltprüfung innerhalb eines mehrstufigen Planungsprozesses, aber auch im Verhältnis unterschiedlicher Fachplanungen zueinander stellen. Hier spricht das Gesetz lediglich grundsätzlich die Möglichkeit der Abschichtung und der gebündelten Prüfung an. Nur für die Landschaftsplanung findet sich eine Regelung, die bereits auf die spezifischen Elemente dieser Planungsart Bezug nimmt und unmittelbar beschränkend auf den Untersuchungsrahmen wirkt. Ähnliche Fragen stellen sich aber auch bei anderen Planungen, z. B. bei den Lärmaktionsplänen und bei den Luftreinhalteplänen. Hier wird es der Planungspraxis vorbehalten bleiben, angemessene Wege der Arbeitsteilung zwischen den unterschiedlichen Planungen auch für die strategische Umweltprüfung zu entwickeln. Ähnlich sieht es für die Umsetzung der Überwachungsaufgabe aus. Wie konkret die Arbeitsteilung zwischen der für die Überwachung zuständigen Behörde und anderen Behörden, die für die Überwachung bestimmter Umweltaspekte auf anderer rechtlicher Grundlage zuständig sind, organisiert werden kann, muss ebenfalls noch geklärt werden. Immerhin: Der rechtliche Rahmen lässt Spielräume offen. In der Gesamtbetrachtung stellt die Frage des Zusammenwirkens der Behörden bei der Umweltprüfung und beim Monitoring Anforderungen an ein leistungsfähiges Umweltinformationsmanagement, dass in weiten Teilen noch entwickelt werden muss.

IX Anforderungen an die planerische Steuerung von Photovoltaik- und Biogasanlagen

Prof. Dr. Rudolf Schäfer

1. Vorbemerkung

Die Erzeugung erneuerbarer Energien für die Energieversorgung Deutschlands hat sich in den letzten Jahren zu einer enormen Wachstumsbranche entwickelt. Der Anteil der erneuerbaren Energien am Bruttostromverbrauch nahm im Jahre 2005 einen Anteil von 10,2 % (2004: 9,4 %) ein. Am Primärenergieverbrauch betrug deren Anteil im Jahre 2005 4,6 %. Gegenüber dem Vorjahr bedeutete dies einen Anstieg von 0,6 %[1]. Damit wurde bereits im Jahre 2005 der für das Jahr 2010 vorgesehene Anteil der erneuerbaren Energien von 4,2 % am Primärenergieverbrauch überschritten. Allein im Jahre 2005 wurde durch den Einsatz erneuerbarer Energien ein Kohlendioxidausstoß von ca. 84 Mio. t vermieden[2]. Die Erzeugung erneuerbarer Energien erweist sich auch in arbeitsmarktpolitischer Hinsicht als Zukunftsbranche. Nach vorliegenden Schätzungen stieg die Beschäftigtenzahl im Jahre 2005 gegenüber dem Vorjahr um 13.000 auf nunmehr ca. 170.000 Beschäftigte[3].

Im Bereich der erneuerbaren Energien sind insbesondere Biomasse- und Photovoltaikanlagen auf dem Vormarsch. Biomasseanlagen und Biokraftstoffe leisteten im Jahre 2005 einen Beitrag von insgesamt 3,3 % zur Energieversorgung in Deutschland[4]. Photovoltaikanlagen haben gegenwärtig noch einen sehr geringen Anteil an der Gesamtenergieversorgung. Jedoch ist ein ständig steigender Zubau solarthermischer Kollektorflächen (2005: ca. 960.000 m^2) auf derzeit insgesamt ca. 7 Mio. m^2 zu verzeichnen[5].

Einen bedeutenden Anreiz für den Zuwachs bei erneuerbaren Energien und insbesondere bei Biomasse- und Photovoltaikanlagen leisten das EEG[6], das u. a. das

---

[1] Bundesministerium für Umwelt, Naturschutz und Reaktorsicherheit (BMU), Umweltpolitik. Erneuerbare Energien in Zahlen – nationale und internationale Entwicklung, Stand: Mai 2006, S. 10.

[2] BMU, a. a. O., S. 15.

[3] BMU, a. a. O., S. 19.

[4] BMU, a. a. O., S. 9.

[5] BMU, a. a. O., S. 10.

[6] Gesetz für den Vorrang Erneuerbarer Energien (Erneuerbare-Energien-Gesetz - EEG) vom 21. Juli 2004 (BGBl. I 2004, 1918), geändert durch Art. 3 Abs. 35 Gesetz vom 7. Juli 2005 (BGBl. I 2005, 1970).

Einspeisungs- und Vergütungssystem erneuerbarer Energien regelt, und die Förderpolitik der Bundesregierung[7].

Die „Antragsflut“ auf Förderung sowie auf Genehmigung von Biomasse- und Photovoltaikanlagen bedeutet für viele Gemeinden eine Herausforderung, weil sie sich in einem Spannungsfeld zwischen der notwendigen Erhöhung des Anteils erneuerbarer Energien an der Energieerzeugung einerseits und der z. T. damit einhergehenden negativen Auswirkungen auf die städtebauliche Entwicklung und Ordnung andererseits bewegen.

2. Planungsrechtliche Zulässigkeit

Im Folgenden wird die planungsrechtliche Zulässigkeit von Biomasse- und Photovoltaikfreiflächenanlagen untersucht.

2.1 Biomasseanlagen

2.1.1 Außenbereich

Mit der Neuregelung des § 35 Abs. 1 Nr. 6 EAG Bau 2004 hat der Gesetzgeber den Kreis der privilegierten Vorhaben um Vorhaben zur Nutzung der aus Biomasse erzeugten Energie unter bestimmten Voraussetzungen erweitert. Diese Vorschrift wurde mit dem Ziel, einerseits einen Beitrag zum Schutz des Klimas, zur Schonung natürlicher Ressourcen und zur effizienten Nutzung der Energie zu leisten und andererseits den Strukturwandel in der Landwirtschaft zu unterstützen, ohne dabei den gebotenen Schutz des Außenbereichs zu vernachlässigen, geschaffen. Der Gesetzgeber privilegiert somit nicht jegliche Zulassung von Biomasseanlagen, sondern verlangt das Vorliegen einer Reihe von Voraussetzungen:

Privilegiert ist die energetische Nutzung von Biomasse[8]. Die energetische Nutzung der Biomasse muss gemäß § 35 Abs. 1 Nr. 6 BauGB „im Rahmen eines Betriebs nach Nummer 1 oder 2 oder eines Betriebs nach Nummer 4, der Tierhaltung betreibt“ erfolgen. Darüber hinaus muss die zu verarbeitende Biomasse nach § 35 Abs. 1 Nr. 6 Buchst. b) BauGB überwiegend aus dem Betrieb oder überwiegend aus diesem und aus nahe gelegenen Betrieben nach den Nummern 1, 2 oder 4, soweit letzterer Tierhaltung betreibt, stammen. Die Biomasseanlage muss also einem bestimmten Basisbetrieb zugeordnet sein. Diese Zuordnung ist jedenfalls dann gegeben, wenn eine Identität des Inhabers des Basisbetriebs und des Betreibers der

---

[7] Richtlinie zum Marktanreizprogramm für erneuerbare Energien. Nach diesem Programm werden Solarkollektoren, Pellet-Kessel und Scheitholz-Vergaserkessel mit Zuschüssen gefördert. Allein von Jahresanfang bis Mitte August 2006 wurden 160.000 Förderanträge gestellt.

[8] Vgl. Verordnung über die Erzeugung von Strom aus Biomasse (Biomasseverordnung) vom 21. Juni 2001 (BGBl. I 2001, 1234), geändert durch Verordnung vom 9. August 2005 (BGBl. I 2005, 2419).

Biomasseanlage besteht. Nach Ansicht der Fachkommission Städtebau wird diese Zuordnung nicht schon deshalb ausgeschlossen, weil sich eine Anlage nicht im (Allein-) Eigentum des Inhabers des Basisbetriebs befindet. Sie kann auch dann gegeben sein, wenn eine Betreibergesellschaft Eigentümerin der Anlage ist. Dies gilt jedenfalls dann, wenn die Betreibergesellschaft dauerhaft nur aus den Gesellschaftern im Sinne des § 35 Abs. 1 Nr. 6 b BauGB besteht, die die Anlage beschicken und der Inhaber des Basisbetriebs einen maßgeblichen Einfluss auf die Betreibergesellschaft hat[9]. Berkemann dagegen hält eine eigene rechtliche Trägerschaft (wie z.B. eine GmbH, eine Genossenschaft oder eine GbR) der Biomasseanlage für ausgeschlossen und erwägt stattdessen vertragliche Vereinbarungen zwischen dem Eigentümer der Anlage und den Biomasse anliefernden Betrieben[10]. In welchen Fällen die Biomasse „aus nah gelegenen Betrieben" stammt, ist nicht durch die Angabe einer strikten Entfernung zu bestimmen, sondern hängt vielmehr von den Umständen des Einzelfalls wie insbesondere den siedlungsstrukturellen Gegebenheiten ab. Als nicht mehr „nahe gelegen" wird im Allgemeinen eine zeitliche Fahrleistung von mehr als 30 Minuten bewertet[11].

Die Biomasseanlage muss gemäß § 35 Abs. 1 Nr. 6 Buchst. a) BauGB in einem räumlich-funktionale Zusammenhang mit dem Betrieb stehen. Mit dieser einschränkenden Voraussetzung soll eine Zersiedlung des Außenbereichs verhindert werden. Bei landwirtschaftlichen Betrieben im Sinne des § 35 Abs. 1 Nr. 1 BauGB ist eine räumlich-funktionalen Zuordnung zur Hofstelle erforderlich. In besonderen Einzelfällen kann es möglich sein, die Biomasseanlage an Betriebsschwerpunkten bzw. Betriebsstandorten (z. B. bei großen Stallgebäuden oder Maschinenhallen, nicht dagegen bei untergeordneten baulichen Anlagen) zu errichten[12]. Bei den forstwirtschaftlichen (Nr. 1), gartenbaulichen (Nr. 2) oder Tierhaltenden Betrieben (Nr. 4) ist ein räumlicher Bezug zum Betriebsstandort notwendig. Es muss ein betriebstechnischer Zusammenhang zwischen der tatsächlich vorhandenen Betriebsstruktur und der Verwertung der Biomasse vorhanden sein[13].

Je Hofstelle oder Betriebsstandort wird gemäß § 35 Abs. 1 Nr. 6 Buchst. c) BauGB nur eine Biomasseanlage privilegiert. Während die Bezugnahme auf den Begriff „Hofstelle" den klassischen landwirtschaftlichen Betrieb erfasst, bezieht sich der Begriff „Betriebsstandort" auf solche landwirtschaftlichen Betriebe, die über sehr großflächige Betriebe und aufgrund ihrer Betriebsstruktur über mehrere Betriebs-

---

[9] Vgl. Beschluss der Fachkommission Städtebau der ARGEBAU, Hinweise zur Privilegierung von Biomasseanlagen nach § 35 Abs. 1 Nr. 6 BauGB vom 22. März 2006, S. 2.

[10] Vgl. dazu im Einzelnen Berkemann, in: Berkemann (Hrsg.), BauGB 2004 – Nachgefragt. 250 Fragen zum BauGB 2004., S. 281.

[11] Vgl. Beschluss der Fachkommission Städtebau der ARGEBAU, a. a. O., S. 4; Berkemann, a. a. O., S. 280.

[12] Vgl. Beschluss der Fachkommission Städtebau der ARGEBAU, a. a. O., S. 2.

[13] Vgl. dazu im Einzelnen Beschluss der Fachkommission Städtebau der ARGEBAU, a. a. O., S. 3.

standorte verfügen (z. B. ehemalige Landwirtschaftliche Produktionsgenossenschaften in den neuen Bundesländern).

Eine weitere Beschränkung besteht gemäß § 35 Abs. 1 Nr. 6 Buchst. d) BauGB darin, dass die installierte elektrische Leistung der Biomasseanlage 0,5 MW[14] nicht überschreiten darf.

§ 35 Abs. 5 Satz 2 BauGB sieht als weitere Zulässigkeitsvoraussetzung die Abgabe einer Verpflichtungserklärung für Vorhaben nach § 35 Abs. 1 Nr. 6 BauGB vor, nach der das Vorhaben nach dauerhafter Aufgabe der zulässigen Nutzung zurückzubauen und Bodenversiegelungen zu beseitigen sind.

2.1.2 Bebauungsplan

Sofern die Gemeinde in einem Bebauungsplan Festsetzungen im Sinne des § 30 Abs. 1 oder 2 BauGB getroffen hat und die geplante Biomasseanlage den Festsetzungen des Bebauungsplans nicht widerspricht bzw. das Vorhaben im Falle eines Bebauungsplans nach § 30 Abs. 3 BauGB die ergänzenden Anforderungen des § 34 oder § 35 BauGB erfüllt sowie die Erschließung gesichert ist, ist die Biomasseanlage zuzulassen. Bei einer Biomasseanlage, die nicht unter den Voraussetzungen des § 35 Abs. 1 Nr. 6 BauGB privilegiert ist, handelt es sich um eine gewerbliche Anlage. Die Frage, in welchem Baugebietstyp eine derartige Anlage zugelassen werden kann, beantwortet sich danach, welcher Störgrad von der Anlage ausgeht. Zunächst kommt die Zulassung in einem eigens dafür geplanten Sondergebiet in Betracht. Darüber hinaus kann eine Biomasseanlage, die keiner Genehmigungspflicht nach dem BImSchG unterliegt und demzufolge als nicht wesentlich störende gewerbliche Anlage zu charakterisieren ist, im Misch-, Dorf-, Kern-, Gewerbe- oder Industriegebiet zugelassen werden[15]. Bei nach dem BImSchG genehmigungspflichtigen Biomasseanlagen ist zu prüfen, ob sie im Gewerbegebiet zugelassen werden können oder ob sie ausschließlich dem Industriegebiet zuzuordnen sind. Im Einzelfall sind stets die Anforderungen des Rücksichtnahmegebots des § 15 BauNVO zu prüfen.

2.1.3 Innenbereich

Die Zulassung einer Biomasseanlage im unbeplanten Innenbereich wird nur in einem relativ eng begrenzten Rahmen möglich sein. Eine Zulässigkeit hinsichtlich der Art der baulichen Nutzung kommt in faktischen Misch-, Dorf-, Kern-, Gewerbe- und Industriegebieten bzw. sofern die nähere Umgebung diesen faktischen Baugebietstypen nicht entspricht, im Rahmen des Einfügungsgebots nur dann in Betracht, wenn in der näheren Umgebung auch misch-, dorf-, kern-, gewerbe- oder

---

[14] Eine installierte elektrische Leistung von 0,5 MW entspricht ca. 2,0 MW Eingangs- oder Feuerungswärmeleistung der eingebrachten Biomasse bzw. 0,5 MW/a entsprechen einer Biogaserzeugung von bis zu 2,3 Mio. Nm^3/a, sofern die Anlage nicht ausschließlich elektrische Energie, sondern auch Wärme oder Gas zur Weiterleitung erzeugt.

[15] Vgl. VG Arnsberg, Urteil vom 4. 12. 1998 – 4 L 1898/98 –, BRS 62 Nr. 75.

industriegebietstypische Anlagen vorhanden sind. Die Aussagen zur Zulässigkeit hinsichtlich der Art der baulichen Nutzung in einem Bebauungsplangebiet gelten in einem faktischen Baugebiet entsprechend. Ob das Vorhaben insbesondere unter dem Aspekt von Geruchsimmissionen den Anforderungen des Gebots der Rücknahme genügt, bleibt der Einzelfallprüfung vorbehalten. Weitere Probleme können sich zudem bei der Prüfung des Einfügungsgebots hinsichtlich des Maßes der baulichen Nutzung, der Bauweise und der Grundstücksfläche, die überbaut werden soll, ergeben.

2.2 Photovoltaikanlagen

2.2.1 Außenbereich

Photovoltaikanlagen sind keine privilegierten Vorhaben im Sinne des § 35 Abs. 1 BauGB. Der Privilegierungstatbestand des § 35 Abs. 1 Nr. 3 BauGB ist nicht einschlägig. Private Photovoltaikanlagen dienen zwar der öffentlichen Versorgung, soweit durch sie ganz oder überwiegend Energie in das öffentliche Versorgungsnetz eingespeist wird[16]. Jedoch wird zum Vorliegen der Privilegierung das Merkmal „Ortsgebundenheit" – über den Wortlaut des § 35 Abs. 1 Nr. 3 hinaus – nicht nur bei gewerblichen Betrieben, sondern für den gesamten Tatbestand gefordert[17]. Für die Annahme der Standortgebundenheit reicht es nicht aus, dass ein bestimmter Standort im Außenbereich günstig ist, vielmehr muss die bauliche Anlage auf eine bestimmte Stelle im Außenbereich geographisch oder geologisch geradezu angewiesen sein[18]. Dies ist bei Photovoltaikanlagen aber nicht der Fall[19]. Auch eine Privilegierung nach § 35 Abs. 1 Nr. 4 BauGB scheidet aus. Somit sind Photovoltaikanlagen keine privilegierten Vorhaben.

Photovoltaikanlagen sind sonstige Vorhaben nach § 35 Abs. 2 BauGB, die im Einzelfall zugelassen werden können, wenn ihre Ausführung oder Benutzung öffentliche Belange nicht beeinträchtigt und die Erschließung gesichert ist. Die Zulässigkeit wird in der Regel daran scheitern, dass die beabsichtigte Errichtung von Photovoltaikanlagen einzelne oder mehrere öffentliche Belange nach § 35 Abs. 3 BauGB beeinträchtigt.

Diskutiert wird, ob eine Photovoltaikanlage durch ein anderes privilegiertes Vorhaben im Außenbereich gleichsam „mitgezogen" werden kann. Das BVerwG hat diese Möglichkeit ursprünglich für landwirtschaftliche Vorhaben im Sinne des § 35

---

[16] Entschieden für private Windenergieanlagen durch BVerwGE 96, 95.

[17] Das BVerwG verlangt bei alle Vorhaben – unbeschadet des Wortlauts des § 35 Abs. 1 Nr. 3 1. Alt. – eine Standortgebundenheit – zuletzt bestätigt BVerwGE 96,95, 97; verneinend z.B. Dolde, NJW 1983, 792.

[18] Vgl. BverwG, DVBl. 1994, 1141.

[19] Vgl. Berkemann, a. a. O., S. 285; VG Minden, Urteil vom 25. 06. 2002 – 1 K 1350/01.

Abs. 1 Nr. 1 BauGB entwickelt[20]. Danach dient eine mitgezogene Nutzung dem privilegierten Vorhaben, wenn es sich bei ihr im Verhältnis zum privilegierten Betrieb um eine bodenrechtliche Nebensache handelt, zwischen dem privilegierten Vorhaben und der hinzukommenden Nutzung ein mehr als nur entfernter Zusammenhang besteht und das Erscheinungsbild des im Außenbereich gelegenen Betriebs nicht wesentlich geändert wird. Die Photovoltaikanlage müsste sich der privilegierten Nutzung dienend unterordnen und im Verhältnis zur ihr als bodenrechtliche Nebensache erscheinen, was eine enge Begrenzung der Kapazität der Anlage bedeutet. Zudem müsste die erzeugte elektrische Energie überwiegend dem privilegierten Vorhaben zur Eigenversorgung dienen[21]. Dies dürfte zumeist nicht der Fall sein, da die erzeugte elektrische Energie gänzlich oder überwiegend in das öffentliche Versorgungsnetz eingespeist werden soll.[22]

2.2.2 Geltungsbereich eines Bebauungsplans

Sofern die Gemeinde Festsetzungen nach § 30 Abs. 1, 2 oder 3 BauGB getroffen hat und das Vorhaben den Festsetzungen des Bebauungsplans nicht widerspricht bzw. das Vorhaben im Falle eines Bebauungsplans nach § 30 Abs. 3 BauGB die ergänzenden Anforderungen des § 34 oder § 35 BauGB erfüllt sowie die Erschließung gesichert sind, ist die Photovoltaikanlage zuzulassen.[23]

2.2.3 Unbeplanter Innenbereich

Die Zulässigkeit größerer Photovoltaikfreiflächenanlagen kommt im unbeplanten Innenbereich nicht in Betracht, weil der für das Vorhandensein eines unbeplanten Innenbereichs erforderliche Bebauungszusammenhang nur eine Inanspruchnahme von Baulücken und damit von nur relativ kleinen Flächen ermöglicht. Diese Anlagen, die in der Regel nur als Nebenanlagen zu einer anderen Nutzung errichtet werden, bleiben hier außer Betracht.

3. Weitere rechtliche Anforderungen an die Zulassung von Biomasse- und Photovoltaikanlagen

Über die vorab beschriebenen planungsrechtlichen Anforderungen hinaus müssen für die Zulassung von Biomasse- und Photovoltaikanlagen eine Reihe weiterer formell- und materiell-rechtlicher Voraussetzungen gegeben sein. Dazu gehören insbesondere:

---

[20] Vgl. BVerwG, BauR 1985, 545; BVerwG, DÖV 1999, 32.
[21] Vgl. Berkemann, a. a. O., S. 286.
[22] Höchstrichterliche Rechtsprechung liegt zur Möglichkeit der mitgezogenen Nutzung von Photovoltaikanlagen noch nicht vor. Das OVG Rheinland-Pfalz, Urteil vom 24. Mai 2006 – 8 A 10892/05.OVG –, hat – in Fortführung der Rechtsprechung im Urteil vom 11. Mai 2005 – 8 A 10281/05.OVG – die Voraussetzungen für die dienende Funktion einer Photovoltaikanlagen am Standort einer Großwindanlage für die Nutzung und Erforschung der Windenergie herausgearbeitet. Bereits in tatsächlicher Hinsicht zweifelnd Berkemann, a. a. O., S. 286.
[23] Vgl. hierzu Kap. 5.2.5.

- die Genehmigungspflicht nach dem BImSchG ab einer bestimmter Leistung der Anlage,
- Pflicht zur Durchführung einer Umweltverträglichkeitsprüfung ab einer bestimmten Größe der Anlage,
- Anforderungen an zulässigerweise verwendbare Stoffe bei Biomasseanlagen,
- anlagenbezogene Anforderungen an Biomasseanlagen[24],
- Durchführung der Umweltprüfung bei der Aufstellung von Bauleitplänen,
- Abarbeitung der Eingriffsregelung bei der Aufstellung von Bauleitplänen bzw. bei der Genehmigung von Vorhaben nach § 35 BauGB.

4. Steuerungsbedarf von Biomasse- und Photovoltaikanlagen

4.1 Steuerungsbedarf bei Biomasseanlagen

Die Darstellung der planungsrechtlichen Zulässigkeit von Biomasseanlagen in Kap. 2.1 hat die besondere Bedeutung des § 35 Abs. 1 Nr. 6 BauGB gezeigt. Diese Regelung kann aus mehreren Gründen einen Steuerungsbedarf hervorrufen:

- Aufgrund eines erwarteten oder bereits bestehenden Ansiedlungsdrucks von Biomasseanlagen im Gemeindegebiet besteht das Erfordernis der Kanalisierung bzw. Kontingentierung dieser Anlagen, um z. B. bestimmte Bereiche des Gemeindegebiets vor schädlichen Umwelteinwirkungen und/oder sonstigen Beeinträchtigungen zu schützen oder künftige Planungsabsichten der Gemeinde (z. B. Freihaltung von Flächen für eine spätere Siedlungsentwicklung) zu sichern. Hierzu kann sich die Gemeinde der Steuerungsmöglichkeiten des § 35 Abs. 3 Satz 3 BauGB bedienen.
- Zur Feinsteuerung der Rechtswirkungen des § 35 Abs. 3 Satz 3 BauGB kann die Aufstellung von Bebauungsplänen erforderlich sein.
- Eine beabsichtigte Biomasseanlage erfüllt zwar die Voraussetzungen nach § 35 Abs. 1 Nr. 6 a) bis d) BauGB, diesem Vorhaben stehen aber öffentliche Belange nach § 35 Abs. 3 Satz 1 BauGB entgegen. Als entgegenstehende öffentliche Belange kommen insbesondere die Nummern 3, 4, 5 und 7 in Be-

---

[24] Vgl. hierzu ausführlich Lampe, Die unterschiedlichen rechtlichen Anforderungen an die Zulassung von Biomasseanlagen, in: NUR 2006, S. 152 ff.

tracht. Sofern die Gemeinde ein derartiges Vorhaben befürwortet, muss sie die planungsrechtlichen Voraussetzungen durch die Aufstellung eines Bebauungsplans und ggf. die (parallele) Änderung des Flächennutzungsplans schaffen.

- Eine beabsichtigte Biomasseanlage erfüllt die Voraussetzungen nach § 35 Abs. 1 Nr. 6 a) bis d) BauGB nicht, weil z. B. die installierte elektrische Leistung mehr als 0,5 MW betragen soll, der räumlich-funktionale Zusammenhang nicht gegeben ist oder die Anlieferung der Biomasse nicht entsprechend der geforderten Voraussetzungen erfolgen kann oder soll. Wenn die Gemeinde die Ansiedlung eines derartigen Vorhabens befürwortet, muss sie auch in diesem Fall die planungsrechtlichen Voraussetzungen durch die Aufstellung eines Bebauungsplans und ggf. die (parallele) Änderung des Flächennutzungsplans schaffen.

4.2 Steuerungsbedarf bei Photovoltaikanlagen

Die Möglichkeiten der Zulassung von Photovoltaikfreiflächenanlagen im Innen- oder Außenbereich sind auf ein Minimum beschränkt. Dies führt zu einem Steuerungsbedarf:

- Im Innenbereich sind in Bezug auf die Größe und damit die Kapazität der Anlagen sehr enge Grenzen gesetzt.
- Im Außenbereich beeinträchtigen diese Anlagen als sonstiges Vorhaben in der Regel öffentliche Belange nach § 35 Abs. 3 Satz 1 BauGB.
- Befürwortet die Gemeinde die Errichtung von Photovoltaikanlagen in ihrem Gemeindegebiet, ist die Aufstellung von Bebauungsplänen und ggf. die (parallele) Änderung des Flächennutzung erforderlich.
- Die Netzbetreiber sind nach § 11 EEG zur Vergütung von Strom aus solarer Energie nur verpflichtet, sofern sich die Freiflächenanlage im Geltungsbereich eines dafür aufgestellten Bebauungsplans befindet bzw. im Ergebnis eines Planfeststellungsverfahrens oder eines sonstigen Verfahrens mit den Rechtswirkungen der Planfeststellung zulässig ist.
- Photovoltaikanlagen unterliegen als sonstige Vorhaben nicht den Steuerungsmöglichkeiten nach § 35 Abs. 3 Satz 3 BauGB.
- Photovoltaikfreiflächenanlagen „auf der grünen Wiesen“ sind zwar nicht mit einer Freiflächenversiegelung gleichzusetzen, bedeuten aber letztlich immer

einen zusätzlichen Flächenbedarf, der aus Sicht des Umweltschutzes möglichst zu vermeiden ist[25].

5. Steuerungsinstrumente für Biomasse- und Photovoltaikanlagen

Zur Steuerung von Biomasse- und Photovoltaikanlagen stehen verschiedene Rechtsinstrumente zur Verfügung.

5.1 Biomasseanlagen

5.1.1 Steuerungsmöglichkeiten durch § 35 Abs. 3 Satz 3 BauGB

Gemäß § 35 Abs. 3 Satz 3 BauGB stehen einem Vorhaben nach § 35 Abs. 1 Nr. 2 bis 6 BauGB in der Regel auch dann öffentliche Belange entgegen, soweit hierfür durch Darstellungen im Flächennutzungsplan oder als Ziele der Raumordnung eine Ausweisung an anderer Stelle erfolgt ist.

Zum Zweck dieser Regelung hat das BVerwG ausgeführt: § 35 Abs. 3 Satz 3 hat Kompromisscharakter. Der Gesetzgeber bringt durch die Privilegierung von Vorhaben i. S. v. § 35 Abs. 1 Nr. 2 bis 6[26] einerseits zum Ausdruck, dass es sich um Nutzungen handelt, die dem Außenbereich adäquat sind. Er verschließt sich andererseits nicht der Einsicht, dass er sich vielfach mit Massenphänomenen konfrontiert sieht, die ohne Planung nicht zu bewältigen sind. Dies gilt nicht nur für die Windenergienutzung. Die Missstände, die weithin drohen, haben den Gesetzgeber veranlasst, die Privilegierung in den Fällen des § 35 Abs. 1 Nr. 2 bis 6 unter einen „Planvorbehalt" zu stellen. Die von § 35 Abs. 3 Satz 3 BauGB erfassten Vorhaben sind nicht nur dann unzulässig, wenn ihnen öffentliche Belange im Sinne des § 35 Abs. 3 Satz 1 BauGB entgegenstehen, sondern auch dann, wenn für sie durch Darstellungen im Flächennutzungsplan oder als Ziele der Raumordnung eine Ausweisung an anderer Stelle erfolgt ist. Die gesetzgeberische Privilegierungsentscheidung kommt zwar weiterhin, aber nur mehr nach Maßgabe der gemeindlichen Planungsvorstellungen zum Tragen. Die Gemeinde bekommt ein Instrument an die Hand, das es ihr ermöglicht, durch die Kanalisierung der in § 35 Abs. 1 Nr. 2 bis 6 BauGB aufgeführten Vorhaben die städtebauliche Entwicklung in ihrem Gemeindegebiet in geordnete Bahnen zu lenken.[27] Dem Plan muss ein schlüssiges gesamträumliches

[25] Deutsches Zentrum für Luft- und Raumfahrt, Institut für Technische Thermodynamik, Institut für Energie- und Umweltforschung u. a.: Ökologisch optimierter Ausbau der Nutzung der erneuerbarer Energien in Deutschland - Forschungsvorhaben im Auftrag des Bundesministeriums für Umwelt, Naturschutz und Reaktorsicherheit vom Februar 2004.
[26] Die Privilegierungstatbestände wurden durch das EAG Bau dergestalt neu geordnet, dass die vom BVerwG getroffene Aussage weiterhin auf die gesetzliche Regelung zutrifft.
[27] BVerwG, Urteil vom 17. 12. 2002 – 4 C 15.01 –.

Planungskonzept zugrunde liegen, das den allgemeinen Anforderungen des planungsrechtlichen Abwägungsgebots gerecht wird. Dagegen ist es einer Gemeinde verwehrt, den Flächennutzungsplan als Mittel zu benutzen, das ihr dazu dient, unter dem Deckmantel der Steuerung Windenergieanlagen in Wahrheit zu verhindern. Mit einer bloßen „Feigenblatt"-Planung, die auf eine verkappte Verhinderungsplanung hinausläuft, darf sie es nicht bewenden lassen. Vielmehr muss sie der Privilegierungsentscheidung des Gesetzgebers Rechnung tragen und für die Windenergienutzung in substanzieller Weise Raum schaffen[28]. Wo die Grenze zur unzulässigen „Negativplanung" verläuft, lässt sich nicht abstrakt bestimmen. Maßgeblich sind die tatsächlichen Verhältnisse im jeweiligen Planungsraum; Größenangaben sind isoliert betrachtet, als Kriterium ungeeignet[29].

Bei der Erarbeitung des Planungskonzepts zur Steuerung bestimmter privilegierter Vorhaben ist zu beachten, dass hinreichender Raum für diese Vorhaben geschaffen wird. Die Konzentrationsplanung ist insgesamt unwirksam, wenn dem Plan mangels ausreichender Darstellung von Positivflächen kein schlüssiges gesamträumliches Planungskonzept zugrunde liegt[30]. Flächen, auf denen privilegierten Vorhaben nach Nr. 2 bis 6 auf nicht absehbare Zeit zwingende rechtliche (z.B. Naturschutzverordnung) oder tatsächliche Hindernisse (z.B. mangelnde Eignung) entgegenstehen, sind bereits vor dem Eintritt in den Abwägungsprozess über das Planungskonzept auszuscheiden. Im Abwägungsprozess muss deutlich gemacht und ausführlich begründet werden, warum einerseits an bestimmter(n) Stelle(n) im Gemeindegebiet eine positive Standortzuweisung erfolgt und andererseits welche Gründe es rechtfertigen, den übrigen Planungsraum von privilegierten Vorhaben freizuhalten. Dabei sollte stufenweise vorgegangen werden, indem zuerst die Potenzialflächen bestimmt werden, die allgemein als Vorrangzonen in Betracht gezogen werden können, um anschließend unter diesen Flächen im Rahmen einer konkret-individuellen Betrachtung einen oder mehrere Standorte tatsächlich festzulegen[31].[32]

Der Gesetzgeber hat in § 35 Abs. 3 Satz 3 BauGB geregelt, dass die Ausschlusswirkung „in der Regel" eintritt. Maßgebliche Aspekte dieser Regelung hat das BVerwG in einer Entscheidung zu einer Windkraftanlage ausgeführt: Die Ausschlusswirkung des § 35 Abs. 3 Satz 3 tritt „in der Regel" ein. In Ausnahmefällen kommt eine Zulassung auch im sonstigen Außenbereich in Betracht. Die Atypik kann sich daraus ergeben, dass die Windkraftanlage wegen ihrer Größe oder wegen ihrer Funktion z. B. als einem anderen privilegierten Vorhaben zugeordnete Nebenanlage besondere Merkmale aufweist, die sie aus dem Kreis der Anlagen heraussheben, deren Zulassung der Planungsträger hat steuern wollen. Auch Bestandsschutzgesichtspunkte

---

[28] BVerwG, Beschluss vom 12. 07. 2006 - 4 B 49/06 - m.w.N. auf eigene Rechtsprechung, juris.

[29] BVerwG, Beschluss vom 12. 07. 2006 - 4 B 49/06 - m.w.N. auf eigene Rechtsprechung, juris.

[30] BVerwG, Urteil vom 21. 10. 2004 - 4 C 2/04 -, u.a. BauR 2005, 503.

[31] BVerwG, Urteil vom 13. 03. 2003, E 118, 33; weitere Nachweise bei Jung, in: Schrödter: BauGB, Kommentar, 2006, § 5 Rn. 60.

[32] Ausführlich zur Erarbeitung des Planungskonzepts Jung, a. a. O., § 5 Rn. 61 ff.

können von Bedeutung sein. Ist in der Nähe des vorgesehenen Standorts bereits eine zulässigerweise errichtete Windenergieanlage vorhanden, so kann dies bei der Interessenbewertung ebenfalls zum Vorteil des Antragstellers ausschlagen. Auch die kleinteiligen Verhältnisse können es rechtfertigen, von der auf den gesamten Planungsraum bezogenen Beurteilung des Planungsträgers abzuweichen. Ist aufgrund topographischer oder sonstiger Besonderheiten eine Beeinträchtigung der als störempfindlich und schutzwürdig eingestuften Funktionen des betreffenden Landschaftsraums nicht zu besorgen, so widerspricht es der Zielsetzung des Planvorbehalts nicht, das Vorhaben zuzulassen[33].

5.1.2 Regionalplan

Nach § 35 Abs. 3 Satz 3 BauGB stehen nach § 35 Abs. 1 Nr. 6 BauGB privilegierten Biomasseanlagen in der Regel öffentliche Belange entgegen, soweit als Ziele der Raumordnung eine Ausweisung an anderer Stelle erfolgt ist.

Die Darstellung als Ziele der Raumordnung an anderer Stelle kann durch die Ausweisung von Vorrang- (§ 7 Abs. 4 Nr. 1 ROG) oder Eignungsgebieten (§ 7 Abs. 4 Nr. 3 ROG) in einem nach Landesrecht vorgesehenen Regionalplan erfolgen. Voraussetzung dafür ist jedoch, dass es sich um raumbedeutsame Vorhaben handelt. Ob diese Voraussetzung vorliegt, muss im Einzelfall geklärt werden. Die nach § 35 Abs. 1 Nr. 6 BauGB privilegierten Biomasseanlagen werden voraussichtlich nicht in jedem Fall als raumbedeutsame Maßnahmen zu qualifizieren sein, da sie einer Beschränkung der installierten Leistung auf 0,5 MW und damit – eine entsprechende Wirtschaftlichkeitsbetrachtung vorausgesetzt – auch indirekt einer gewissen Größenbeschränkung unterliegen.

Mit der Ausweisung von Vorrang- oder Eignungsgebieten als Ziele der Raumordnung an anderer Stelle im Planungsgebiet wird in der Regel eine Ausschlusswirkung für den übrigen Planungsraum Bereiche des Regionalplans erzielt. Werden in einem Regionalplan auch Vorbehaltsgebiete für die Errichtung von Windparks oder raumbedeutsamen Windenergieanlagen dargestellt, sind diese *nicht* mit einer Ausschlusswirkung auf andere Flächen verbunden. Demzufolge dürfen Vorbehaltsgebiete i. S. von § 7 Abs. 4 Satz 1 Nr. 2 ROG in der Bilanz der Positiv- und Negativflächen nicht als Positivausweisungen gewertet werden[34].

Wie bereits in Kap. 5.1.1 dargestellt ist vorab ein schlüssiges gesamträumliches Planungskonzept zu erarbeiten.

Soweit der Träger der Regionalplanung beabsichtigt, den Regionalplan mit mehreren Teilfortschreibungen zu ändern, ist zu beachten: Mehrere Teilfortschreibungen eines Regionalplans, die jeweils Vorrang- oder Eignungsgebiete für Windenergieanlagen festlegen, können die Ausschlusswirkung des § 35 Abs. 3 Satz 3 BauGB erst

---

[33] Vgl. BVerwG, Urteil vom 17. 12. 2002 – 4 C 15.01 –, u. a. BauR 2003, 828.
[34] Vgl. BVerwG, Urteil vom 13. 03. 2003 – 4 C 4.02 –, u. a. BauR 2003, 1165.

entfalten, wenn sie sich zu einer schlüssigen gesamträumlichen Planungskonzeption zusammenfügen[35].

5.1.3 Flächennutzungsplan

Hat der Träger der Regionalplanung im Regionalplan Vorrang- oder Eignungsgebiete als Ziele der Raumordnung dargestellt, ist der (Teil-) Flächennutzungsplan gemäß § 1 Abs. 4 BauGB diesen Zielen anzupassen. Darüber hinaus hat die Gemeinde zu prüfen, ob daneben noch Raum für eigenständige Darstellungen auf der Ebene der (Teil-) Flächennutzungsplanung besteht[36].

Der Gesetzgeber hat keine Vorgaben für die Bezeichnung der Darstellungen mit positiven Standortzuweisungen gemacht. Von ihrem planungsrechtlichen Inhalt her kommen als Darstellungen im Sinne einer „Ausweisung an anderer Stelle" insbesondere in Betracht:

- Sonderbauflächen bzw. Sondergebiete für Biomasseanlagen,
- Gewerbliche Bauflächen bzw. Industrie- bzw. Gewerbegebiete oder
- Flächen für öffentliche Versorgungsanlagen.

In der Planungspraxis werden die Darstellungen häufig als „Eignungsflächen", „Konzentrationsflächen" oder „Konzentrationszonen" getroffen. Die alleinige Bezeichnung als „Konzentrationsfläche" reicht nicht aus[37]. Die Darstellung muss um die Bezeichnung der zu steuernden Nutzung ergänzt werden.

Innerhalb der „Konzentrationsflächen" können detaillierte und konkrete Darstellungen erforderlich sein, um einen Nutzungskonflikt von grundlegender Bedeutung für ihre gesamträumliche Entwicklung planerisch zu bewältigen. Der Flächennutzungsplan kann seiner Aufgabe nur gerecht werden, wenn auch derartige Darstellungen zulässig sind. Welche Darstellungen noch zu den Grundzügen der Art der Bodennutzung gehören, hängt mithin nicht von dem Grad ihrer Bestimmtheit, sondern davon ab, ob sie den Bezug zur jeweiligen städtebaulichen Konzeption „für das ganze Gemeindegebiet" (§ 5 Abs. 1 Satz 1 BauGB) wahren[38]. In einer Entscheidung hat das BVerwG eine Änderung des Flächennutzungsplans für rechtmäßig erklärt, bei der eine Gemeinde einen Teil des Gemeindegebiets als fremdenverkehrliche Schwerpunktzone dargestellt, diese Fläche zusätzlich in drei Zonen unter-

---

[35] Vgl. BVerwG, Urteil vom 13. 03. 2003 – 4 C 4.02 –, u. a. BauR 2003, 1165.
[36] Gierke, in: Brüggelmann, BauGB. Kommentar, § 5 Rn. 79.
[37] Vgl. z. B. OVG NRW vom 19. 05. 2004, juris.
[38] BVerwG, Urteil vom 18. 08. 2005 – 4 C 13.04 –, NUR 2006, 235 ff.

schiedlicher Schutzwürdigkeit aufgeteilt und den darin gelegenen Betrieben abgestufte Nutzungsbeschränkungen zum Schutz vor Staub und Geruch auferlegt hatte.

Wie bereits in Kap. 5.1.1 beschrieben ist ein gesamträumliches Planungskonzept zu erarbeiten. Liegt dem Plan mangels ausreichender Darstellung von Positivflächen kein schlüssiges gesamträumliches Planungskonzept zugrunde, ist die Konzentrationswirkung von Biomasseanlagen in einem Flächennutzungsplan insgesamt unwirksam[39]. Bei der Konzepterstellung ist die gesetzgeberische Wertung bei der Privilegierungsentscheidung des § 35 Abs. 1 Nr. 6 BauGB zu berücksichtigen. Daher sollten in der Regel die Vorrangzonen in einem räumlich-funktionalen Zusammenhang mit einem oder mehreren landwirtschaftlichen Betrieben ausgewiesen werden, die das Material an die Biomasseanlagen zuliefern. Da der Gesetzgeber den Transport von Biomasse aus dem gesamten Gemeindegebiet an einen einzelnen Standort nicht wünscht, bedeutet dies für die Planungspraxis, dass bei einer sachgerechten Steuerung von Biomasseanlagen im Einzelfall kleinteiliger vorzugehen ist und mehr Vorrangflächen auszuweisen sind als bei der Steuerung von Windkraftanlagen[40].[41]

Plant die Gemeinde Vorrangzonen ohne einen dem Privilegierungstatbestand entsprechenden Bezug zum landwirtschaftlichen Betrieb, kommt auch ihnen die Ausschlusswirkung des § 35 Abs. 3 Satz 3 BauGB grundsätzlich zu. Allerdings kommt die Planung von Vorrangzonen für Biomasseanlagen „auf der grünen Wiese" nur ausnahmsweise bei entsprechender städtebaulicher Begründung in Betracht, etwa wenn dadurch die Transportwege zu Gemeinschaftsanlagen insgesamt – in der Bilanzierung aller beteiligten Landwirte – verkürzt werden und Belange des Landschaftsschutzes nicht entgegenstehen[42].

Soweit durch Darstellungen im Flächennutzungsplan eine Ausweisung an anderer Stelle erfolgt ist, stehen nach § 35 Abs. 1 Nr. 6 BauGB privilegierten Biomasseanlagen in der Regel im übrigen Planungsraum öffentliche Belange entgegen.

Neben der vorab beschriebenen – auf eine Ausschlusswirkung gerichteten – Flächennutzungsplanung hat die Gemeinde bei der (Neu-) Aufstellung oder (parallelen) Änderung oder Ergänzung des Flächennutzungsplans aufgrund des Entwicklungsgebots nach § 8 Abs. 2 BauGB gewerbliche Bauflächen oder Sonderbauflächen für Biomasseanlagen bzw. Gewerbe-, Industriegebiete oder Sondergebiete für Biomasseanlagen auszuweisen, wenn ein Bebauungsplan zur Schaffung der planungsrechtlichen Voraussetzungen für die Ansiedlung dieser Anlagen aufgestellt werden soll[43].

---

[39] Vgl. BVerwG, Urteil vom 21. 10. 2004 – 4 C 2.04 –, u. a. BauR 2005, 503. Entschieden wurde dies für die Konzentrationswirkung von Windenergieanlagen.
[40] Vgl. Schrödter, in: Schrödter, BauGB, 2006, § 5 Rn. 93.
[41] Ein Planungsbeispiel zur Darstellung sog. Konzentrationsflächen für Biogasanlagen findet sich bei Berkemann, a. a. O., S. 293.
[42] Vgl. Schrödter, a. a. O., § 5 Rn. 93.
[43] Vgl. dazu Kap. 4.1.5.

5.1.4 Teilflächennutzungsplan

Der Gesetzgeber hat mit dem EAG Bau 2004 in § 5 Abs. 2b BauGB eine Regelung eingefügt, nach der die Gemeinden die Möglichkeit der Aufstellung von Teilflächennutzungsplänen haben. Nach § 5 Abs. 2 b BauGB können für Darstellungen des Flächennutzungsplans mit den Rechtswirkungen des § 35 Abs. 3 Satz 3 BauGB sachliche Teilflächennutzungspläne aufgestellt werden.

Entsprechend seiner Bezeichnung als sachlicher Teilflächennutzungsplan umfasst er einen eng begrenzten Anwendungsbereich, der auf die Steuerung privilegierter Vorhaben nach § 35 Abs. 1 Nr. 2 bis 6 BauGB begrenzt ist.

Die Auslegung des § 5 Abs. 2b BauGB ist insoweit umstritten, dass unterschiedliche Auffassungen über den möglichen räumlichen Geltungsbereich bestehen. Während vereinzelt verlangt wird, dass sich der sachliche Teilflächennutzungsplan auf das gesamte Gemeindegebiet zu beziehen hat[44], wird nach überwiegender und hier geteilter Auffassung davon ausgegangen, dass er auch Teilräume des Gemeindegebiets erfassen kann[45]. Rechtsprechung liegt hierzu noch nicht vor. Für die Auslegung, dass sich der Teilflächennutzungsplan auch auf Teile des Gemeindegebiets beschränken kann, spricht der Wortlaut „sachliche Teilflächennutzungspläne".

Auch für die Ausweisung von „Vorrang-"oder „Konzentrationszonen" im Teilflächennutzungsplan muss ein schlüssiges Planungskonzept erarbeitet werden. Das Planungskonzept kann sich (weitgehend) auf den Geltungsbereich des Teilflächennutzungsplans beschränken[46]. Der Geltungsbereich darf nicht zu eng gezogen werden, sondern sollte vielmehr Ortsteilbezug haben[47].

Die Darstellung von Konzentrationszonen für privilegierte Vorhaben nach § 35 Abs. 1 Nr. 2 bis 6 BauGB im Teilflächennutzungsplan entfaltet die Ausschlusswirkung nach § 35 Abs. 3 Satz 3 BauGB nur innerhalb des Plangebiets[48], nicht aber für das gesamte Gemeindegebiet[49].

Die planende Gemeinde hat aufgrund der konkreten Verhältnisse vor Ort zu entscheiden, ob sie einen oder mehrere Teilflächennutzungspläne für bestimmte Planungsräume bzw. einen Teilflächennutzungsplan für das gesamte Gemeindegebiet aufstellt oder gar eine Änderung oder Ergänzung des Flächennutzungsplans vornimmt.

---

[44] Löhr, in: Battis/Krautzberger/Löhr, BauGB, § 5 Rn. 35 f.

[45] Vgl. Berkemann, a. a. O., S. 290 m. w. N., hinzukommend Gierke, in: Brüggelmann, a. a. O., Loseblattsammlung, Stand: Mai 2006, Rn. 72.

[46] So auch Berkemann, a. a. O., S. 290; Jung, in: Schrödter, BauGB, Rn. 42 f.

[47] Berkemann, a. a. O., S. 290.

[48] Vgl. Jung, in: Schrödter, a. a. O., Rn. 42 f.

[49] So aber Kuschnerus, Der sachgerechte Bebauungsplan, 3. Auflage, Rn. 53.

Ein nur auf einen Teil des Gemeindegebiets beschränkter Teilflächennutzungsplan kommt dann in Betracht, wenn sich der Steuerungsbedarf für Biomasseanlagen nur auf einen bestimmten, räumlich abgrenzbaren Teil des Gemeindegebiets beschränkt. Aufgrund des gegenüber dem gesamträumlichen Flächennutzungsplan reduzierten Planungsaufwands kann die Gemeinde relativ schnell eine Ausschlusswirkung nach § 35 Abs. 3 Satz 3 BauGB erreichen. Dies ist auch vor dem Hintergrund einer möglichen Zurückstellung von Baugesuchen von Bedeutung, weil der § 15 Abs. 3 BauGB nur eine Zurückstellung von bis zu einem Jahr zuzüglich der notwendigen Bearbeitungsfrist von bis zu sechs Monaten ermöglicht.

Ein auf das gesamte Gemeindegebiet bezogener Teilflächennutzungsplan kommt in folgenden Fällen in Betracht:

- Ein Flächennutzungsplan ist (noch) nicht vorhanden bzw. ein vorhandener Flächennutzungsplan hat sich als nicht rechtswirksam herausgestellt.
- Der Steuerungsbedarf für Biomasseanlagen besteht über das gesamte Gemeindegebiet verteilt. Bei Begrenzung der Planung auf diesen Steuerungsbedarf kann die Gemeinde relativ schnell reagieren.
- Die im Flächennutzungsplan bereits bestehenden Darstellungen mit der Steuerungswirkung nach § 35 Abs. 3 Satz 3 BauGB sollen geändert oder ergänzt werden. Gleichzeitig möchte die Gemeinde zum gegenwärtigen Zeitpunkt keine weiteren Änderungswünsche des Flächennutzungsplans aufgreifen[50].

Der sachliche Teilflächenflächennutzungsplan ist von seiner Rechtsnatur her ein selbständiger Plan mit einem eigenständigen rechtlichen Schicksal, der neben den herkömmlichen Flächennutzungsplan tritt[51]. Er geht als später erlassener Plan dem zuvor ergangenen Flächennutzungsplan vor und ist auch der speziellere Plan. Bedeutsam wird dies dann, wenn der Teilflächennutzungsplan eine Darstellung im gesamtgemeindlichen Flächennutzungsplan überplant oder der Teilflächennutzungsplan seinerseits ggf. zu einem späteren Zeitpunkt durch den Flächennutzungsplan überplant wird. Hierauf ist in der Auslegung und auch in der Begründung hinzuweisen, um mögliche Konkurrenzen oder Missverständnisse zu vermeiden[52].

---

[50] Löhr, in: Battis/Krautzberger/Löhr, a. a. O., § 5 Rn. 35 f - h.

[51] Gierke, in: Brüggelmann, a. a. O., Rn. 67; Söfker, in: Ernst/Zinkahn/Bielenberg/Krautzberger, BauGB, Loseblattsammlung, 76. Lieferung, § 62 d, 62 i.

[52] Vgl. Nr. 3.5.1.1 EAG Bau-Mustereinführungserlass der Fachkommission Städtebau der ARGEBAU.

Bei der Aufstellung von Bebauungsplänen zur weiteren Steuerung von Biomasseanlagen gilt gleichsam wie beim Flächennutzungsplan auch beim Teilflächennutzungsplan das Entwicklungsgebot nach § 8 Abs. 2 Satz 1 BauGB.

Die Aufstellung von Teilflächennutzungsplänen unterliegt keinen Besonderheiten. Die für den Flächennutzungsplan geltenden Verfahrensvorschriften sind anzuwenden sowie eine Umweltprüfung durchzuführen und die naturschutzrechtliche Eingriffsregelung abzuarbeiten.

5.1.5 Bebauungsplan

Die Gemeinde kann zur Schaffung der planungsrechtlichen Voraussetzungen von ansonsten nicht zulassungsfähigen Biomasseanlagen oder zur Feinsteuerung der im Flächennutzungsplan dargestellten Vorrang- oder Konzentrationszonen für Biomasseanlagen Bebauungspläne aufstellen. Die Bebauungsplanung muss der Forderung nach einer sachgerechten städtebaulichen Entwicklung und Ordnung im Sinne des § 1 Abs. 3 BauGB gerecht werden. So muss die Gemeinde insbesondere dann das Vorliegen eines planerischen Regelungsbedürfnisses begründen (können), wenn im Außenbereich mit dem Bebauungsplan eine „Planungsinsel" für die Zulassung einer Biomasseanlage geschaffen werden soll.

Die Gemeinde kann sich dabei eines „herkömmlichen" Bebauungsplans oder Vorhaben- und Erschließungsplans bedienen. Während für die Schaffung der planungsrechtlichen Voraussetzungen die Aufstellung eines qualifizierten Bebauungsplans erforderlich sein wird, kann bei einem der „Feinsteuerung" dienenden Bebauungsplan ein einfacher Bebauungsplan (z. B. Festsetzung der überbaubaren Grundstücksflächen und/oder Höhe der baulichen Anlagen) ausreichen.

Als Festsetzungsmöglichkeiten hinsichtlich der Art der baulichen Nutzung kommen Dorf-, Gewerbe-, Industrie- oder Sondergebiete mit der Zweckbestimmung Biomasseanlage in Betracht. Bei der Entscheidung über die im Einzelfall zu treffende Festsetzung ist auf die geplante Größenordnung der Biomasseanlage(n) abzustellen. Sollen mit dem Bebauungsplan die planungsrechtlichen Voraussetzungen für eine nach dem BImSchG genehmigungspflichtige Anlage geschaffen werden, scheidet die Festsetzung von Dorfgebieten aus. Die im großen immissionsschutzrechtlichen Genehmigungsverfahren nach § 4 BImSchG i. V. mit § 2 der 4. BImSchV genehmigungsbedürftigen Biomasseanlagen sind grundsätzlich in das Industrie- oder Sondergebiet verwiesen. Im Einzelfall können auch sie im Gewerbegebiet zugelassen werden, wenn nachgewiesen ist, dass der Standort und die Betriebsweise nach dem Stand der Technik in einem Gewerbegebiet verträglich sind. Die in Spalte 2 des Anhangs der 4. BImSchV aufgeführten Arten von Anlagen sind grundsätzlich im Gewerbegebiet zulässig.[53]

---

[53] Vgl. Stüer, Der Bebauungsplan. Städtebaurecht in der Praxis, 3. Auflage 2006, Rn. 220.

Im Rahmen der Abwägung muss insbesondere auf die zu erwartenden Geruchsbelastungen der anzusiedelnden Biomasseanlage(n) eingegangen werden. Aus der GIRL[54] können grundsätzlich Anhaltspunkte für die Beurteilung der Erheblichkeit der Belästigung durch Geruchsimmissionen nach § 3 Abs. 1 BImSchG gewonnen werden. Dabei verbietet sich allerdings eine schematische Anwendung von Grenzwerten im Hinblick auf die gebotene Einzelfallbeurteilung anhand der jeweiligen Situation[55].

Überplant eine Gemeinde durch Bebauungsplan eine im Flächennutzungsplan mit Konzentrationswirkung ausgewiesene Sonderbaufläche für Biomasseanlagen, ist bei der Abwägung zu berücksichtigen, dass dem Belang der Biomassenutzung aufgrund der Konzentrationswirkung des Flächennutzungsplans grundsätzlich Vorrang zukommt. Ein Bebauungsplan, der lediglich einen unverhältnismäßig kleinen Teil einer Konzentrationsfläche für Biomasseanlagen als Sondergebiet für die Biomasseanlagen festsetzt, verstößt nicht nur gegen das Entwicklungsgebot, sondern beeinträchtigt im Hinblick auf die Ausschlusswirkung der Konzentrationsflächen gemäß § 35 Abs. 3 Satz 3 BauGB auch die sich aus dem Flächennutzungsplan ergebende, geordnete städtebaulichen Entwicklung[56].

Der Bebauungsplan muss den Anforderungen des Entwicklungsgebots nach § 8 Abs. 2 Satz 1 BauGB genügen.

5.2 Photovoltaikanlagen

5.2.1 Steuerungsmöglichkeiten des § 35 Abs. 3 Satz 3 BauGB

Photovoltaikanlagen können nicht durch eine positive Standortzuweisung an einer oder mehreren Stellen im Plangebiet des Flächennutzungsplans oder des Regionalplans im übrigen Planungsraum ausgeschlossen werden. Dieser Steuerungsmöglichkeit nach § 35 Abs. 3 Satz 3 BauGB unterliegen nur privilegierte Vorhaben nach § 35 Abs. 1 Nr. 2 bis 6 BauGB. Photovoltaikanlagen gehören jedoch nicht dazu, weil sie als sonstige Vorhaben im Außenbereich zu beurteilen sind[57].

Nur, sofern nach noch nicht abschließend geklärter Rechtsprechung Photovoltaikanlagen *als mitgezogene Nutzung* von Vorhaben nach § 35 Abs. 1 Nr. 2 bis 6 BauGB privilegiert sein sollten, käme eine „indirekte“ Steuerung durch die (Teil-) Flächen-

[54] Geruchsimmissions-Richtlinie (GIRL) NRW, abgedruckt unter: www.lua.nrw.de.
[55] Vgl. BVerwG, Urteil vom 18.08. 2005 – 4 C 13.04 –, NUR 2006, 235.
[56] Vgl. OVG Rheinland-Pfalz – 8 A 10189/04 –, NUR 2004, 399. Entschieden wurde dies für die Aufstellung eines Bebauungsplans zur Festsetzung eines Sondergebietes für Windenergieanlagen.
[57] Vgl. dazu Kap. 2.2.

nutzung- oder Regionalplanung, nämlich im Zusammenhang mit der privilegierten Nutzung nach Abs. 1 Nr. 2 bis 6 in Betracht[58].

5.2.2 Regionalplan

Für nicht privilegierte Photovoltaikanlagen besteht keine Steuerungsmöglichkeit nach § 35 Abs. 3 Satz 3 BauGB.

Von Photovoltaikanlagen gehen ab einer bestimmten Größenordnung in der Regel raumrelevante Wirkungen aus, die einerseits anlage- und andererseits betriebsbedingt sind[59]. Sie ergeben sich vor allem durch die Flächenbelegung der Solarkraftwerke mit den daraus resultierenden möglichen Konkurrenzen zu vorhandenen Nutzungen. Die eigentliche Flächenversiegelung spielt bei den Solarkraftwerken eher eine untergeordnete Rolle (0,6-3 %). Vor allem Lichtreflexionen, die Auswirkungen auf das Landschaftsbild und evt. Risiken für Bodenerosionen sind in die regionalplanerische Beurteilung einzustellen.

Aufgrund der Standortanforderungen von Photovoltaikfreiflächenanlagen weisen die Regionalpläne gegenwärtig zumeist Erfordernisse der Raumordnung auf, die der Nutzung der Solarenergie als Ziele der Raumordnung ohne Ermessensspielraum für den Verfahrensträger entgegenstehen oder als Grundsätze der Raumordnung in die Ermessensausübung durch den Verfahrensträger eingestellt werden müssen[60]. Die zunehmende Fokussierung auf die Photovoltaikanlagen macht in vielen Regionen die Fortschreibung der Regionalpläne zur Konkretisierung von Gebieten erforderlich, in denen sich die Nutzung solarer Strahlungsenergie gegenüber konkurrierenden Raumnutzungen durchsetzen kann (Festlegung von Vorrang- oder Vorbehaltsgebieten bzw. -standorte zugunsten von Anlagen mit solarer Strahlungsenergie) sowie von Gebieten, in denen die Nutzung solarer Strahlungsenergie gegenüber konkretisierenden Raumnutzungen zurück stehen soll (z.B. Vorranggebiete für die Landwirtschaft oder für Natur und Landschaft)[61].

5.2.3 Flächennutzungsplan

Nicht privilegierte Photovoltaikanlagen unterliegen nicht der Steuerung des § 35 Abs. 3 Satz 3 BauGB.

Gleichwohl hat die Gemeinde aufgrund des Entwicklungsgebots nach § 8 Abs. 2 BauGB im Flächennutzungsplan Sonderbauflächen bzw. Sondergebiete für Photo-

---

[58] Vgl. Kap. 5.1.2 bis 5.1.4 hinsichtlich der Steuerungsmöglichkeiten im Falle der mitgezogenen Privilegierung von Photovoltaikanlagen.

[59] Vgl. Regionaler Planungsverband Westsachsen - Regionale Planungsstelle -, Regionalplanerische Beurteilung von Vorhaben zur großflächigen Nutzung solarer Strahlungsenergie im Freiraum Westsachsens, in: Informationen zur Raumentwicklung, 06/2004, S. 6.

[60] Vgl. Regionaler Planungsverband Westsachsen - Regionale Planungsstelle -, a. a. O., S. 8 ff.

[61] Vgl. Regionaler Planungsverband Westsachsen - Regionale Planungsstelle -, a. a. O., S. 10.

voltaikanlagen auszuweisen, wenn sie die Schaffung der planungsrechtlichen Voraussetzungen für die Zulassung von Photovoltaikanlagen beabsichtigt.

5.2.4 Teilflächennutzungsplan

Für nicht privilegierte Photovoltaikfreiflächenanlagen kann ein Teilflächennutzungsplan *nicht* aufgestellt werden, da der Gesetzgeber in § 5 Abs. 2 b BauGB die Anwendung nur für Vorhaben nach § 35 Abs. 1 Nr. 2 bis 6 BauGB ermöglicht.

5.2.5 Bebauungsplan

Da die planungsrechtliche Zulässigkeit von Photovoltaikanlagen ohne Bebauungsplan nur in sehr engen rechtlichen Grenzen zulässig ist, wird in der Regel die Aufstellung eines Bebauungsplans erforderlich sein, um die planungsrechtlichen Voraussetzungen für die Zulassung dieser Anlagen zu schaffen.

Die Zulassung von Photovoltaikanlagen im Geltungsbereich eines Bebauungsplans im Sinne des § 30 BauGB ist auch deshalb von großer Bedeutung, weil daran die Einspeisungsvergütung durch den Netzbetreiber an § 11 EEG geknüpft ist. Nach § 11 Abs. 3 EEG besteht ein voller Vergütungsanspruch nur für solche Anlagen, die im Bereich eines Bebauungsplanes im Sinne des § 30 BauGB oder auf einer Fläche in Betrieb genommen worden sind, für die ein Verfahren nach § 38 Abs. 1 BauGB durchgeführt worden ist. Durch die Verknüpfung von voller Einspeisungsvergütung und Bebauungsplanung soll sichergestellt werden, dass ökologisch sensible Flächen nicht überbaut werden und eine möglichst große Akzeptanz in der Bevölkerung vor Ort erreicht werden kann. Das Planungserfordernis ermöglicht es der Bevölkerung, einerseits im Rahmen der Satzungsentscheidung der zuständigen Gebietskörperschaft über ihre gewählten Gemeinde- oder Stadträte und anderseits durch die vorgeschriebene Bürgerbeteiligung Einfluss zu nehmen. So kann die jeweilige Gemeinde die Gebiete bestimmen, in denen die Anlagen errichtet werden sollen[62]. Nach § 11 Abs. 4 Satz 2 EEG besteht für Anlagen im Geltungsbereich von Bebauungsplänen, die nach dem 1. September 2003 aufgestellt oder geändert werden, ein Vergütungsanspruch nur auf solchen Flächen, die bereits versiegelt sind, auf Konversionsflächen aus wirtschaftlicher oder militärischer Nutzung oder auf Grünflächen, die zum Zeitpunkt des Beschlusses über die Aufstellung oder Änderung des Bebauungsplans als Ackerland genutzt und in Grünlandflächen umgewandelt worden sind. Dabei muss die Errichtung von Anlagen zur Erzeugung von Strom aus solarer Strahlungsenergie nicht ausschließlicher Zweck der Aufstellung oder Änderung des Bebauungsplans und der Flächennutzung sein[63].

Zur Schaffung der planungsrechtlichen Voraussetzungen kann sowohl ein „herkömmlicher" Bebauungsplan als auch ein Vorhaben- und Erschließungsplan ge-

[62] Vgl. Konsolidierte Fassung der Begründung zu dem Gesetz für den Vorrang Erneuerbarer Energien Erneuerbare-Energien-Gesetz – EEG) vom 21. Juli 2004 BGBl. 2004 I S. 1918, S. 42.
[63] Vgl. Konsolidierte Fassung der Begründung zum EEG, S. 43.

wählt werden. Bei der Aufstellung eines Bebauungsplans, der die planungsrechtlichen Voraussetzungen einer Photovoltaikfreiflächenanlagen schaffen soll, wird hinsichtlich der Art der baulichen Nutzung in der Regel die Festsetzung eines Sondergebiets mit der Zweckbestimmung Photovoltaikfreiflächenanlagen zu treffen sein. Der Bebauungsplan muss den Anforderungen des Entwicklungsgebots nach § 8 Abs. 2 Satz 1 BauGB genügen.

Hat die Gemeinde einen Bebauungsplan zur Schaffung der planungsrechtlichen Voraussetzungen von Photovoltaikanlagen aufgestellt, entsteht damit *keine* Ausschlusswirkung für diese Vorhaben außerhalb des Bebauungsplans.

6. Sicherungsinstrumente für in Aufstellung befindliche Pläne

Das Raumordnungsgesetz bzw. das Baugesetzbuch enthalten Sicherungsinstrumente für den in Aufstellung befindlichen Regionalplan bzw. den Flächen- oder Teilflächennutzungsplan und Bebauungsplan.

6.1 Sicherung der Regionalplanung (§ 12 Abs. 1 ROG)

Raumbedeutsame Maßnahmen und Planungen können nach § 12 Abs. 1 Nr. 1 ROG bzw. entsprechender landesrechtlicher Regelung unbefristet untersagt werden, wenn Ziele der Raumordnung im Regionalplan entgegenstehen. Die raumbedeutsamen Planungen und Maßnahmen verstoßen dann gegen die Beachtenspflicht des § 4 Abs. 1 ROG und sind damit materiell rechtswidrig. Dies gilt entsprechend für juristische Personen des Privatrechts, deren raumbedeutsamen Planungen und Maßnahmen der Beachtenspflicht nach § 4 Abs. 3 ROG unterliegen[64].

Raumbedeutsame Planungen und Maßnahmen können nach § 12 Abs. 1 Nr. 2 ROG bzw. nach dem jeweiligen Landesrecht befristet untersagt werden, wenn zu befürchten ist, dass die Verwirklichung in Aufstellung, Änderung, Ergänzung oder Aufhebung befindlicher Ziele der Raumordnung unmöglich gemacht oder wesentlich erschwert werden würde. Die befristete Untersagung kann sich nach § 12 Abs. 2 ROG auch auf behördliche Entscheidungen über die Zulässigkeit raumbedeutsamer Maßnahmen von Personen des Privatrechts erstrecken und somit auch privilegierte Vorhaben nach § 35 Abs. 1 Nr. 2 bis 6 i. V. m. Abs. 3 Satz 3 BauGB erfassen[65]. Voraussetzungen für die befristete Untersagung sind, dass die in Aufstellung, Änderung, Ergänzung oder Aufhebung befindliche Regionalplanung zum einen eine inhaltlich hinreichende Konkretisierung aufweist und zum anderen eine Verfestigung zu einer verbindlichen Festlegung als Ziel der Raumordnung zu erwarten sein muss.

---

[64] Vgl. Stüer, Handbuch des Bau- und Planungsrechts, 3. Auflage, 2005, Rn. 262
[65] Vgl. Stüer, a. a. O., Rn. 262.

6.2 Sicherung von in Aufstellung befindlichen (Teil-) Flächennutzungsplänen

Die Steuerungsmöglichkeit des § 35 Abs. 3 Satz 3 BauGB entfaltet ihre Rechtswirkung erst mit dem Wirksamwerden des (Teil-) Flächennutzungsplans. Ein Bedürfnis zur Sicherung der Planungsabsichten der Gemeinden besteht jedoch bereits im Aufstellungsverfahren, weil die Gefahr besteht, dass die Durchführung bestimmter Vorhaben die (Teil-) Flächennutzungsplanung unmöglich macht oder wesentlich erschwert.

Deshalb wurde durch das EAG Bau 2004 die Möglichkeit der Zurückstellung bestimmter Vorhaben zur Sicherung eines speziellen Planungsziels eingefügt. Den Gemeinden wird in § 15 Abs. 3 BauGB das Recht eingeräumt, die beabsichtigte Planung im Hinblick auf die Steuerungsmöglichkeit des § 35 Abs. 3 Satz 3 BauGB durch eine befristete Zurückstellung von Baugesuchen für Vorhaben nach § 35 Abs. 1 Nr. 2 bis 6 BauGB zu sichern. Diese Regelung entspricht im Wesentlichen der im Zusammenhang mit der Privilegierung von Windenergieanlagen in das BauGB aufgenommenen, durch Fristablauf überholten und durch das EAG Bau 2004 aufgehobenen Vorschrift des § 245 Abs. 1 BauGB-alt.

Die Zurückstellung von Baugesuchen ist unter folgenden Voraussetzungen möglich:

Die Gemeinde muss einen Beschluss zur Aufstellung, Änderung oder Ergänzung eines Flächennutzungsplans bzw. eines sachlichen Teilflächennutzungsplans nach § 5 Abs. 2 b BauGB gefasst haben. Dieser Beschluss muss ortsüblich bekannt gemacht sein. Die begonnene Planung muss zum Zeitpunkt der Zurückstellung ein Mindestmaß an Konkretisierung erkennen lassen, darf keine reine Verhinderungsplanung sein und muss eine hinreichende Aussicht auf Verwirklichung bieten. Darüber hinaus muss die (Teil-) Flächennutzungsplanung die Darstellung von Konzentrationsflächen bzw. Vorrang- und Eignungsflächen im Sinne von § 35 Abs. 3 Satz 3 BauGB und den Ausschluss derartiger Vorhaben anderer Stelle des Gemeindegebietes zum Ziel haben. Es muss zu befürchten sein, dass die Durchführung der Planung durch diese Vorhaben unmöglich gemacht oder wesentlich erschwert werden würde.

Auf Antrag der Gemeinde stellt die Baugenehmigungsbehörde die Entscheidung über die Zulässigkeit des Vorhabens nach § 35 Abs. 1 Nr. 2 bis 6 BauGB für einen Zeitraum bis zu längstens einem Jahr nach Zustellung der Zurückstellung des Baugesuchs zurück (§ 15 Abs. 3 1. HS BauGB). Auf diesen Zeitraum ist die Zeit zwischen dem Eingang des Baugesuchs bei der zuständigen Behörde bis zur Zustellung der Zurückstellung des Baugesuchs nicht anzurechnen, soweit der Zeitraum für die Bearbeitung des Baugesuchs erforderlich ist (§ 15 Abs. 3 Satz 2 BauGB). Der Antrag der Gemeinde auf Zurückstellung ist nur innerhalb von sechs Monaten, nachdem die Gemeinde in einem Verwaltungsverfahren von dem Bauvorhaben förmlich Kenntnis erhalten hat, zulässig (§ 15 Abs. 3 Satz 3 BauGB).

Durch die Rechtsprechung klargestellt ist, dass die Aufstellung eines Flächennutzungsplans mit Darstellungen zu Konzentrationszonen für Windkraftanlagen, dem Ausschlusswirkung nach § 35 Abs. 3 Satz 3 BauGB für Windkraftanlagen zukommen soll, nicht mit einer Veränderungssperre gesichert werden kann. Zulässig ist eine Veränderungssperre jedoch zur Sicherung der – ggf. im Parallelverfahren nach § 8 Abs. 3 Satz 1 BauGB durchgeführten – Aufstellung eines Bebauungsplans, mit dem die im Flächennutzungsplan vorgesehenen Darstellungen der Konzentrationszonen zusätzlich einer Feinsteuerung unterzogen werden sollen[66].

6.3 Sicherung von in Aufstellung befindlichen Bebauungsplänen

6.3.1 Veränderungssperre gemäß § 14 ff. BauGB

Hat die Gemeinde einen Beschluss zur Aufstellung, Änderung, Ergänzung oder Aufhebung eines Bebauungsplans gefasst, kann sie zur Sicherung der Planung für den künftigen Planbereich eine Veränderungssperre erlassen. Mit der Veränderungssperre wird erreicht, dass Vorhaben im Sinne des § 29 nicht durchgeführt oder bauliche Anlagen nicht beseitigt werden dürfen sowie erhebliche oder wesentlich Wert steigernde Veränderungen von Grundstücken und baulichen Anlagen, deren Veränderungen nicht genehmigungs-, zustimmungs- oder anzeigepflichtig sind, nicht vorgenommen werden dürfen (§ 14 Abs. 1 BauGB).

Voraussetzung für die Anordnung der Veränderungssperre ist der Beschluss der Gemeinde einen Bebauungsplan aufzustellen, zu ändern, zu ergänzen oder aufzuheben. Dieser Beschluss muss ortsüblich bekannt gemacht sein. Die Veränderungssperre muss zur Sicherung der Planung erforderlich sein. Deshalb muss der Planinhalt bereits in einem Mindestmaß bestimmt und absehbar sein[67]. Wurde z. B. bereits die zukünftige Art der Nutzung im Wesentlichen festgelegt, ist der künftige Planinhalt in der Regel ausreichend konkretisiert[68].

Die Veränderungssperre tritt mit Ablauf von zwei Jahren außer Kraft. Auf die Zweijahresfrist ist der seit der Zustellung der ersten Zurückstellung eines Baugesuchs abgelaufene Zeitraum anzurechnen. Die Veränderungssperre kann um ein Jahr verlängert werden (§ 17 Abs. 1 BauGB). Soweit es besondere Umstände erfordern, kann sie bis zu einem weiteren Jahr nochmals verlängert werden (§ 17 Abs. 2 BauGB). Dauert die Veränderungssperre länger als vier Jahre über den Zeitpunkt ihres Beginns oder der ersten Zurückstellung eines Baugesuchs hinaus, ist den Betroffenen für dadurch entstandene Vermögensnachteile eine angemessene Entschädigung in Geld zu leisten (§ 18 Abs. 1 BauGB).

---

[66] Vgl. OVG NRW, Urteil vom 28. 01. 2005 – 7 D 35/03.NE –, bestätigt durch BVerwG, Beschluss vom 31. 05. 2005 – 4 BN 25.05 –, ZfBR 2005, 576.

[67] Vgl. Krautzberger, in: Battis/Krautzberger/Löhr, BauGB, § 14 Rn. 9.

[68] Vgl. Krautzberger, in: Battis/Krautzberger/Löhr, BauGB, § 14 Rn. 9.

Eine Veränderungssperre tritt außer Kraft mit dem Ablauf ihrer Geltungsdauer (§ 17 Abs. 1 Satz 1 BauGB) und sobald und soweit ein rechtsverbindlicher Bebauungsplan vorliegt (§ 17 Abs. 5 BauGB) bzw. ist außer Kraft zu setzen, sobald die Voraussetzungen für ihren Erlass weggefallen sind (§ 17 Abs. 4 BauGB), d. h. insbesondere die endgültige Aufgabe der Planungsabsichten.

6.3.2 Zurückstellung von Baugesuchen gemäß § 15 Abs. 1 BauGB

Die Baugenehmigungsbehörde hat auf Antrag der Gemeinde Baugesuche zurückzustellen, wenn eine Veränderungssperre nicht beschlossen wird, obwohl die Voraussetzungen vorliegen, oder eine beschlossene Veränderungssperre noch nicht in Kraft getreten ist.

Während die Veränderungssperre eine Sperrwirkung für den gesamten künftigen Planbereich begründet, bezieht sich die Zurückstellung von Baugesuchen nur auf das einzelne Vorhaben.

Die Entscheidung über die Zulässigkeit des einzelnen Vorhabens ist für einen Zeitraum bis zu zwölf Monaten auszusetzen. Voraussetzung dafür ist die Befürchtung, dass die Durchführung der Planung durch das Vorhaben unmöglich gemacht oder wesentlich erschwert werden würde.

7. Fazit

Das Bauplanungsrecht stellt Rechtsinstrumente für die Ansiedlung und Steuerung von Biomasse- und Photovoltaikfreiflächenanlagen zur Verfügung. Von zentraler Bedeutung ist die Erarbeitung von schlüssigen gesamträumlichen Planungskonzepten auf der Gemeinde- und Regionalplanungsebene, um einerseits den erneuerbaren Energien die notwendigen Entwicklungsmöglichkeiten einzuräumen und andererseits mit den jeweils zur Verfügung stehenden Steuerungsinstrumenten eine geordnete städtebauliche Entwicklung zu ermöglichen.

X Die Novellierung des Fluglärmgesetzes - Auswirkungen auf die Stadt- und Regionalplanung

Prof. Dr. Reinhard Sparwasser

Gleichzeitig mit der enormen Ausweitung des Luftverkehrs in den vergangenen Jahrzehnten steigt auch in der Bevölkerung die Sensibilität gegenüber der damit einhergehenden Lärmbelastung. Bereits im Jahr 2000 fühlte sich nach repräsentativen Umfragen mehr als jeder fünfte Bundesbürger (22,5%) von Fluglärm belästigt[1]. Die konkrete Betroffenheit großer Bevölkerungsteile durch tatsächlichen, zunehmenden oder auch nur drohenden Fluglärm lässt sich zudem gut daran ablesen, mit welcher Emotionalität auch verhältnismäßig weit entfernte Anwohner auf Expansions- oder Neubaupläne von Flughäfen reagieren. Als aktuelle Beispiele der vergangenen Jahre genannt seien hier nur der von der lärmbetroffenen deutschen Seite bislang erfolgreich geführte Streit über die geänderten Anfluglinien des Flughafens Zürich-Kloten mit seinen Auswirkungen weit in den südwestdeutschen Raum hinein[2], die Forderung nach dem Ausbau des Flughafens Frankfurt nur bei gleichzeitiger Einführung eines Nachtflugverbots[3] und das im Ergebnis zu erheblichen Nachtflugbeschränkungen führende größte verwaltungsgerichtliche Verfahren in der Geschichte der Bundesrepublik um den Flughafenneubau Berlin-Schönefeld[4]. Dieser tatsächlichen oder befürchteten Betroffenheit der Bevölkerung durch Fluglärm steht eine für das deutsche Umweltrecht untypische und verfassungsrechtlich kaum noch hinnehmbare gesetzliche Unterregulierung[5] des Fluglärms gegenüber.

Planungs- und entschädigungsrechtliche Regelungen zum Umgang mit Fluglärm enthält nur das seit 1971 geltende Fluglärmschutzgesetz[6]. Nachdem dieses Gesetz seit Jahrzehnten weitgehend unverändert geblieben war, wurde noch unter maßgeblicher Regie der rot-grünen Bundesregierung eine grundlegende Novellierung vorbereitet, die im Folgenden unter dem Blickwinkel ihrer Auswirkungen auf die Stadt- und Regionalplanung vorgestellt und diskutiert werden soll. Der Entwurf wurde am 10.02.2006 in erster Lesung im BT beraten und dann an die zuständigen Ausschüsse verwiesen.

---

[1] Umweltbundesamt, Daten zur Umwelt 2000, S. 322; vgl. auch Sachverständigenrat der Bundesregierung in Umweltfragen (SRU), Sondergutachten Umwelt und Gesundheit, 2000, BT-Drs. 14/2300, Tz. 461 ff.

[2] Dazu VGH BW, VBlBW 2003, 389 ff. und Majer, EurUP 2004, 41 ff.; Hermanns/Hönig, VBlBW 2004, 373 ff.

[3] Zu den rechtlichen Voraussetzungen Sparwasser/Voßkuhle im „Nachtflug-Gutachten“ für das RDF unter www.dialogforum-flughafen.de/htm/page.asp?pageID=304.

[4] BVerwG, Urteil v. 16.03.2006 – 4 A 1001.04 – mit Einschränkungen speziell zum Nachtflugbetrieb aus Lärmschutzgründen; zum Verfahren Gelen/Siebeck, LKV 2002, 401 ff.

[5] Storost, NVwZ 2004, 257 (258 f.); Berkemann, ZUR 2002, 202 ff.; Sparwasser/Engel/Voßkuhle, Umweltrecht, 5. Aufl. 2003, § 10 Rn. 292; Czybulka, UPR 1999, 126 (127).

[6] BGBl I 1971, 282.

In einem ersten Abschnitt (1.) wird der Fluglärmschutz in der Stadt- und Regionalplanung nach der bisherigen Rechtslage vorgestellt, wobei neben dem Fluglärmschutzgesetz auch die planungsrechtlich relevanten Aspekte des Luftverkehrsgesetzes und verwandter Regelungen angeschnitten werden. Daran anschließend werden unter 2. ihre wesentlichen Defizite erörtert, die maßgeblich zur nun erfolgten Novellierung beigetragen haben. Es folgt als Schwerpunkt des Vortrags dann unter 3. eine Analyse des neu gefassten Fluglärmschutzgesetzes im Hinblick auf seine Auswirkungen auf die Stadt- und Regionalplanung, an die sich eine kritische Bewertung der neuen Rechtslage (4.) anschließt.

1. Bisherige Rechtslage

1.1 Überblick über die maßgeblichen Regelungen

Während Straßen- und Schienenprojekte hinsichtlich ihrer Lärmauswirkungen in Deutschland einem differenzierten Regelungsregime unterworfen sind, fehlen entsprechende Regelungen für den zumindest punktuell deutlich lärmintensiveren Luftverkehr. So verfügt etwa der Bund für die nationale Steuerung von Flughäfen und Luftverkehr über keine der Fernstraßenplanung vergleichbare Planungs- oder Linienführungskompetenz. Dies bedingt, dass eine entsprechende Luftverkehrsplanung lediglich auf Landesebene mit den Instrumenten der Raumordnung erfolgt[7]. Fluglärm als besondere Immissionsart ist zudem vom Anwendungsbereich und damit auch vom Schutzumfang des BImSchG ausdrücklich ausgenommen (§ 2 Abs. 2 S. 1 BImSchG), so dass es an verbindlichen gesetzlichen Grenzwerten für die Zumutbarkeit von Fluglärm fehlt. Lärmregelungen enthält zwar das Fluglärmschutzgesetz, das aber nur Schutzzonen mit Bau- und Nutzungsbeschränkungen in der Umgebung von Flugplätzen vorsieht und den Betroffenen Entschädigungs- und Ausgleichsansprüche für Wertverlust und passive Schallschutzmaßnahmen gewährt.

Indirekt und in beschränktem Maße gewähren daneben die Vorschriften des Luftverkehrsgesetzes betroffenen Anwohnern von Flughäfen Schutz gegen Fluglärm. Für die planerische Gestaltung eines Flughafens stehen dabei sowohl Maßnahmen des aktiven Lärmschutzes (etwa Einschränkungen des Flugbetriebs auf bestimmte Tages- oder Nachtzeiten oder bestimmte Landebahnen, Landeverbote für besonders laute Flugzeuge, absolute Lärmkontingente o. ä.; Betriebsvorschriften wie Verbot der Schubumkehr oder von Probeläufen) sowie passive Lärmschutzmaßnahmen (insbes. schalldämmende Bauweise in der Umgebung) zur Verfügung, wobei – u. E. zweifelhaft – nach der Rechtsprechung des BVerwG hierbei kein grundsätzlicher Vorrang des aktiven vor dem passiven Lärmschutz besteht[8]. Rechtlich lassen sich diese Instrumente vereinfacht dargestellt entweder als Schutzvorkehrungen im

[7] Koch/Wieneke, NVwZ 2003, 1153 (1155). Vgl. dazu auch VGH Mannheim, UPR 2005, S. 313 f. (Flughafen Lahr).

[8] BVerwGE 87, 332 (344 ff.) zum Flughafen München II.

Sinne der §§ 74 Abs. 2 S. 2 VwVfG und 9 Abs. 2 LuftVG im Rahmen der Planfeststellung nach § 8 LuftVG oder im Wege des luftverkehrsrechtlichen Genehmigungsverfahrens nach § 6 LuftVG umsetzen, indem dem Flughafenbetreiber die erforderlichen Maßnahmen als Auflage aufgegeben werden[9]. Dies gilt allerdings nur bei planfeststellungsbedürftigem Neu- oder Erweiterungsbau eines Flughafens und erfasst von vorneherein nicht Militärflughäfen und Flugplätze ohne Linienverkehr[10].

Aktive Lärmschutzmaßnahmen „an der Quelle", insbes. Betriebsbeschränkungen für besonders laute Flugzeuge, sind außerdem in einer derzeit noch nicht ins deutsche Recht umgesetzten Richtlinie der Europäischen Union[11] vorgesehen. Die Fülle bi- und internationaler völkerrechtlicher Verträge zum Luftverkehr zielt eher auf eine Sicherung des Luftverkehrs und sein weiteres Wachstum als auf Lärmschutz. Dieser wird eher als Wettbewerbshindernis denn als Schutzziel wahrgenommen.

An gesetzlich festgelegten Grenzwerten für eine unzumutbare Lärmbelästigung durch einen neuen Flughafen im Sinne des § 9 Abs. 2 LuftVG fehlt es jedoch, anders als etwa nach den §§ 41 ff. BImSchG in Verbindung mit der 16. BImSchV für die Schienen- und Straßenplanung[12]. Diese im Hinblick auf die punktuelle Höchstbelastung durch Fluglärm verfassungsrechtlich bedenkliche Regelungslücke wird zumindest teilweise durch eine vergleichsweise detaillierte Rechtsprechung der Verwaltungsgerichte geschlossen[13]. Die Rechtsprechung[14] nimmt deshalb bei der Festlegung der Zumutbarkeitsgrenze eine Einzelfallbewertung vor und geht dabei von folgenden Maßstäben aus. In der kritischen Nachtzeit sind Lärmeinwirkungen unterhalb der Aufwachschwelle grundsätzlich zumutbar, wenn auch abwägungserheblich. Zu erinnerbarem Aufwachen führende Lärmstörungen sind gesundheitsgefährdend. Der Schwellenwert für Aufwachreaktionen liegt bei einem Rauminnenpegel von 55 - 60 dB(A). Die Unzumutbarkeitsschwelle liegt deshalb grundsätzlich jenseits eines Spitzenschallpegels von 55 dB(A) bei ausreichender Belüftung. Jedoch wird auch ein sechsmaliges Überschreiten des Maximalpegels von 60 dB(A) bei gekipptem Fenster bzw. eines Außenpegels von 75 dB(A) als noch zumutbar

---

[9] Ramsauer, NVwZ 2004, 1041 (1049 f.); Koch/Wieneke, NVwZ 2003, 1153 (1158); Wysk, ZLW 1998, 456 (463 ff.); Czybulka, UPR 1999, 126 (128).

[10] Sparwasser/Engel/Voßkuhle, Umweltrecht, 5. Aufl. 2003, § 10 Rn. 293.

[11] Richtlinie über Regeln und Verfahren für lärmbedingte Verkehrsbeschränkungen 2002/30/EG vom 26.3.2002, ABlEG Nr. L 85, S. 40.

[12] Giemulla/Schorcht, ZLW 2004, 386 ff; Halama/Stüer, NVwZ 2003, 137 ff.; Koch, Umweltmed. Forschungspraxis 2005, 112 (116).

[13] BVerwGE 56, 110 (123) zum Flughafen Frankfurt; BVerwGE 87, 332 (342 ff.) zum Flughafen München II; BVerwGE 107, 313 (323) zum Flughafen Erfurt; OVG Hamburg, NordÖR 2002, 241 (251 ff.); ausführlich dazu auch Alber, Zum Rechtsschutz gegen Fluglärm, 2004, S. 36 ff.; Schuster, NuR 2005, 697 f.

[14] Siehe BVerwGE 107, 313 (329 f.); VGH Mannheim, VBlBW 2000, 27 (31); Schulze-Fielitz, DV 35 (2002), 525 (538) m.w.N. Vgl. ferner unser Gutachten oben Fn. 3.

angesehen[15]. Bei der Festlegung der nächtlichen Zumutbarkeitsgrenze ist der Dauerschallpegel grundsätzlich nicht zu berücksichtigen.

Demgegenüber stellt die neuere Lärmwirkungsforschung zusätzlich auch auf Dauerschallpegel ab. Dabei dürften Innenpegel von 30 bis 35 dB(A) nicht überschritten werden. Zudem legen die lärmwissenschaftlichen Erkenntnisse eine Unterscheidung zwischen Fluglärm tagsüber und nachts nahe, wobei die Besonderheiten der nächtlichen Belästigungswirkung durch Fluglärm nicht allein in der Dauerbelastung, sondern vor allem im mehrfachen Aufwachen bei einzelnen Spitzenbelastungen liegt[16]. Neben dem Problem der Rechtsunsicherheit wird an der richterrechtlichen Konkretisierung der Lärmbelastungsgrenzen auch kritisiert, dass das bereits vorhandene Immissionsniveau als „Vorbelastung" meist schutzmindernd, also grenzwerterhöhend in Ansatz gebracht wird[17].

Als letzte planerische Maßnahme zum Schutz der Bevölkerung vor Fluglärm sei schließlich noch die Festsetzung von Flugrouten durch das Luftfahrtbundesamt nach § 27 a LuftVG genannt[18]. Nach neuerer Rechtsprechung des BVerwG sind diese durch Rechtsverordnung vorgenommenen Festlegungen nun auch von betroffenen Anwohnern gerichtlich angreifbar und können dabei zumindest an den Maßstäben des Abwägungsgebots überprüft werden[19]. Den Gemeinden steht dabei ein direkt aus Art. 28 Abs. 2 GG abgeleitetes und klagebewehrtes Beteiligungsrecht zu[20]. An lärmschutzrelevanten gesetzlichen Grenzwerten fehlt es jedoch auch hier, und nach anfänglicher Euphorie über die Anerkennung eines Klagerechts hat sich auch der Rechtsschutz gegen Flugrouten inzwischen als stumpfes Schwert erwiesen.

Nicht nur für die von Fluglärm betroffenen Anwohner, sondern auch für Planer und Flughafenbetreiber bedeutet daher das Fehlen von gesetzlichen Grenzwerten und damit einer politischen Wertungsentscheidung eine erhebliche Quelle von Rechtsunsicherheit, die das Fluglärmschutzgesetz entgegen seiner ausdrücklichen Zweckbestimmung in § 1 in der Vergangenheit nicht zu schließen vermochte.

---

[15] BVerwGE 87, 332 (376); 107, 313 (326). Nach einer wohl zu weit gehenden Entscheidung des OVG Hamburg (NordÖR 2002, 241 ff.) ist der Schutz vor erinnerbarem Aufwachen bei einer Begrenzung der Maximalpegel auf 55 dB(A) gewährleistet, wenn störender Fluglärm in der Zeit nach Mitternacht selten ist. Dieser Wert ist aber nach neuen Erkenntnissen der Fluglärmwirkungsforschung nachts um 5 - 10 dB(A) zu hoch, s. SRU, Umweltgutachten 2002, BT-Drs. 14/ 8972, Tz. 595 f.

[16] So insbesondere die Studie des Deutschen Instituts für Luft- und Raumfahrt (DLR) zu nächtlichem Fluglärm, die bereits Eingang in das Planfeststellungsverfahren zum Ausbau des Flughafens Leipzig/Halle gefunden hat; veröffentlicht in ZfL 2005, 109 ff. Dazu auch Kahle, DVBl 2006, 486 ff.

[17] Koch/Wieneke, NVwZ 2003, 1158 (1159).

[18] Dazu ausführlich Meister, ZLW 2004, 23 ff.; Rupp, NVwZ 2002, 286 ff.; Czybulka, ZUR 2001, 268 ff.

[19] BVerwGE 111, 276.

[20] VGH Mannheim, DVBl 2002, 1129 ff. (RILAX); Pfaff/Heilshorn, BWGZ 2002, 514 ff.

1.2 Flughafenplanung und Lärmschutz in der Raumplanung

Flughafenstandorte können in Deutschland anders als etwa Fern- oder Wasserstraßen mangels Kompetenz des Bundes nicht auf nationaler Ebene durch Instrumente der Raumordnung gesteuert oder geplant werden[21]. Als Standorte der Verkehrsinfrastruktur sind Flughäfen jedoch nach § 7 Abs. 2 Nr. 3 ROG in den Raumordnungsplänen festzulegen, die nach § 8 ROG für jedes Land auf Landesebene aufzustellen sind. Eine Standortplanung über Landesgrenzen hinaus ist somit nur durch Kooperation des Bundes mit den Ländern oder der Länder untereinander zu erreichen, jedoch nicht übergreifend auf Bundesebene. Das Flughafenkonzept der Bundesregierung enthält daher auch nur politische Grundsätze zur langfristigen Standortplanung auf Bundesebene[22].

Flughafenstandorte werden nach § 3 Nr. 2 ROG als rechtsverbindliche Ziele der Raumordnung festgeschrieben und erlangen somit sowohl nach § 4 Abs. 1 ROG Bindungswirkung für die Planfeststellung und Genehmigung eines Flughafens nach §§ 8 und 6 LuftVG als auch nach § 1 Abs. 4 BauGB Vorrang gegenüber der Bauleitplanung der Gemeinden. Wenn ein konkreter Flughafenstandort oder eine geplante Erweiterung als in der Regel raumbedeutsam schon im Landesplan als Ziel der Raumordnung ausgewiesen ist, so kann die nochmalige Überprüfung auf seine Raumverträglichkeit in einem gesonderten Raumordnungsverfahren nach § 15 Abs. 2 ROG unterbleiben.

Konkrete lärmrelevante Steuerungsinstrumente lassen sich aus der raumplanerischen Dimension der Flughafenplanung zwar nicht ableiten[23]. Gerade die erwähnte Anpassungspflicht der Gemeinden an die Ziele der Raumordnung nach § 1 Abs. 4 BauGB ermöglicht jedoch zumindest eine beschränkte Steuerung der Siedlungstätigkeit im Umfeld von Flughäfen, indem es den Gemeinden etwa verwehrt ist, im Wege der Bauleitplanung Wohngebiete in unmittelbarer Flughafennähe auszuweisen[24].

Dies ist insgesamt aber unzureichend, weil Flugverkehr naturgemäß großflächig wirkt und damit weit mehr als die unmittelbare Flughafenumgebung verlärmt. Trotz allen technischen Fortschritts wird daher der ständig steigende Flugverkehr auch zu immer mehr Fluglärm führen. Neu- und größere Ausbauplanungen wie in Berlin und selbst in Frankfurt sind zwar selten, überfordern aber gerade wegen ihrer Dimension sowie mangels Vorhersehbarkeit vielfach jegliche Planung.

---

[21] Zur raumplanerischen Dimension der Flughafenplanung Erbguth, NVwZ 2003, 144 ff.; Ramsauer, NVwZ 2004, 1041 (1042 f.); Alber (o. Fn. 13), S. 62 ff.
[22] Flughafenkonzept der Bundesregierung 2000, www.bmvbs.de/Anlage/original_929083/Flughafenkonzept_der_Bundesregierung.pdf
[23] Franke, Lärmgrenzwerte für die Planung von Verkehrsflughäfen, 2002, S. 41 ff.
[24] Koch/Wieneke, NVwZ 2003, 1153 (1155 f.).

1.3 Siedlungsentwicklung, Städtebau und Fluglärm nach bisheriger Rechtslage

1.3.1 Regelungszweck und Systematik des bisherigen Fluglärmschutzgesetzes

Verkehrsflughäfen sind nach § 8 LuftVG unabhängig von ihrer luftverkehrsrechtlichen Genehmigung planfeststellungsbedürftig und unterliegen damit nach § 38 BauGB dem so genannten Fachplanungsprivileg[25]. Die bauplanungsrechtlichen Anforderungen der §§ 29 - 37 BauGB gelten somit für größere Flughäfen generell nicht, wobei städtebauliche Belange dennoch zumindest in der Abwägung zu berücksichtigen sind. Trotz dieser Berücksichtigungspflicht führt der Fachplanungsvorrang letztendlich dazu, dass im Zweifel erhebliche Konflikte zwischen den Interessen der Flughafenbetreiber und den bauplanungsrechtlichen Belangen der betroffenen Gemeinde entstehen können und meist zulasten letzterer ausgetragen werden[26]. Diese Regelungssystematik setzt das bisherige Fluglärmschutzgesetz fort, indem es in §§ 5 und 6 Bauverbote und Nutzungsbeschränkungen in der räumlichen Umgebung von Flughäfen vorsieht, die die Planungshoheit der Gemeinden einschränken.

In § 2 normiert das bisherige Fluglärmschutzgesetz einen *Lärmschutzbereich* als Gebiet außerhalb des Flugplatzgeländes, in dem der Fluglärm einen äquivalenten Dauerlärmpegel von 67 dB (A) überschreitet. Zwischen der Lärmbelastung tagsüber und nachts wird nicht differenziert. Zur Ermittlung der Lärmbelastung sieht § 3 in einer Anlage ein besonderes Berechnungsverfahren vor. Die Festsetzung des Lärmschutzbereiches erfolgt nach § 4 durch Rechtsverordnung des Bundes bei der Neuerrichtung des Flughafens und ist nur bei wesentlichen Veränderungen der zu erwartenden Lärmbelastung aufgrund einer Expansion des Flughafens neu zu ermitteln. Modellberechnungen mit prognostischem Charakter sind nicht vorgesehen. Nach § 4 Abs. 3 ist die Lärmbelastung in dem betroffenen Gebiet grundsätzlich alle 10 Jahre neu zu ermitteln, und die Schutzzonen sind ggfs. neu festzusetzen.

Für diesen gesamten Lärmschutzbereich gilt nach § 5 Abs. 1 ein Planungs- und Errichtungsverbot für besonders lärmsensible Einrichtungen wie Schulen und Krankenhäuser. Ausnahmen davon können jedoch zugelassen werden, wenn dies zur Versorgung der Bevölkerung mit öffentlichen Einrichtungen oder sonst im öffentlichen Interesse dringend geboten ist. Innerhalb dieses Lärmschutzbereichs wird zudem eine Schutzzone 1 normiert, in der die Dauerschallbelastung 75 dB (A) übersteigt. In diesem engeren Kreis um das Flughafengelände dürfen nach § 5 Abs. 1 Wohnungen zwar generell nicht errichtet werden, doch sieht § 5 Abs. 3 weit reichende Ausnahmen für Betriebs- und Außenbereichswohnungen sowie für sol-

[25] Runkel, in: Ernst/Zinkahn/Bielenberg/Krautzberger, BauGB, Loseblatt (2000), § 38 Rn. 146 ff.; Battis/Krautzberger/Löhr, BauBG, 9. Aufl. 2005, § 38 Rn. 16 ff.

[26] Allgemein zur planerischen Situation der Gemeinden bei Flughafenbau Quaas, NVwZ 2003, S. 649 ff.

che Wohngebiete vor, die vor der Festsetzung des Lärmschutzbereichs aufgrund eines Bebauungsplans oder nach § 34 BauGB als im Zusammenhang bebauter Ortsteil zulässig waren. Bereits erteilte Baugenehmigungen werden von der Bereichsfestsetzung nach § 5 Abs. 4 außerdem nicht berührt. Wenn man nun berücksichtigt, dass die Rechtsprechung bei Industrie- oder Gewerbelärm eine maximale Dauerschallbelastung für zumutbares Wohnen in Mischgebieten bei 60 dB (A) tagsüber und 45 dB (A) nachts ansetzt[27], und wenn man die beschriebenen extensiven Ausnahmen betrachtet, dann wird schnell deutlich, dass selbst in der engen Schutzzone 1 um den Flughafen bei einer erheblich höheren Dauerschallbelastung als sonst in Mischgebieten zulässig menschliches Wohnen in weitem Umfang erlaubt bleibt.

Tabelle 1[28]: Systematik des Fluglärmschutzgesetzes (§§ 2, 5 a. F.)

Lärmschutzbereich (§ 2 Abs. 1): Dauerschallbelastung über 67 dB (A)	
Schutzzone 1: Lärmbelastung über 75 dB (A)	Schutzzone 2: Lärmbelastung zwischen 67 und 75 dB (A)
Planungs-, Errichtungs- und Nutzungsverbot für besondere lärmsensible Einrichtungen wie Krankenhäuser, Schulen, Altenheime etc. (§ 5 Abs. 1)	
• grds. Planungsverbot für Wohnungen • Errichtungsverbot für Wohnungen, jedoch zahlreiche Ausnahmen, sofern bereits genehmigungsfähig (§ 5 Abs. 2 und 3) • Schallschutzauflagen (§§ 6, 7)	keine planungsrechtliche Beschränkungen für Wohnungen, nur Schallschutzauflagen (§§ 6, 7)

In der weiteren Schutzzone 2, in der die Dauerschallbelastung zwischen 67 und 75 dB (A) liegt, dürfen mit Ausnahme der genannten besonders lärmsensiblen Nutzungen Wohngebiete ohne planerische Beschränkung ausgewiesen und bereits vorhandene Baurechte realisiert werden. Zwar unterliegen die genannten Ausnahmen sowie die zulässigen Wohnungen in der Schutzzone 2 nach dem Fluglärmschutzgesetz den unten darzustellenden baulichen Schallschutzanforderungen. Anstelle einer konsequenten Beschränkung der vor der Lärmbereichsfestsetzung vorhandenen Baurechte für Wohnungen führen jedoch die zahlreichen Ausnahmetatbestände mit den Schallschutzauflagen dazu, dass in dem nunmehr 30-jährigen Geltungszeitraum des Gesetzes die „Sanierungsfälle von morgen“[29] geschaffen werden in einem Gebiet, in dem die Dauerlärmbelastung mit immerhin mehr als 75 dB (A) ganz erheblich über den Werten liegt, die bei sonstigen Lärmarten als Grenze für zumutbares Wohnen gelten.

---

[27] BVerwGE 84, 322 (333).
[28] Nach Koch/Wieneke, NuR 2003, 72 (73).
[29] Koch/Wieneke, NuR 2003, 72 (72).

1.3.2 Entschädigungsregelungen, passiver Schallschutz

Im Falle des Entzugs eines vorhandenen Baurechts gewährt das bisherige Fluglärmschutzgesetz nach § 8 bei einer nicht nur unwesentlichen Wertminderung des Grundstücks dem Eigentümer einen Anspruch auf angemessene Entschädigung, der sich nach § 12 gegen den Flugplatzbetreiber richtet. Da die Aufhebung der zulässigen baulichen Nutzung, also der Entzug des Baurechts, aufgrund der oben erwähnten zahlreichen Ausnahmetatbestände praktisch kaum vorkommt, hat die Entschädigungsregelung keinen nennenswerten Anwendungsbereich, was wohl schon bei Erlass des Gesetzes 1971 erkannt wurde und vor allem aus Kostengründen politisch auch so gewollt war[30].

Praktisch bedeutsamer ist dagegen der Ersatzanspruch der betroffenen Grundstücksinhaber für bauliche Maßnahmen des passiven Schallschutzes nach § 9 Fluglärmschutzgesetz[31]. Dieser betrifft die „lärmsensiblen" baulichen Nutzungen nach § 5 Abs. 1, sofern sie vor der Festsetzung des Lärmschutzbereichs schon vorhanden waren, sowie in der engeren und lauteren Schutzzone 1 den gesamten Altbestand an Wohnungen. Auch dieser Erstattungsanspruch richtet sich nach § 12 Fluglärmschutzgesetz gegen den Flughafenbetreiber. Keinen Erstattungsanspruch für Schallschutzmaßnahmen hat dagegen, wer aufgrund einer der genannten Ausnahmeregelungen von seinem Baurecht Gebrauch macht. Er muss zwar schallschützend bauen, bekommt für diesen Mehraufwand aber keine Erstattung. Für diese zahlreichen Ausnahmefälle liegt die Steuerungswirkung des Fluglärmschutzgesetzes zur Vermeidung einer Siedlungsentwicklung in der Schutzzone 1 allenfalls darin, dass sich das Bauen durch die notwendigen Schallschutzmaßnahmen marginal verteuert[32].

2. Schwächen und Defizite der bisherigen Rechtslage

2.1 Veraltete Grenzwerte/neue Erkenntnisse

Die Absenkung der seit 1971 geltenden Grenzwerte für die Fluglärmbelastung war eines der Hauptziele der Gesetzesnovellierung[33] und ist zumindest im Grundsatz unter allen Kommentatoren unumstritten[34].

Neuere medizinische Erkenntnisse der Lärmwirkungsforschung legen außerdem nahe, bei der Festsetzung von Lärmschutzgebieten anders als nach der bisherigen

---

[30] Koch/Wieneke, NuR 2003, 72 (74); Franke (o. Fn. 22), S. 53.

[31] Einzelheiten zum baulichen Schallschutz Kötz, Baulicher Schallschutz gegen Verkehrslärm, Umweltbundesamt o. J.; www.umweltbundesamt.de/laermprobleme/anlagen/fenster.pdf.

[32] Koch/Wieneke, NuR 2003, 71 (74); Luckow, DVBl 1981, 1133 (1138).

[33] Gesetzesentwurf der Bundesregierung vom 27.5.2005, BR Drs. 401/05, S. 12, 19.

[34] Alber (o. Fn. 13), S. 57 f.; Koch/Wieneke, NuR 2003, 72 (76); Franke (o. Fn. 23), S. 54 ff.; Czybulka, UPR 1999, 126 (127); Koch, Umweltmed. Forschungspraxis 2005, 112 (120); Stellungsnahme der Bundesvereinigung gegen Fluglärm vom 03.09.2004, www.fluglaerm.de; Flughafenkonzept der Bundesregierung (o. Fn. 22), S. 27.

Rechtslage eine Differenzierung zwischen der Lärmbelastung tags und nachts vorzunehmen[35]. Zusammengefasst besteht hier Übereinstimmung, dass insbesondere bei der Ermittlung nächtlicher Grenzwerte für den menschlichen Gesundheitsschutz es nicht allein auf den äquivalenten Dauerschallpegel ankommen kann, sondern auch Maximalpegel und deren Häufigkeit eine entscheidende Rolle spielen müssen[36]. Für die Frage, was zumutbares Wohnen in der Umgebung eines Flughafens im Sinne des § 9 LuftVG bedeutet, hat das BVerwG diese Erkenntnisse in seiner Entscheidung zum Flughafen Erfurt[37] aufgegriffen und differenziert hier zwischen Tag- und Nachbelastung von Fluglärm in Wohngebieten. Die Notwendigkeit einer exakten gesetzlichen Grenzwertfestlegung wird aber durch die Konkretisierung in der Rechtsprechung nicht gemindert, sondern besteht unverändert fort, um sowohl bauwilligen Anliegern und expansionsorientierten Flughafenbetreibern als auch den Gemeinden als Planungsträgern des umliegenden Siedlungsgebiets für die Zukunft Planungs- und Erwartungssicherheit zu gewähren. Auch unter dem Gesichtspunkt der staatlichen Schutzpflicht für die menschliche Gesundheit aus Art. 2 Abs. 2 GG sowie des Staatsziels Umweltschutz nach Art. 20 a GG ist eine gesetzliche Konkretisierung der Lärmbelastungsgrenzen unter Berücksichtigung der einschlägigen Lärmwirkungsforschungsergebnisse dringend geboten[38].

2.2 Defizite in der Steuerungswirkung auf die Siedlungsplanung

Weitgehende Einigkeit besteht in der umwelt- und planungsrechtlichen Fachliteratur auch dahingehend, dass das bestehende Fluglärmschutzgesetz schon von Anfang an nicht geeignet war, die immensen Interessenkonflikte zwischen Flughafenbetreibern, lärmgeplagten Anwohnern und Gemeinden mit ihrem Interesse an der Ausweisung von Baugebieten in einen sinnvollen Ausgleich zu bringen[39]. Als wesentliche Schwachpunkte der alten Rechtslage seien vor allem die oben erwähnten zahlreichen Ausnahmegenehmigungen für neue Bauvorhaben in beiden Bereichen des Lärmschutzgebiets, insbesondere diejenigen innerhalb der engeren Schutzzone 1, genannt.

Außerdem unterscheidet die bisherige Rechtslage bei der Festsetzung des Lärmschutzbereichs nicht zwischen bestehenden und neu geplanten bzw. wesentlich er-

---

[35] Zu den Erkenntnissen der Lärmforschung ausführlich Ortscheid/Wende, Fluglärmwirkungen, Umweltbundesamt 2000. Zum nächtlichen Fluglärm de Witt, UPR 2006, 8 ff.

[36] So insbesondere die DLR-Studie (s.o. Fn. 16) von 2004, aufgrund der das DLR ein Nachtschutz-Konzept entwickelt, das aus der Anzahl der Aufwachereignisse, dem erinnerbaren Erwachen und dem Wiedereinschlafen basiert. Dazu und zur Kritik daran Kahle, DVBl 2006, 486 (487).

[37] BVerwGE 107, 313 (329).

[38] Sparwasser/Engel/Voßkuhle, Umweltrecht, 5. Aufl. 2003, § 10 Rn. 294; Storost, NVwZ 2004, 257 (158 f.); Czybulka, UPR 1999, 126 f.; Geulen/Klinger, NJW 2001, 1038 ff.

[39] Gesetzesbegründung der Bundesregierung zur Novelle, BR Drs. 401/05, S. 12; Koch/Wieneke, NuR 2003, 72 (73); Quaas, NVwZ 2003, 649 ff.; Alber (o. Fn. 13), S. 43 f.

weiterten Flughäfen. Die Schutzzonen wurden bislang insoweit unterscheidungslos nach denselben Grenzwerten festgelegt. Gerade für Erweiterungsvorhaben gibt diese starre Regelung den Flughafenbetreibern nur wenig Planungssicherheit.

3. Neuregelung des Fluglärmschutzgesetzes 2006

3.1 Neue Grenzwerte und Lärmschutzzonen

Im Anwendungsbereich des Fluglärmschutzgesetzes befinden sich nach wie vor größere Verkehrsflughäfen sowie militärische Flugplätze, bei denen in größerem Umfang Strahlenflugzeuge sowie schwerere Propellermaschinen eingesetzt werden. Für Verkehrsflughäfen, für die obligatorisch ein Lärmschutzbereich festzulegen ist, definiert § 4 Abs. 1 Nr. 2 ein Mindestverkehrsaufkommen von 25.000 Bewegungen pro Jahr und orientiert sich dabei an der EU-Umgebungslärmrichtlinie[40].

Am bestehenden Prinzip einer dauerbelastungsabhängigen Festlegung eines Lärmschutzbereiches in der Umgebung der vom Anwendungsbereich erfassten Flughäfen mit abgestuften Schutzzonen ändert der Neuentwurf des Fluglärmschutzgesetzes nichts. Die Zahl der Schutzzonen sowie die Ermittlung der jeweiligen Lärmbelastung werden jedoch neu geregelt. Hinzu kommt eine Nacht-Schutzzone mit besonderer Berücksichtung der Maximalpegel in Ergänzung der Dauerschallpegel. Sie ist dadurch bestimmt, dass bei bestehenden Verkehrsflughäfen in der Nacht-Schutzzone die äquivalente Dauerschallbelastung nachts 55 dB (A) überschreitet und zusätzlich mindestens sechs Lärmspitzen von 57 dB (A) und darüber pro Nacht auftreten. Mit der Berücksichtigung von häufigen maximalen Lärmereignissen wird endlich den Erkenntnissen der Lärmwirkungsforschung Rechnung getragen, wonach der Nachtschlaf nicht allein von einem Dauerlärmpegel, sondern auch von einzelnen besonders lauten Überflugereignissen beeinträchtigt wird[41]. Zudem soll eine Harmonisierung mit den immissionsschutzrechtlichen Grenzwerten für andere Verkehrsquellen, insbesondere Schienen- und Straßenverkehr, erreicht werden.

Zusätzlich differenziert die Novelle zwischen bestehenden Flughäfen einerseits und neuen bzw. wesentlich erweiterten Standorten andererseits, indem für bestehende Anlagen um 5 dB (A) erhöhte Grenzwerte vorgesehen sind; für neue bzw. wesentlich erweiterte Flughäfen gelten ab 2011 leicht abgesenkte Grenzwerte in der Nacht-Schutzzone. Diese Unterscheidung soll nach der Gesetzesbegründung die Schwäche der bisherigen Fassung überwinden, nach der dieselben Grenzwerte sowohl für bestehende als auch für neue oder erweiterte Flughäfen galten. Mit der Differenzierung soll zum einen den Flughafenbetreibern größere Planungssicherheit bei Neu- oder Ausbauvorhaben gewährt werden, zum anderen wird mit den niedrigeren Grenzwerten für Neu- bzw. Ausbauten die größere Belästigungswir-

[40] Richtlinie 2002/49/EG vom 25.6.2002, ABl EG Nr. L, 189/12.
[41] Gesetzesbegründung der Bundesregierung, BR Drs. 401/05, S. 19.

kung von neuen Lärmquellen für die betroffenen Anwohner berücksichtigt[42], der Sache nach eine Folge der Vorbelastungsrechtsprechung.

Für militärische Flugplätze gelten in den Tag-Schutzzonen geringfügig höhere Grenzwerte als für zivile Verkehrsflughäfen.

Die einzelnen Grenzwerte der Schutzzonen für Verkehrsflughäfen ergeben sich aus der folgenden Übersicht.

Tabelle 2: Lärmschutzzonen und Grenzwerte nach § 2 Fluglärmschutzgesetz n. F.

neue oder wesentlich erweiterte Verkehrsflughäfen (§ 2 Abs. 1 Nr. 1)		
Tag-Schutzzone 1 60 dB (A)	*Tag-Schutzzone 2* 55 dB (A)	*Nacht-Schutzzone* bis 2010: 53 dB (A), mind. 6 x 57 dB (A) ab 2011: 50 dB (A), mind. 6 x 53 dB (A)
bestehende zivile Verkehrsflughäfen (§ 2 Abs. 1 Nr. 2)		
Tag-Schutzzone 1 65 dB (A)	*Tag-Schutzzone 2* 60 dB (A)	*Nacht-Schutzzone* 55 dB (A), mind. 6 x 57 dB (A)
neue oder wesentlich erweiterte Militärflugplätze (§ 2 Abs. 1 Nr. 3)		
Tag-Schutzzone 1 63 dB (A)	*Tag-Schutzzone 2* 58 dB (A)	*Nacht-Schutzzone* bis 2010: 53 dB (A), mind. 6 x 57 dB (A) ab 2011: 50 dB (A), mind. 6 x 53 dB (A)
bestehende Militärflugplätze (§ 2 Abs. 1 Nr. 4)		
Tag-Schutzzone 1 68 dB (A)	*Tag-Schutzzone 2* 63 dB (A)	*Nacht-Schutzzone* 55 dB (A), mind. 6 x 57 dB (A)

Stichtag für die Bewertung als neuer oder wesentlich erweiterter Flughafen ist die Erteilung einer luftverkehrsrechtlichen Genehmigung oder die Planfeststellung zum Zeitpunkt des Inkrafttretens der Novelle. Eine wesentliche Erweiterung liegt vor, wenn der Lärmschutzbereich um mindestens 25 % vergrößert wird oder wenn sich in der Tag-Schutzzone 1 oder in der Nacht-Schutzzone die durchschnittliche Dauerlärmbelastung aufgrund der Vergrößerung um mindestens 3 dB (A) erhöht. Sie ist insbesondere dann anzunehmen, wenn eine neue Start- oder Landebahn gebaut wird, die zur Erhöhung der Lärmbelastung führt. Für spätere wesentliche Erweiterungen ist die bereits erfolgte Festsetzung des Lärmschutzbereichs nach § 4 Abs. 5 entsprechend zu ändern, sofern die Lärmbelastung aufgrund der Erweiterung um die genannten Werte zunimmt.

---

[42] Gesetzesbegründung der Bundesregierung, BR Drs. 401/05, S. 13.

Die Festsetzung eines Lärmschutzbereichs ist für Flugplätze entbehrlich, die innerhalb der kommenden zehn Jahre geschlossen werden, wenn das Verwaltungsverfahren dafür bereits begonnen hat (§ 4 Abs. 7).

Der gesamte Lärmschutzbereich mit den beiden Tag- und der Nacht-Schutzzonen wird nach § 4 Abs. 2 Fluglärmschutzgesetz n. F. nicht mehr durch Rechtsverordnung des Bundes festgelegt, sondern durch eine solche der Länder, wodurch der Gesetzesvollzug erleichtert werden soll.

3.2 Differenziertere Bau- und Nutzungsbeschränkungen; Schallschutzanforderungen

Wie in der bisherigen Fassung knüpfen die gestuften Bau- und Nutzungsbeschränkungen der Gesetzesnovelle an die einzelnen Schutzzonen an, wobei grundsätzlich zwischen der Art der Nutzung und der Höhe der Lärmbelastung unterschieden wird. Indirekt sorgen vor allem die niedrigeren Grenzwerte dafür, dass die Schutzzonen räumlich deutlich ausgeweitet und die Bau- und Nutzungsbeschränkungen somit einen erheblich größeren Anwendungsbereich haben werden als nach der bisherigen Rechtslage. Durch die flächenmäßige Ausdehnung des Lärmschutzbereiches sind in Zukunft vor allem die Umlandgemeinden von Flughäfen als Planungsträger für die Siedlungsentwicklung in deutlich höherem Maße als zuvor betroffen. Für sie soll besonders das Instrument der Innenverdichtung einen angemessenen Ausgleich für den Verlust von Neuausweisungsflächen innerhalb der Lärmschutzzonen bieten[43].

Lärmsensible Einrichtungen (Krankenhäuser, Schulen, Kindergärten, Altenheime etc.) bleiben wie nach der alten Rechtslage gem. § 5 Abs. 1 grundsätzlich aus dem gesamten Lärmschutzbereich ausgeschlossen, wobei die bisherige Ausnahmeregelung ausdrücklich bestehen bleibt. Wenn die Einrichtungen jedoch nur tagsüber genutzt werden, gilt die Nutzungsbeschränkung nicht für die Nacht-Schutzzone.

Im inneren Bereich des Lärmschutzgebietes, der nun aus der Schutzzone 1 und der Nachschutzzone besteht, dürfen Wohnungen nach § 5 Abs. 2 wie bisher nicht errichtet werden, wobei auch hier wesentliche Ausnahmen aus der bisherigen Rechtslage – vor allem die vor Festsetzung bestehenden Baurechte aufgrund eines bestehenden Bebauungsplans oder nach § 34 BauGB – übernommen werden.

Zwei neue – unter Federführung des BMBau aufgrund eines Planspiels am Flughafen Köln-Bonn entwickelte – Ausnahmen für die Errichtung von Wohnungen regelt nun § 5 Abs. 3. Zum Zwecke des Vorrangs der Innenverdichtung (vgl. auch § 1 a Abs. 2 BauGB) dürfen erstens auch nach der Festsetzung des Lärmschutzbereichs durch Bebauungsplan Wohngebiete ausgewiesen werden, wenn dies der Er-

[43] Gesetzesbegründung der Bundesregierung, BR Drs. 401/05, S. 25.

haltung, Erneuerung, Fortentwicklung oder dem Umbau vorhandener Ortsteile dient. Eine zweite Ausnahme betrifft Gemeinden, die außerhalb des Lärmschutzbereiches keine sonstigen Möglichkeiten für ihre städtebauliche Entwicklung haben. Für sie ist die Ausweisung von Wohngebieten auch als Erweiterung vorhandener Ortsteile zulässig.

Tabelle 3: Systematik der Siedlungsbeschränkungen des neuen Fluglärmschutzgesetzes (Zahlen für bestehende Verkehrsflughäfen)

<table>
<tr><td colspan="3">Lärmschutzbereich: Dauerschallbelastung über 55 dB (A)</td></tr>
<tr><td>Nacht-Schutzzone
über 55 dB (A)
und mind. 6 x 57 dB (A)</td><td>Tag-Schutzzone 1
über 65 dB (A)</td><td>Tag-Schutzzone 2
zwischen 60 und 65 dB (A)</td></tr>
<tr><td></td><td colspan="2">Planungs- und Errichtungsverbot für nur tagsüber betriebene lärmsensible Einrichtungen (Schulen, Kindergärten etc.)</td></tr>
<tr><td colspan="3">Planungs- und Errichtungsverbot für lärmlärmsensible Einrichtungen mit dauerhaftem Betrieb (Krankenhäuser, Altenheime etc.)</td></tr>
<tr><td colspan="2">• Errichtungsverbot für Wohnungen
Ausnahmen: bestehende Bebauungspläne, Betriebswohnungen, Außenbereichsvorhaben
• Planungsverbot für Wohngebiete
Ausnahmen für Gemeinden (Bebauungsplan) zur Innenbereichsverdichtung oder bei Fehlen sonstiger Planungsmöglichkeiten</td><td>keine planungsrechtlichen Beschränkungen für Wohnungen, nur Schallschutzauflagen nach §§ 6, 7</td></tr>
</table>

Keine wesentlichen Änderungen ergeben sich für die Zulassung von Wohnbebauung in der äußeren Schutzzone 2. Nach dem kaum veränderten § 6 unterliegen Wohnungen dort nur den nach § 7 vorgeschriebenen Schallschutzauflagen. Maßnahmen des passiven Schallschutzes muss derjenige, der aufgrund einer der zahlreichen Ausnahmetatbestände des § 5 bauen will, auch weiterhin selbst bezahlen und hat keinen Erstattungsanspruch gegen den Flughafenbetreiber. Die bauliche Ausführung des Schallschutzes richtet sich auch weiterhin nach der auf § 7 gestützten Rechtsverordnung, die zusätzlich noch Anforderungen an Belüftungseinrichtungen stellt.

Eine Gleichsetzung von Vorhaben, die vor der Festsetzung des Lärmschutzbereichs genehmigungsfähig waren, mit solchen Vorhaben, die nach dem Bauordnungsrecht der Länder nicht (mehr) genehmigungsbedürftig sind, nimmt § 5 Abs. 4 der Neufassung vor.

Für die Perspektive des Stadtplaners lässt sich zusammenfassen, dass der gesamte Lärmschutzbereich um einen Flughafen räumlich wegen der Absenkung der

Grenzwerte erheblich ausgedehnt wird und damit in den meist dicht besiedelten Gebieten im engeren Flughafenumland deutlich mehr Planungsvorhaben betroffen sein werden. Darüber hinaus besteht die wesentliche Neuerung in einer Stärkung des Planungsprivilegs der Gemeinden, die durch ihre Bauleitplanung verstärkt Einfluss auf die Steuerung der zahlreichen im Gesetz vorgesehenen Ausnahmen nehmen können.

Lediglich lärmsensible Einrichtungen wie Krankenhäuser und Schulen werden bis auf wenige Ausnahmen aus dem gesamten Lärmschutzbereich ausgeschlossen. Für die wichtige Wohnbebauung bleibt es dagegen weitgehend bei der Systematik der alten Rechtslage: Im inneren Lärmschutzbereich (Schutzzone 1 und Nacht-Schutzzone) soll Wohnbebauung erschwert werden, indem es nun grundsätzlich von einer vorherigen Bauleitplanung der Gemeinde abhängt, ob im Wege der Innenverdichtung oder beim Fehlen sonstiger Entwicklungsmöglichkeiten Wohngebiete ausgewiesen werden. Ohne einen entsprechenden Bebauungsplan sind Wohnungen in diesem inneren Schutzbereich nur aufgrund schon bestehender Baurechte zulässig, und die bauwilligen Grundstückseigentümer müssen die zwingenden Schallschutzmaßnahmen auf eigene Kosten einbauen. Gerade die Ausnahme der bestehenden Baurechte wird in der Praxis jedoch angesichts der meist dichten Besiedlung in der Umgebung von Flughäfen zu einer weiten Zulässigkeit von Wohngebieten in der inneren Schutzzone 1 führen, so dass sich die Auswirkung hier vielfach auf die Ausstattung der Wohnungen mit zusätzlichem Schallschutz beschränken wird.

In der weiteren Schutzzone 2 unterliegt die Wohnbebauung dagegen keinen planungsrechtlichen Beschränkungen, sondern muss nur mit baulichen Schallschutz- und ggfs. Belüftungsmaßnahmen ausgestattet werden, für deren Kosten ein Erstattungsanspruch gegen den Flughafenbetreiber besteht.

3.3 Entschädigungs- und Ausgleichsansprüche

Betroffene Grundstückseigentümer, deren Bauland aufgrund eines Bau- oder Nutzungsverbotes nach § 5 Abs. 1 oder 2 einen nicht unerheblichen Wertverlust erleidet, können diesen als Entschädigungsanspruch nach §§ 8, 12 gegen den Flughafenbetreiber geltend machen. An der bisherigen Entschädigungsregelung ändert sich sachlich also nichts. Praktisch wird allenfalls die räumliche Ausweitung der Schutzzonen durch die gesenkten Grenzwerte dazu führen, dass mehr Grundstücke als zuvor von den Bau- und Nutzungsverboten betroffen sind. Da § 5 Abs. 2 Nr. 1 Grundstücke im Bereich eines schon geltenden Bebauungsplans vom Bauverbot ausnimmt und § 5 Abs. 3 zumindest den Gemeinden durch weite Ausnahmeregelungen weiterhin die Ausweisung von Wohngebieten auch in der engeren Schutzzone 1 ermöglicht, werden Entschädigungsansprüche nach dem Fluglärmschutzgesetz in Zukunft allenfalls für den theoretischen Fall einen Anwendungsbereich haben, wenn sich die Gemeinde weigert, im Lärmschutzbereich Wohngebiete auszuweisen, und eine Bebauung mangels Bebauungsplans dann nicht möglich ist.

Ausführliche Neuregelungen trifft das Fluglärmschutzgesetz nun aber für den Aufwendungsersatz beim Einbau passiver Schallschutzmaßnahmen. Grundsätzlich kann auch hier wie nach der bisherigen Rechtslage derjenige, dessen Wohnung bzw. als Wohngebiet bebaubares Grundstück bereits in der Schutzzone 1 liegt und daher als Altbestand nicht vom Bauverbot erfasst ist, oder der Betreiber einer ausnahmsweise zulässigen lärmsensiblen Einrichtung im gesamten Lärmschutzbereich nach § 9 Abs. 1 S. 1 auf Antrag seine Aufwendungen für bauliche passive Schallschutzmaßnahmen ersetzt verlangen. Angesichts der erheblichen Ausweitung der Schutzzonen durch die abgesenkten Grenzwerte sind jedoch die Ersatzansprüche zeitlich und nach der konkreten Lärmbelastung gestaffelt. Nur bei einer Dauerlärmbelastung von 70 dB (A) entsteht der Anspruch sofort mit der Festsetzung des Lärmschutzbereichs. Liegt die Lärmbelastung niedriger, so kann der Grundstückseigentümer erst nach fünf bis zehn Jahren seine Aufwendungen ersetzt verlangen; der Zeitraum dafür steigt nach der detaillierten Regelung des § 9 Abs. 1 mit sinkender Lärmbelastung. Diese Regelung beruht vor allem auf Kostenerwägungen, nach denen bei weniger gravierenden Lärmbelastungen die Erstattungsansprüche der betroffenen Anwohner auf einen längeren Zeitraum verteilt werden sollen[44] und der Flughafenbetreiber als Ersatzpflichtiger nicht sofort aufgrund der Ausweitung der Schutzbereiche mit einer Flut von Ersatzansprüchen konfrontiert werden soll. Den Flughafenbetreibern als Ersatzpflichtigen soll es durch die zeitliche Verteilung der Ansprüche außerdem erleichtert werden, diese Kosten langfristig an die Fluggesellschaften weiterzugeben[45]. Allein für die zivilen Verkehrsflughäfen schätzt der Gesetzgeber einen Kostenaufwand von 614 bis 738 Mio. € für die Erstattung der baulichen Schallschutzmaßnahmen.

Führt der Grundstückseigentümer die berechtigten Schallschutzauflagen schon vor der Entstehung seines Erstattungsanspruchs durch, so erwirbt er nach § 9 Abs. 3 S. 3 zumindest eine Anwartschaft auf spätere Erstattung.

Mit der Einführung der neuen Nacht-Schutzzone werden schließlich auch beim Schallschutz die neueren Erkenntnisse der Lärmwirkungsforschung, insbesondere im Hinblick auf den Nachtschlaf berücksichtigt. Eigentümer von bisherigen Wohngrundstücken in der Nacht-Schutzzone haben nach § 9 Abs. 2 nun Anspruch auf Erstattung von Aufwendungen für Schallschutz- und Belüftungseinrichtungen. Die von der konkreten Lärmbelastung abhängigen zeitlich gestaffelten Fristen werden auch auf diesen Ersatzanspruch übertragen, wobei auch das Maximalpegel-Kriterium Anwendung findet.

Einen neuen Entschädigungsanspruch enthält außerdem § 9 Abs. 5 für die Beeinträchtigung des Außenwohnbereichs (Terrassen, Balkone etc.) in der Schutzzone 1,

[44] Gesetzesbegründung der Bundesregierung, BR Drs. 401/05, S. 27.
[45] Gesetzesbegründung der Bundesregierung, BR Drs. 401/05, S. 4.

damit bei einem Neubau oder einer wesentlichen Erweiterung des Flughafens auch hierbei die geänderte Lärmbelastungssituation berücksichtigt werden kann. Auch hier werden die Entschädigungsansprüche in Abhängigkeit von der Höhe der Lärmbelastung auf einen Zeitraum von maximal neun Jahren verteilt.

4. Zusammenfassung und Bewertung

- Die *Grenzwerte* der zumutbaren Lärmbelastung im Umfeld von Verkehrsflughäfen werden deutlich abgesenkt, so dass die neu festzusetzenden Lärmschutzgebiete weit über den bisherigen Bereich hinaus reichen werden.

- Die *Differenzierung der Lärmbelastung* tags und nachts und die Einführung einer Nacht-Schutzzone erscheinen sachgerecht. Die Berücksichtigung auch der für einen gesunden Schlaf besonders problematischen Lärmspitzen trägt neueren wissenschaftlichen Erkenntnissen der Lärmwirkungsforschung Rechnung.

- Keine wesentlichen Verbesserungen sind hinsichtlich der *Interessenkonflikte* zwischen Flughafenbetreibern, Anwohnern und Gemeinden zu erwarten. Hier bestehen die Steuerungsdefizite der alten Rechtslage weitgehend fort.

- Für die *Umlandgemeinden* von Flughäfen führt die räumliche Ausweitung der Lärmschutzzonen zu einer erheblichen Minderung potentieller Siedlungsflächen. Stärker als bisher werden aber mit neuen Ausnahmetatbeständen für die Zulässigkeit für Wohnbebauung innerhalb der Schutzzonen auch die Siedlungs- und Ausdehnungsinteressen der Umlandgemeinden von Flughäfen berücksichtigt. Sie können die Zulässigkeit von Wohnbebauung innerhalb der Schutzzonen durch einen Bebauungsplan herstellen. Dadurch wird zumindest ein Mindestmaß an planerischer Abwägung und demokratischer Willensbildung bei der Frage der Siedlungsausweitung im Flughafenumland gesichert. Die Steuerung der möglichen Nutzungskonflikte wird daher weitgehend auf die Gemeinden übertragen und nicht durch das Fluglärmschutzgesetz selbst gelöst, wobei den Gemeinden für die Zulässigkeit von Wohnbebauung innerhalb des Lärmschutzbereiches keine verbindlichen Grenzwerte an die Hand gegeben sind.

- Es bleibt weiterhin die Aufgabe der *Verwaltungsgerichte*, im Verfahren der Normenkontrolle von Bebauungsplänen die notwendigen Anforderungen an gesunde Wohn- und Arbeitsverhältnisse (§ 1 Abs. 6 Nr. 1 BauGB) zu konkretisieren. Korrekturen zum Schutz eines planfestgestellten Verkehrsflughafens vor heranrückender Wohnbebauung sind seitens die Rechtsprechung unter dem Gesichtspunkt des Gebots der gegenseitigen Rücksichtnahme denkbar.

- Weniger begünstigt von der Neuregelung werden einzelne *Grundstückseigentümer* und ihr individuelles Interesse an einer baulichen Nutzung innerhalb des deutlich ausgedehnten Lärmschutzbereichs. Dies bedeutet eine Verbesserung gegenüber dem bisherigen Gesetz mit seinen zahlreichen Ausnahmetatbeständen, die erlaubten, sich selbst ungesunden Wohnverhältnissen auszusetzen.

- Im Bereich der *Entschädigungs- und Ausgleichsansprüche* finden beim passiven Schallschutz lärmmedizinische Erkenntnisse zum nächtlichen Lärmschutz Berücksichtigung mit der Aufnahme von erstattungsfähigen Belüftungseinrichtungen. Keine wesentlichen Neuerungen erfährt allein schon wegen der zahlreichen aufrechterhaltenen Ausnahmetatbestände die Entschädigungsregelung nach § 8. Die komplizierte zeitliche Staffelung der Aufwendungsersatzansprüche für den passiven Schallschutz beruht vor allem auf Haushaltserwägungen des Bundes als Betreiber der Militärflugplätze als auch der Länder und Kommunen als Teilhaber der zivilen Flughafengesellschaften.

- Die vielfach geforderte bessere *Steuerungswirkung* zur planerischen Bewältigung der vielfältigen Interessenkonflikte rund um das Umwelt- und Gesundheitsproblem Fluglärm und die Annäherung an bestehende gesetzliche Regelungen zu anderen Lärmquellen wurden mit der Novellierung nicht erreicht.

XI Hochwasserschutz als Aufgabe der Stadt- und Regionalplanung

Prof. Dr. Stephan Mitschang

1. Notwendigkeit des Hochwasserschutzes

Nach den Hochwasserereignissen der letzten Jahre braucht im Grunde genommen nach der Notwendigkeit von Maßnahmen des Hochwasserschutzes nicht mehr gefragt zu werden. Neben den noch heute vor Augen befindlichen verheerenden Überschwemmungsschäden, die zuletzt das Elbe-Hochwasser im August 2002[1] angerichtet hat, waren auch 21 Menschenleben zu beklagen[2]. Vor allem in den neuen Bundesländern Sachsen und Sachsen-Anhalt wurden umfangreiche Flächen, mithin sogar ganze Ortschaften, von den Hochwasserfluten erfasst und weitgehend zerstört. Dabei sind die Ursachen, die zum Entstehen eines solchen Hochwassers führen, vielschichtig. Zunächst ist auf die nach wie vor um sich greifende Bodenversiegelung sowie auf die intensive Bodennutzung hinzuweisen. Aber auch die Abtrennung von Flussauen vom eigentlichen Fließgewässer, die umfangreichen Gewässerausbaumaßnahmen und die mit ihnen einhergehende Verschärfung des Hochwasserabflusses sowie nicht zuletzt auch die bauliche Inanspruchnahme von noch naturhaften Flächen in topografisch nicht geeigneten Bereichen sind Mitverursacher von Hochwassern. Vielleicht tragen auch die zunehmend als „extrem" zu kennzeichnenden Wetterlagen als Vorboten des so oft beschworenen Klimawandels ihren Anteil zur Hochwassersituation bei. Schließlich handelt es sich bei Hochwasserereignissen um Folgeerscheinungen spezifischer meteorologischer und hydrologischer Bedingungen[3]. Grundsätzlich zu unterscheiden sind dabei Winter- und Sommerhochwasser[4]. Sommerhochwasser[5] wie das Elbehochwasser vor vier Jahren, sind auf unmittelbar vorausgehende Starkniederschläge zurück zu führen, die auch während der steigenden Wasserstände regelmäßig noch anhalten. Sie sind hinsichtlich ihrer Entwicklung und Dauer sowie in Bezug auf die Ausprägung des Hochwasserscheitels von dem jeweiligen Flusseinzugsgebiet[6] abhängig. Demgegenüber werden Winterhochwasser durch plötzlich einsetzendes Tauwetter bei gefrorenen Böden ausgelöst und werden gegebenenfalls durch gleichzeitige Regenfälle in ihrer Wirkung verstärkt.

---

[1] Extreme Niederschläge vom 1. bis 13. August 2002 führten für Sachsen und Tschechien, insbesondere auch für die Nebenflüsse der Elbe zum größten jemals registrierten Hochwasserereignis.
[2] Zurückliegende Hochwasser betrafen vor allem Rhein und Mosel in den Jahren 1993 und 1995, die Oder im Jahr 1997 sowie die Donau im Jahr 1999.
[3] Vgl. Landesumweltamt Brandenburg (Hrsg.), Hochwasserschutz in Brandenburg, 2003, S. 4.
[4] Ein außergewöhnliches Winterhochwasser wurde im Jahr 1981/82 für die Oder registriert.
[5] Diese werden auch als „Johannishochwasser" bezeichnet.
[6] Zu den unterschiedlichen Ausprägungen bei Oder und Elbe, vgl. Landesumweltamt Brandenburg (Fußn. 3), S. 4 f.

Von den in Politik und Verwaltung verantwortlichen Entscheidungsträgern wurde mittlerweile die volkswirtschaftliche Notwendigkeit erkannt, Hochwasserschutzmaßnahmen auch jenseits des Schutzes von Leben und Gesundheit der Betroffenen zu ergreifen und in den letzten Jahren initiativ tätig zu werden. Seit dem Beginn der neunziger Jahre ist so von Seiten der Länder und Kommunen auf zahlreiche Aktivitäten[7] in Bezug auf die Ausarbeitung von Einzelmaßnahmen und Programmen hinzuweisen, andererseits aber auch auf länderübergreifende Maßnahmen des Bundes, wie sie im so genannten „5-Punkte-Programm der Bundesregierung" ihren Niederschlag gefunden haben. Schwerpunkte des Programms sind[8].

- Gemeinsames Hochwasserschutzprogramm von Bund und Ländern
    - Durch die Zurückverlegung von Deichen soll den Flüssen ihre natürliche Überschwemmungsfläche zurückgegeben werden. Einzelmaßnahmen sind:
        - Die Schaffung von steuerbaren Entlastungspoldern,
        - die Erhaltung und Wiederherstellung von Flussauen,
        - die Beseitigung von Beschädigungen an Deichen.
    - Es sollen alle Möglichkeiten der Hochwasserrückhaltung im Einzugsbereich der Quell- und Nebenflüsse ausgeschöpft werden. Dazu gehören:
        - Der Schutz und die Wiederherstellung bestehender Auenwälder,
        - die Renaturierung,
        - die Nutzung der Talsperren zur Hochwasserrückhaltung,
        - die erhöhte Wasserrückhaltung in Siedlungsgebieten,
        - die Verbesserung der Versickerungsfähigkeit des Bodens,
        - die Sicherung einer standortgerechten Landnutzung.

[7] Bspw. Beschlüsse der Umweltministerkonferenz und der Agrarministerkonferenz zur Verbesserung der Hochwasservorsorge und des Hochwasserschutzes oder die Handlungsempfehlungen zum vorbeugenden Hochwasserschutz der Ministerkonferenz für Raumordnung vom Juni 2000 sowie die vielfältigen und vielschichtigen Einzelmaßnahmen von Städten und Gemeinden, die von regelmäßig wiederkehrenden Hochwassern immer wieder heimgesucht werden.
[8] www.bmu.de/gewaesserschutz/doc/3114.php.

- Die Siedlungsentwicklung muss gesteuert werden und Schadenspotenziale müssen gemindert werden. Einschlägige Maßnahmen bestehen in:
  - Neue Wohn- und Gewerbegebiete dürfen in Überschwemmungsgebieten nicht mehr ausgewiesen werden und bestehende Ausweisungen sind auf ihre Hochwasserkompatibilität zu prüfen,
  - Berücksichtigung eines umfassenden Hochwasserschutzes als Ziel der Raumordnung in den Plänen der Landes- und Regionalplanung,
  - Entwicklung von Konzepten zur Minderung des Schadenspotenzials für bereits bebaute Flächen,
  - Gewährleistung einer rechtzeitigen und zuverlässigen Hochwasserwarnung als Basis einer effektiven Verhaltensvorsorge,
  - Neuregelung der Anforderungen für gefährliche betriebliche Anlagen in Überschwemmungsgebieten.

- Ausgestaltung länderübergreifender Aktionspläne
  - Maßnahmen des vorbeugenden Hochwasserschutzes sollen flussgebietsbezogen über Staaten- und Ländergrenzen hinweg vorangetrieben werden, und zwar durch:
    - Überprüfung der Wirksamkeit bestehender Hochwasseraktionspläne,
    - zügige Fertigstellung in Arbeit befindlicher Hochwasseraktionspläne,
    - grenzüberschreitende Erarbeitung von Gefährdungsanalysen und Hochwasserprognosen,
    - Durchführung einer internationalen Fachkonferenz.

- Stärkung der Europäischen Zusammenarbeit
  - Die Europäische Zusammenarbeit soll weiter vorangebracht werden. Maßnahmen sind:
    - Politische und finanzielle Unterstützung grenzüberschreitender Hochwasserschutzprojekte,
    - Stärkere Inanspruchnahme von EU-Finanzierungsangeboten, insbesondere von Interreg III B.

- Überprüfung von Flussausbauten und Entwicklung umweltfreundlicher Schifffahrt.
    - Veränderungen des Abflussverhaltens sollen durch Flussausbauten nicht mehr hervorgerufen werden. Zu ergreifende Maßnahmen bestehen in:
        - Überprüfung von Ausbauplanungen und Unterhaltungsmaßnahmen.
- Ergreifung von Sofortmaßnahmen zum Hochwasserschutz.
    - Schnelle und unbürokratische Hilfe sowie eine langfristige finanzielle Absicherung der Aufbauarbeiten sollen eingerichtet werden. Erreicht werden soll dies durch:
        - Die Ausgestaltung eines 12-Punkte-Soforthilfeprogramms von 500 Mill. €,
        - Beschluss über das Flutopfersolidaritätsgesetz mit einem Finanzrahmen von ca. 10 Mrd. €.

Neben diesem 5-Punkte-Programm der Bundesregierung haben sich Bund und Länder auf eine neue Rahmenkonzeption für den Zivil- und Katastrophenschutz verständigt, wonach unter anderem ein gemeinsames Gefahrenmanagement bei außergewöhnlichen, national bedeutsamen Gefahren- und Schadenslagen vorgesehen ist. Die damit verfolgten Ziele beziehen sich auf

- die bessere Verzahnung der vorhandenen Hilfspotenziale (z.B. Feuerwehren und Hilfsorganisationen),
- die Entwicklung neuer Koordinierungsinstrumentarien für ein effizienteres Zusammenwirken (z.B. der Informationssysteme).

Die im 5-Punkte-Programm der Bundesregierung angekündigte Fachkonferenz[9] mit internationaler Beteiligung fand am 21. und 22. Juni 2004 in Berlin statt, in deren Rahmen die unter deutscher Federführung erarbeiteten „Leitlinien für nachhaltige Hochwasservorsorge“[10] an grenzüberschreitenden Flüssen als wirksames In-

---

[9] www.bmu.de/gewaesserschutz/doc/6930.php.
[10] www.bmu.de/gewaesserschutz/doc/6931.php.

strument einerseits bestätigt, andererseits aber auch die Notwendigkeit der Weiterentwicklung des gemeinsamen gesamteuropäischen Rahmens für den Hochwasserschutz und die Hochwasservorsorge festgestellt wurde[11]. Die angesprochenen Leitlinien enthalten Empfehlungen zu Maßnahmen und Bewirtschaftungsmethoden zur Verhütung, Kontrolle und Minderung negativer Auswirkungen von Hochwasserereignissen auf die Gesundheit und Sicherheit, auf hochwertige Güter und die aquatische und terrestrische Umwelt.

Vor diesem fachlichen Hintergrund und den katastrophalen Hochwasserereignissen der vergangenen Jahre wurde der Ruf nach einer umfassenden gesetzlichen Regelung immer lauter, zumal die Landeswassergesetze der Länder mit den Anforderungen an den Hochwasserschutz sehr unterschiedlich umgehen[12]. Mit dem „Gesetz zur Verbesserung des vorbeugenden Hochwasserschutzes“[13] vom 3. Mai 2005 wurde dem schließlich Rechnung getragen und erstmals bundesweit einheitliche, stringente Vorgaben zur Vorbeugung gegen Hochwasserschäden verbindlich[14].

Im Folgenden werden zunächst die durch das Hochwasserschutzgesetz(HWSG) vorgenommenen Änderungen und Ergänzungen des Wasserhaushaltsgesetzes (WHG)[15] näher betrachtet, wobei insoweit zwischen den primär wasserfachbezogenen Neuregelungen und solchen mit raumplanungsbezogener Relevanz unterschieden wird. Dabei betreffen die raumplanungsbezogenen Neuregelungen einerseits die Bauleitplanung, andererseits auch die Zulassung von Bauvorhaben. Auf einer weiteren Betrachtungsebene werden dann die durch das HWSG ebenfalls veranlassten Änderungen des Baugesetzbuchs (BauGB)[16], des Raumordnungsgesetzes (ROG)[17] sowie des Gesetzes über die Umweltverträglichkeitsprüfung (UVPG)[18] in den Blick genommen und nach deren Auswirkungen für die Planungspraxis der Raumordnungs- und Bauleitplanung gefragt.

---

[11] Siehe dazu den zu der Tagung erarbeiteten Seminarbericht: www.bmu.de/gewaesserschutz/doc/6932.php.

[12] Zum Sachstand: Dallhammer, Aktueller Diskussionsstand zum Hochwasserschutzrecht in Bund und Ländern, in: Köck (Hrsg.), Rechtliche Aspekte des vorbeugenden Hochwasserschutzes, Baden-Baden 2005, S. 17 ff. sowie in einzelnen Aspekten auch Jekel, ZUR 2005, S. 394.

[13] Hochwasserschutzgesetz vom 3. Mai 2005, BGBl. I S. 1224.

[14] Siehe dazu die Beiträge von Berendes, ZfW 2005, S. 197 ff.; Jekel (Fußn. 12), S. 393 ff.; Kotulla, NVwZ 2006, S. 130 ff.; Schneider, Rechtliche Instrumente des Hochwasserschutzes in Deutschland, Berlin 2005.

[15] Gesetz zur Ordnung des Wasserhaushalts i. d. F. der Bek. vom 19. August 2002, BGBl. I S. 3245, zul. geänd. durch Gesetz vom 25. Juni 2005, BGBl. I S. 1746.

[16] I. d. F. der Bek. vom 23. September 2004, BGBl. I S. 2414, zul. geänd. durch Gesetz vom 21. Juni 2005, BGBl. I S. 1818.

[17] Vom 18. August 1997, BGBl. I S. 2081, zul. geänd. durch Gesetz vom 28. Juni 2005, BGBl. I S. 1746.

[18] I. d. F. der Bek. vom 25. Juni 2005, BGBl. I S. 1757, zul. geänd. durch Gesetz vom 24. Juni 2005, BGBl. I S. 1794.

2. Die Neuregelungen des Hochwasserschutzgesetzes

Das am 10. Mai 2005 in Kraft getretene Hochwasserschutzgesetz, dessen Regelungsgegenstand sowie Zielsetzung schon eindeutig aus der Bezeichnung des Gesetzes hervorgeht und in der Verbesserung des vorbeugenden Hochwasserschutzes zu sehen ist, wurde als so genanntes „Artikelgesetz“ erlassen. Auch dieses Gesetz konnte erst nach Anrufung des Vermittlungsausschusses im September 2004 und nachfolgenden langwierigen Verhandlungen im März letzten Jahres[19] mit den Mehrheiten von Bundestag und Bundesrat auf den Weg gebracht werden[20]. Es enthält insgesamt acht Artikel, durch die sieben Gesetze geändert und ergänzt werden. Darunter befinden sich auch das WHG, das BauGB und das ROG sowie das UVPG, die im vorliegenden Zusammenhang von besonderer Bedeutung sind und nachfolgend genauer betrachtet werden. Art. 8 regelt schließlich das In-Kraft-Treten des Gesetzes.

2.1 Die Änderungen des Wasserhaushaltsgesetzes (Art. 1 HWSG)

Die Änderungen des WHG beziehen sich auf den Zweiten Teil des Vierten Abschnitts[21] und formen einen weit reichenden und umfassend angelegten vorbeugenden Hochwasserschutz[22]. Überblicksartig können die wichtigsten Inhalte wie folgt charakterisiert werden:

- § 31 a WHG enthält die zentralen Grundsätze des Hochwasserschutzes. Diese sind in der Rückhaltung des Hochwassers und in der Einführung einer allgemeinen Schadenminimierungspflicht zu sehen. Außerdem werden die Länder verpflichtet, staatliche Stellen sowie die Bevölkerung über Hochwassergefahren und geeignete Vorsorge- und Abwehrmaßnahmen aufzuklären.

- § 31 b WHG regelt die verfahrens- und materiell-rechtlichen Anforderungen an die Festsetzung von Überschwemmungsgebieten durch die Länder. Neben zeitlich engen Bindungen, die durch die Länder für die Ausweisung solcher Gebiete einzuhalten sind, müssen sie auch die erforderlichen Schutz-

---

[19] Vgl. BT-Drs. 15/5121.

[20] Zum Gesetzgebungsverfahren genauer, Berendes (Fußn. 14), S. 199 f. sowie Jekel (Fußn. 12), S. 394 ff.

[21] Sie gelten nur für die im Zweiten Teil des WHG geregelten oberirdischen Gewässer und nicht für die Küstengewässer sowie die damit im Zusammenhang stehenden Sturmfluten und das Tidenhochwasser. Vgl. BT-Drs. 15/3168, S. 12.

[22] Allgemein zur Bedeutung des vorsorgenden Hochwasserschutzes: Heiland, Vorsorgender Hochwasserschutz durch Raumordnung, interregionale Kooperation und ökonomischen Lastenausgleich, 2002, S. 17 ff.

vorschriften erlassen. Bauleitplanung und Vorhabenzulassung müssen sich an den Anforderungen des Hochwasserschutzes ausrichten.

- § 31 c WHG führt die neue Kategorie des „überschwemmungsgefährdeten Gebiets" in das Wasserrecht ein. Die Länder werden zur Feststellung, aber nicht zur förmlichen Festsetzung dieser Gebiete sowie zur Ergreifung geeigneter Schutzmaßnahmen verpflichtet.

- § 31 d WHG gestaltet ein eigenes planerisches Instrument für den Hochwasserschutz aus und schafft den bundesrechtlichen Rahmen für eine Hochwasserschutzplanung. Auch hier werden die Länder verpflichtet, flussgebietsbezogene Hochwasserschutzpläne aufzustellen und diese sowohl national als auch international abzustimmen (§ 32 WHG).

Die unmittelbar geltenden Vorschriften sind mit dem In-Kraft-Treten des HWSG verbindlich geworden. Die Neuregelungen des WHG beruhen aber weitgehend auf der Befugnis der Rahmengesetzgebung, so dass vorliegend die Länder vom Bund umfangreiche, teilweise schon bis ins Einzelne ausgeformte, Regelungsaufträge erhalten. § 42 WHG enthält eine Auflistung der durch Landesrecht auszufüllenden Rahmenbestimmungen und setzt die nach Art. 75 Abs. 3 GG zu bestimmende Frist zur Erfüllung der Regelungsaufträge auf den 10. Mai 2007.

Inhaltlicher Gegenstand der nachfolgenden Ausführungen sind die Neuregelungen des Wasserhaushaltsrechts wie sie durch Art. 1 HWSG veranlasst wurden. Betrachtet werden dabei sowohl die wasserrechtlichen Auswirkungen als auch getrennt davon, die bauleitplanungs- und vorhabenzulassungsbezogenen Auswirkungen der Neuregelungen.

2.1.1 Zu den wichtigsten wasserrechtsbezogenen Neuregelungen

In erster Linie wirken sich die Vorschriften des HWSG auf das Wasserhaushaltsgesetz aus[23]. Während es sich bei den in Art. 1 Nr. 1 bis 3 a sowie Nr. 5 und 6 um Klarstellungen und redaktionelle Änderungen handelt, bezieht sich Art. 1 Nr. 4 HWSG mit der in ihm enthaltenen Neufassung des vierten Abschnitts entsprechend seiner Überschrift „Hochwasserschutz" in den §§ 31 a bis d und 32 WHG mit den Anforderungen an die Bewältigung von Hochwassern.

[23] Berendes (Fußn. 14), S. 204; Jekel (Fußn. 12), S. 395.

a) Grundsätze des Hochwasserschutzes (§ 31 a WHG)

§ 31 a WHG enthält die Grundsätze des Hochwasserschutzes und stellt sich als § 1 a WHG ergänzende und konkretisierende Vorschrift dar[24]. Insoweit werden spezifische an den Hochwasserschutz gerichtete Grundsätze normiert, die über die allgemein und abstrakt gehaltenen Leitlinien des § 1 a WHG hinausgehen. Die Bestimmung richtet sich an die nach Landesrecht zuständigen Wasserbehörden. Sie müssen in Bezug auf die Bewirtschaftung von oberirdischen Gewässern in dreierlei Hinsicht tätig werden. So sind nach Abs. 1 Satz 1 oberirdische Gewässer so zu bewirtschaften, das so weit wie möglich Hochwasser zurückgehalten, der schadlose Wasserabfluss gewährleistet und der Entstehung von Hochwasserschäden vorgebeugt wird. Nach Satz 2 sind Gebiete, die bei Hochwasser überschwemmt werden können oder deren Überschwemmung dazu dient, Hochwasserschäden zu mindern, nach Maßgabe der Vorschriften des vierten Abschnitts zu schützen[25]. Daraus ergeben sich in zweierlei Hinsicht bedeutsame Folgerungen: Zunächst wird deutlich, dass sowohl dem Erhalt als auch der Gewinnung von Rückhalteflächen eine besondere Bedeutung im Hinblick auf den Wasserabfluss bei Hochwasser sowie gleichermaßen für den verbeugenden Hochwasserschutz zukommt. Im Übrigen muss den §§ 31 b bis 32 WHG entnommen werden können, wie die Gewässerbewirtschaftung stattfinden soll, um den Anforderungen an den Hochwasserschutz Rechnung tragen zu können.

§ 31 a Abs. 2 WHG verpflichtet jede Person, geeignete Vorsorgemaßnahmen zum Schutz vor Hochwassergefahren und zur Schadensminderung zu treffen, jedenfalls, soweit diese von Hochwasser betroffen sein kann und es ihr möglich und zumutbar ist. Diese Vorsorge- und Minderungspflicht erstreckt sich vor allem darauf, die Nutzung von Grundstücken[26] den möglichen Gefährdungen von Mensch, Umwelt oder Sachwerten durch Hochwasser anzupassen. Hochwasserschutz wird damit zu einer allgemeinen Aufgabe erklärt, zu der jeder Einzelne und nicht nur der Staat einen Beitrag leisten muss.

Damit sowohl die behördlichen Maßnahmen als auch der Beitrag des Einzelnen wirksam werden können, ist eine effektive Informationsstrategie erforderlich[27]. Einer solchen Informations- und Warnfunktion trägt § 31 a Abs. 3 WHG Rechnung. Die Länder sollen danach bis zum 10. Mai 2007[28], also zwei Jahre nach In-Kraft-Treten des HWSG, gewährleisten, wie die zuständigen staatlichen Stellen und die Bevölkerung in den betroffenen Gebieten über Hochwassergefahren, geeignete

---

[24] Berendes (Fußn. 14), S. 204.
[25] Z. B. Polder.
[26] Z. B die hochwassersichere Errichtung eines Gebäudes.
[27] Gerade der „schadlose“ Wasserabfluss im Sinne von § 31 a Abs. 1 WHG macht Vorsorgemaßnahmen und Verhaltensweisen im Einzelfall unentbehrlich.
[28] Vgl. Art. 1 Nr. 7 HWSG bzw. § 42 Abs. 1 WHG.

Vorsorgemaßnahmen und Verhaltensregeln informiert und vor zu erwartendem Hochwasser rechtzeitig gewarnt werden[29].

b) Überschwemmungsgebiete (§ 31 b WHG)

§ 31 b WHG enthält mit seinen sechs Absätzen über Überschwemmungsgebiete und ihre Ausweisung die umfangreichste Bestimmung des HWSG und wohl auch des WHG. Die bisher in § 32 WHG-alt enthaltene und nunmehr erweiterte Bestimmung über Überschwemmungsgebiete wird als Kernstück des neuen Hochwasserschutzrechts bezeichnet[30]. § 31 b Abs. 1 WHG beinhaltet – wie bisher § 32 Abs. 1 Satz 1 WHG-alt – die Legaldefinition für ein Überschwemmungsgebiet. Dies „sind Gebiete zwischen oberirdischen Gewässern und Deichen oder Hochufern und sonstige Gebiete, die bei Hochwasser überschwemmt oder durchflossen oder die für Hochwasserentlastung oder Rückhaltung beansprucht werden". Die nachfolgenden Abs. 2, 3 und 5 stellen Rahmenrecht dar und bedürfen der Umsetzung in das Landesrecht. § 31 b WHG wendet sich primär hinsichtlich einzelner Verfahrensfragen an die Länder. So werden durch Landesrecht § 31 b Abs. 2 Satz 1 WHG zunächst die Gewässer oder Gewässerabschnitte bestimmt, bei denen durch Hochwasser nicht nur geringfügige Schäden entstanden oder zu erwarten sind. Die Bestimmung der Gewässer hat nach neuesten Erkenntnissen zu erfolgen und die Öffentlichkeit ist über die Bestimmung zu informieren[31]. Für Festsetzung der nach § 31 b Abs. 2 Satz 1 und 2 bestimmten Gewässer oder Gewässerabschnitte als Überschwemmungsgebiet ist im Rahmen der geforderten landesrechtlichen Regelungen allerdings in zeitlicher Hinsicht zu differenzieren: Nach § 31 b Abs. 2 Satz 3 WHG sind bis zum 10. Mai 2012 die Gebiete festzusetzen, in denen ein Hochwasserereignis statistisch einmal in 100 Jahren zu erwarten ist (so genanntes „Bemessungshochwasser"). Bis zum 10. Mai 2010 hingegen bedarf es schon der Festsetzung solcher Gebiete, in denen ein hohes Schadenspotenzial bei Überschwemmungen besteht, insbesondere bei Siedlungsgebieten[32]. Damit wird klargestellt, dass Überschwemmungsgebiete auch im bereits bebauten Bereich festgesetzt werden können[33]. Inwieweit die Länder diese Fristen einhalten können, ist fraglich[34]. Eben-

---

[29] Siehe in diesem Zusammenhang auch § 31 b Abs. 2 Satz 2 WHG, wonach die Länder die Öffentlichkeit über die Bestimmung der Gewässer und Gewässerabschnitte, bei denen durch Hochwasser Schäden entstanden oder zu erwarten sind.

[30] Berendes (Fußn. 14), S. 205 und Kotulla (Fußn. 14), S. 130.

[31] Vgl. § 31 b Abs. 2 Satz 2 WHG.

[32] Vgl. § 31 b Abs. 2 Satz 4 WHG.

[33] Die Festsetzungspraxis in den Ländern war hier sehr unterschiedlich. Siehe dazu auch: BVerwG, Urteil vom 22. Juli 2004 – 7 CN 1.04 –, BauR 2005, S. 527, wonach ein Überschwemmungsgebiet nach § 32 WHG-alt auch für Flächen festgesetzt werden kann, die innerhalb eines im Zusammenhang bebauten Ortsteils oder im Geltungsbereich eines Bebauungsplans liegen.

[34] Berendes (Fußn. 14), S. 205 weist in diesem Zusammenhang darauf hin, dass Überschreitungen der in § 31 b Abs. 2 Satz 3 und 4 WHG festgelegten Fristen für die Länder keine nachteiligen

falls durch Landesrecht zu regeln, ist die Information und Beteiligung der Öffentlichkeit[35] bei der Festsetzung der Überschwemmungsgebiete (§ 31 b Abs. 2 Satz 5 WHG).

Inhaltliche Vorgaben für den Erlass von Vorschriften zum Schutz vor Hochwassergefahren innerhalb der Überschwemmungsgebiete durch die Länder enthalten § 31 b Abs. 2 Satz 6 sowie Satz 7 WHG. Soweit es erforderlich ist, haben die Länder so zunächst nach Satz 6[36] Vorschriften zu erlassen

1. zum Erhalt oder zur Verbesserung der ökologischen Strukturen der Gewässer und ihrer Überflutungsflächen,
2. zur Verhinderung erosionsfördernder Maßnahmen,
3. zum Erhalt oder zur Gewinnung, insbesondere Rückgewinnung von Rückhalteflächen,
4. zur Regelung des Hochwasserabflusses oder
5. zur Vermeidung und Verminderung von Schäden durch Hochwasser.

Neu sind die gegenüber diesen allgemeinen inhaltlichen Vorgaben die in § 31 b Abs. 2 Satz 7 WHG gestellten und nicht abschließend aufgelisteten Anforderungen, die von den Ländern die Bestimmung konkreter Hochwasserschutzmaßnahmen einfordern. So wird durch Landesrecht insbesondere geregelt:

1. der Umgang mit wassergefährdenden Stoffen einschließlich der hochwassersicheren Errichtung neuer und Nachrüstung vorhandener Ölheizungsanlagen; das Verbot der Errichtung neuer Ölheizungsanlagen, soweit zur Schadensvermeidung erforderlich,
2. wie Störungen der Wasserversorgung und der Abwasserbeseitigung so weit wie möglich vermieden werden,

---

Folgen haben. Auch Geschädigte können im Schadensfalle keinen Anspruch auf staatliche Haftung auf Grund der nicht fristgerechten Ausweisung der Überschwemmungsgebiete herleiten.

[35] Zum Zwecke der Sensibilisierung.

[36] Mit Ausnahme von § 31 b Abs. 2 Satz 6 Nr. 5 WHG handelt es sich hier im Grunde genommen um die schon in § 32 Abs. 1 Satz 2 Nr. 1 - 4 WHG-alt geregelten Anforderungen.

3. die behördliche Zulassung von Maßnahmen, die den Wasserabfluss erheblich verändern können, wie die Erhöhung oder Vertiefung der Erdoberfläche.

§ 31 b Abs. 2 Satz 8 WHG regelt schließlich den Ausgleichsanspruch für erhöhte Anforderungen an die ordnungsgemäße land- und forstwirtschaftliche Nutzung eines Grundstücks bei der Rückgewinnung von Rückhalteflächen und verweist insoweit auf § 19 Abs. 4 Satz 1 und 3 WHG[37]. Setzt danach die Anordnung erhöhte Anforderungen fest, die zu einer Beschränkung der ordnungsgemäßen land- und forstwirtschaftlichen Nutzung eines Grundstücks führen, so ist für die dadurch verursachten wirtschaftlichen Nachteile ein angemessener Ausgleich nach Maßgabe des Landesrechts zu leisten, soweit nicht eine Entschädigungspflicht besteht. Für Streitigkeiten steht jedenfalls der Rechtsweg zu den ordentlichen Gerichten offen. Bis zum 10. Mai 2007 ist § 31 b Abs. 2 WHG in Landesrecht umzusetzen[38].

Die Regelung in § 31 b Abs. 3 WHG, wonach die Länder in den Überschwemmungsgebieten für landwirtschaftlich genutzte und sonstige Flächen Vorschriften darüber zu treffen haben, wie die Bodenerosion[39] oder erheblich nachteilige Gewässerauswirkungen, insbesondere durch Schadstoffeinträge,[40] zu vermeiden oder zu reduzieren sind, war im Gesetzgebungsverfahren sehr umstritten[41]. Jedenfalls hat sich ein Ackerbauverbot in Überschwemmungsgebieten angesichts der Gesetz gewordenen Vorschriftenfassung nicht durchsetzen können. Außerdem ist die Bestimmung sehr offen gehalten[42], so dass den Ländern ein entsprechend großer Spielraum verbleibt, insbesondere, weil auch von der Festlegung von Maßnahmenfristen kein Gebrauch gemacht wurde.

Die Absätze 4 und 5 des § 31 b WHG beziehen sich auf die Untersagung von Bauleitplanungen in Überschwemmungsgebieten sowie in faktischen Überschwemmungsgebieten sowie auf die Zulassung von Bauvorhaben in denselben. Diese Bestimmungen werden weiter unten im Zusammenhang mit den raumplanungsrelevanten Auswirkungen des HWSG genauer behandelt[43].

Nach § 31 b Abs. 6 Satz 1 WHG sind Überschwemmungsgebiete sowie faktische Überschwemmungsgebiete in ihrer Funktion als Rückhalteflächen[44] zu erhalten.

---

[37] Diese Regelung entspricht § 32 Abs. 2 Satz 3 WHG-alt.
[38] Vgl. Art. 1 Nr. 7 HWSG bzw. § 42 Abs. 1 WHG.
[39] Z. B. durch Regelungen über die Bepflanzung der Böden.
[40] Z. B. durch Bestimmungen über die Verwendung von Pflanzenschutzmitteln und Düngemitteln.
[41] Zu den Einzelheiten: Jekel (Fußn. 12), S. 396.
[42] Kotulla (Fußn. 14), S. 131 spricht von einer "rudimentären Kompromissregelung".
[43] Vgl. unten 2.1.2 a bis c.
[44] Hierzu ausführlich: Umweltbundesamt (Hrsg.), Sichern und Wiederherstellen von Hochwasserrückhalteflächen, Berlin 2003.

Beeinträchtigungen der Rückhaltefunktionen sind durch rechtzeitig ergriffene Ausgleichsmaßnahmen auszugleichen. Außerdem sollen frühere Überschwemmungsgebiete, die als Rückhalteflächen geeignet sind, so weit wie möglich wieder hergestellt werden, wenn überwiegende Gründe der Allgemeinheit nicht entgegenstehen[45]. Weitergehende Vorgaben werden nicht gemacht. Angesichts einer dergestalt offenen Regelung bleibt abzuwarten, wie die Länder diese Aufgabe erfüllen, zumal eine Fristensetzung einerseits sowie eine konkretisierende inhaltliche Bindung für die Länder andererseits nicht existieren[46]. Auch erstreckt der Gesetzgeber, interessanter Weise, die für die Überschwemmungsgebiete und faktische Überschwemmungsgebiete geltenden Beschränkungen für die Bauleitplanung und die Zulassung von Bauvorhaben in solchen Gebieten im Sinne von § 31 b Abs. 4 und 5 WHG[47] nicht auf die früheren Überschwemmungsgebiete, die als Rückhalteflächen wieder zur Verfügung gestellt werden sollen, obwohl deren Schutzbedürftigkeit dem Ziel eines weit reichenden Hochwasserschutzes eindeutig auch Rechnung tragen würde[48].

c) Überschwemmungsgefährdete Gebiete (§ 31 c WHG)

Mit der Bestimmung in § 31 c WHG wird eine neue Kategorie von schutzbedürftigen Gebieten eingeführt, die sich auf von Überschwemmungen bedrohte Gebiete bezieht und bislang im Wasserrecht keine Grundlage hatte. Nach der Legaldefinition in Abs. 1 Satz 1 handelt es sich bei den überschwemmungsgefährdeten Gebieten zwar um Überschwemmungsgebiete im Sinne des § 31 b Abs. 1 WHG, die aber keiner Festsetzung nach § 31 b Abs. 2 Satz 3 und 4 WHG bedürfen oder die bei Versagen von öffentlichen Hochwasserschutzeinrichtungen, insbesondere von Deichen überschwemmt werden können. Für das Vorliegen von überschwemmungsgefährdeten Gebieten ist daher hinsichtlich zweier Alternativen zu differenzieren:

- Es handelt sich um Überschwemmungsgebiete im Sinne von § 31 b Abs. 1 WHG, die aber nach Abs. 2 Satz 3 und 4 nicht festzusetzen sind, weil sie die in diesen Bestimmungen enthaltenen und schon weiter oben dargelegten[49] Voraussetzungen nicht erfüllen (Alternative 1).

---

[45] Vgl. § 31 b Abs. 6 Satz 2 WHG.
[46] Ebenso kritisch: Kotulla (Fußn. 14), S. 132.
[47] Siehe dazu ausführlich unten 2.1.2 a bis c.
[48] In diesem Sinne auch Kotulla (Fußn. 14), S. 132.
[49] Vgl. oben 2.1.1 b.

- Es handelt sich um Überschwemmungsgebiete im Sinne von § 31 b Abs. 1 WHG, die überschwemmt werden können, wenn öffentliche Hochwasserschutzeinrichtungen, wie die angeführten Deiche, versagen (Alternative 2).

Da eine förmliche Festlegung von überschwemmungsgefährdeten Gebieten nicht vorgeschrieben ist, sieht § 31 c Abs. 1 Satz 2 WHG vor, dass durch Landesrecht geregelt wird, wie derartige Gebiete, in denen durch Überschwemmungen erhebliche Beeinträchtigungen des Wohls der Allgemeinheit entstehen können, zu ermitteln und in Kartenform darzustellen sind. Die so erfassten Gebiete können dann, insbesondere im Rahmen der Bauleitplanung von den Gemeinden in die zu treffenden Entscheidungen über die städtebauliche Entwicklung einbezogen, aber auch von den Betroffenen zur Kenntnis genommen werden.

Schließlich sollen durch Landesrecht für die überschwemmungsgefährdeten Gebiete auch die notwendigen Maßnahmen zur Vermeidung oder Vermindung von erheblichen Beeinträchtigungen des Wohls der Allgemeinheit durch Überschwemmungen geregelt werden. Dies verlangt § 31 c Abs. 2 WHG von den Ländern, ohne allerdings einen entsprechenden Rahmen dafür vorzugeben[50]. Beide in § 31 c Abs. 1 Satz 2 und Abs. 2 WHG enthaltenen Anforderungen, sind bis zum 10. Mai 2007 von den Ländern umzusetzen[51]. Ob dies gelingt, ist derzeit fraglich.

d) Hochwasserschutzpläne (§ 31 d WHG)

§ 31 d WHG enthält Regelungen über die Aufstellung von Hochwasserschutzplänen und führt damit ein neues Planungsinstrument zur Bewältigung der Hochwasserschutzproblematik entlang der Flüsse. Mit ihnen wird nach § 31 d Abs. 1 Satz 2 WHG das Ziel verfolgt, die Gefahren, die mindestens von einem statistisch einmal in 100 Jahren zu erwartenden Hochwasser ausgehen, so weit wie möglich und verhältnismäßig zu minimieren. Zunächst haben die Länder jedoch erst einmal Vorschriften zu erlassen, dass Pläne für einen möglichst schadlosen Wasserabfluss, den technischen Hochwasserschutz und die Gewinnung, insbesondere die Rückgewinnung von Rückhalteflächen sowie weitere dem Hochwasserschutz dienende Maßnahmen als so genannte Hochwasserschutzpläne aufzustellen sind, soweit dies erforderlich ist[52]. Inwieweit ein solches Erfordernis besteht, muss der Prüfung im

---

[50] Auf diesen Mangel weist Kotulla (Fußn. 14), S. 133 zu Recht hin. Erhebliche Unterschiede sind hier in Bezug auf die im Einzelnen festzulegenden Maßnahmen zur Vermeidung und Verminderung von erheblichen Beeinträchtigungen des Wohls der Allgemeinheit zu erwarten, denn die Festlegung der Maßnahmen wird sich sachnotwendiger Weise an den Merkmalen des überschwemmungsgefährdeten Gebiets, insbesondere an den dort vorzufindenden Bodennutzungen zu orientieren haben.

[51] Vgl. § 42 Abs. 1 WHG.

[52] Vgl. die Legaldefinition in § 31 d Abs. 1 Satz 1 WHG.

Einzelfall überlassen bleiben, doch sind die Länder nach § 42 Abs. 1 WHG dazu aufgefordert jedenfalls bis zum 10. Mai 2007 die entsprechenden Rechtsvorschriften über die Aufstellung von Hochwasserschutzplänen zu erlassen. Die inhaltlichen Gegenstände eines solchen Hochwasserschutzplans erschließen sich aus den beispielhaften Anführungen in Abs. 1 Satz 3, wonach insbesondere Maßnahmen aufzunehmen sind:

- zum Erhalt oder zur Rückgewinnung von Rückhalteflächen, zu deren Flutung und Entleerung nach den Anforderungen des optimierten Hochwasserabflusses in Flussgebietseinheiten,
- zur Rückverlegung von Deichen,
- zum Erhalt oder zur Wiederherstellung von Auen sowie
- zur Rückhaltung von Niederschlagswasser.

Hochwasserschutzpläne sind zu veröffentlichen und zu aktualisieren. Diese Anforderung enthält zumindest § 31 d Abs. 2 WHG, ohne allerdings zu bestimmen, innerhalb welchen Zeitrahmens die Aktualisierung stattfinden soll. Gemäß § 42 Abs. 1 WHG sind auch in dieser Hinsicht von den Ländern bis zum 10. Mai 2007 entsprechende Vorschriften zu gestalten. Demgegenüber sind die Hochwasserschutzpläne von den Ländern nach § 31 d Abs. 3 Satz 1 WHG erst spätestens zum 10. Mai 2009 aufzustellen, also vier Jahre nach dem In-Kraft-Treten des HWSG. Klarstellend wird in Abs. 3 Satz 2 noch darauf hingewiesen, dass die Aufstellung von Hochwasserschutzplänen dann nicht erforderlich ist, wenn bestehende Pläne zur Verbesserung des Hochwasserschutzes den an Hochwasserschutzpläne in § 31 d Abs. 1 WHG gestellten Anforderungen entsprechen.

e) Kooperation in Flussgebieten (§ 32 WHG)

§ 32 WHG befasst sich mit der Kooperation bei Hochwasserschutzmaßnahmen in den Flussgebietseinheiten. Zur Regelung der Zusammenarbeit mit den betroffenen Ländern und Staaten werden nach § 32 Abs. 1 Satz 1 WHG wiederum die Länder verpflichtet. Inhaltlicher Gegenstand der Kooperation sind einerseits die Hochwasserschutzpläne, insbesondere auch soweit diese grenzüberschreitend aufgestellt sind[53] sowie die konkreten Schutzmaßnahmen. Dabei sind die nach § 1 b Abs. 2 Nr. 1, 3 und 4 WHG geltenden Maßgaben für die Koordinierung der Bewirtschaftung der Flussgebietseinheiten zu beachten, mit der Besonderheit, worauf in § 32

[53] Vgl. § 32 Abs. 1 Satz 2 WHG.

Abs. 1 Satz 3 WHG ausdrücklich darauf hingewiesen wird, dass allein schon das Bemühen um Koordinierung sogar für die Behörden der Mitgliedsstaaten der Europäischen Union als ausreichend anzusehen ist. Die Bewirtschaftung der Flussgebietseinheiten hat im Hinblick darauf einen noch deutlich höheren Stellenwert als der Hochwasserschutz, denn zwischen den EU-Mitgliedsstaaten besteht diesbezüglich sogar eine Abstimmungspflicht.

Soweit bei der Zusammenarbeit eine Einigung über bestimmte Hochwasserschutzmaßnahmen nicht erreicht werden kann, vermittelt die Bundesregierung auf Antrag eines Landes zwischen den beteiligten Ländern. Diese Vermittlungsleistung wird in § 32 Abs. 2 WHG eingefordert.

2.1.2 Konkrete Anforderungen an die Bauleitplanung und die Zulassung von Bauvorhaben in Überschwemmungsgebieten

Die im Rahmen des HWSG vorgenommene massive Verankerung des Hochwasserschutzes im WHG des Bundes und in den an das Rahmenrecht anzupassenden jeweiligen Landeswassergesetzen, weist mannigfaltige Berührungen mit dem Recht der Raumordnung und der Bauleitplanung sowie mit den Regelungen über die Zulässigkeit von Vorhaben auf.

Zu differenzieren ist zwischen

- der Bauleitplanung in festgesetzten Überschwemmungsgebieten,
- der Zulassung von Bauvorhaben in festgesetzten Überschwemmungsgebieten sowie
- der Bauleitplanung und der Zulassung von Bauvorhaben in faktischen Überschwemmungsgebieten.

a) Bauleitplanung in festgesetzten Überschwemmungsgebieten

Für die Überplanung von festgesetzten Überschwemmungsgebieten hat die neu geschaffene Regelung in § 31 b Abs. 4 WHG maßgebliche Bedeutung. Mit ihr wird gewissermaßen die rechtliche Konsequenz aus den umfangreichen Schäden an baulichen Anlagen durch die Hochwasser der letzten Jahre gezogen[54]. So dürfen in Überschwemmungsgebieten durch Bauleitpläne keine neuen Baugebiete ausgewiesen werden, außer es handelt sich um Bauleitpläne für Häfen und Werften. Die Gemeinden müssen bei ihrer Flächennutzungs- und Bebauungsplanung Vorsorge

[54] § 31 b Abs. 4 WHG gilt seit dem In-Kraft-Treten des HWSG direkt und bedarf keiner Umsetzung in Landesrecht mehr.

gegen Hochwasser betreiben und dürfen grundsätzlich keine neuen Baugebiete mehr in Überschwemmungsgebieten ausweisen. Dieses Planungsverbot ist strikt und nur ausnahmefähig, soweit die in § 31 b Abs. 4 Satz 2 WHG abschließend aufgelisteten Tatbestände erfüllt werden. In diesem Sinne kann die zuständige Behörde die Ausweisung neuer Baugebiete ausnahmsweise zulassen, wenn:

1. keine anderen Möglichkeiten der Siedlungsentwicklung bestehen oder geschaffen werden können,
2. das neu auszuweisende Gebiet unmittelbar an ein bestehendes Baugebiet angrenzt,
3. eine Gefährdung von Leben, erhebliche Gesundheits- oder Sachschäden nicht zu erwarten sind,
4. der Hochwasserabfluss und die Höhe des Wasserstandes nicht nachteilig beeinflusst werden,
5. die Hochwasserrückhaltung nicht beeinträchtigt und der Verlust von verloren gehendem Rückhalteraum umfang-, funktions- und zeitgleich ausgeglichen wird,
6. der bestehende Hochwasserschutz nicht beeinträchtigt wird,
7. keine nachteiligen Auswirkungen auf Oberlieger und Unterlieger zu erwarten sind,
8. die Belange der Hochwasservorsorge beachtet sind und
9. die Bauvorhaben so errichtet werden, dass bei dem Bemessungshochwasser, das der Festsetzung des Überschwemmungsgebiets zu Grunde gelegt wurde, keine baulichen Schäden zu erwarten sind.

Die hier angeführten Anforderungen an die Gewährung einer Ausnahme für die Darstellung oder Festsetzung von Baugebieten in Flächennutzungs- und Bebauungsplänen müssen kumulativ vorliegen[55]. Durch ihre inhaltliche Ausgestaltung einerseits und die ihnen innenwohnende Klarheit andererseits machen sie deutlich, dass im Umgang mit der Ausweisung von Baugebieten in von Hochwasser überschwemmten in der Planungspraxis der Bauleitplanung nunmehr anders vorzugehen ist. In Bezug auf den Hochwasserschutz entscheidend ist – wie für alle anderen Umweltbelange auch – zunächst die Standortfrage, also die räumliche Verortung eines neuen Baugebiets. Dem trägt die in § 31 b Abs. 4 Satz 2 Nr. 1 WHG enthal-

[55] Ebenso: Kotulla (Fußn. 14), S. 131.

tene Anforderung an die Gewährung einer Ausnahme dann auch Rechnung. Danach dürfen keine anderen Möglichkeiten der Siedlungsentwicklung bestehen oder geschaffen werden können. Hier ist zunächst die planerisch tätige Gemeinde gefordert. Denn sie muss im Rahmen von Alternativenprüfungen darlegen, dass diese Anforderung erfüllt ist[56]. Alle weiteren Voraussetzungen, die ebenfalls für eine Ausnahmegenehmigung vorliegen müssen, betreffen die Erfordernisse des Hochwasserschutzes und fallen fachlich in den Zuständigkeitsbereich der Wasserbehörden. Da die Ausnahmetatbestände in den wenigsten Fällen erfüllt werden dürften[57], wird die kommunale Planungshoheit durch das grundsätzliche Ausweisungsverbot von Baugebieten in festgesetzten Überschwemmungsgebieten künftig nicht unerheblich eingeschränkt[58]. Die Anforderungen des Hochwasserschutzes treten neben die ohnehin schon bestehenden und die Planungshoheit bereits einschränkenden flächenbezogenen Restriktionen des europäischen und nationalen Umweltschutzrechts und drängen den kommunalen Entscheidungsspielraum über bauliche Nutzung von Grundstücksflächen weiter zurück.

b) Zulassung von Bauvorhaben in festgesetzten Überschwemmungsgebieten

Mit der Zulassung von Bauvorhaben in festgesetzten Überschwemmungsgebieten befassen sich die Bestimmungen in § 31 b Abs. 4 Satz 3 und 4 WHG. In diesem Sinne bedürfen die Errichtung und die Erweiterung einer baulichen Anlage nach den §§ 30, 34 und 35 BauGB der Genehmigung durch die zuständige Behörde. Diese darf aber nur dann erteilt werden, wenn im Einzelfall das Vorhaben

1. die Hochwasserrückhaltung nicht oder nur unwesentlich beeinträchtigt und der Verlust von verloren gehendem Rückhalteraum zeitgleich ausgeglichen wird,
2. den Wasserstand und den Abfluss bei Hochwasser nicht nachteilig verändert,
3. den bestehenden Hochwasserschutz nicht beeinträchtigt und
4. hochwasserangepasst ausgeführt wird

[56] Deutliche Parallelen zeichnen sich hier zu § 1 a Abs. 2 BauGB ab. Nach dieser Bestimmung, der so genannten „Bodenschutzklausel“, muss die Gemeinde vor der Inanspruchnahme von noch naturhaften Außenbereichsflächen darlegen, inwieweit Alternativen der Innenentwicklung für die Realisierung ihrer städtebaulichen Entwicklungsabsichten ausscheiden.
[57] So auch Jekel (Fußn. 12), S. 397.
[58] So deutlich auch: Kotulla (Fußn. 14), S. 131.

oder wenn die nachteiligen Auswirkungen durch Auflagen oder Bedingungen ausgeglichen werden können.

Zwar ist nach der Ausgestaltung der vorstehend angeführten Sätze 3 und 4 des § 31 b Abs. 4 WHG kein striktes Bauverbot innerhalb der festgesetzten Überschwemmungsgebiete normiert worden, doch wurde die Zulassung von Bauvorhaben im Geltungsbereich eines vorhabenbezogenen sowie klassischen Bebauungsplans nach § 30 BauGB, im unbeplanten Innenbereich nach § 34 BauGB sowie im Außenbereich nach § 35 BauGB unter einen Genehmigungsvorbehalt durch die zuständige Behörde gestellt. Welche Behörde insoweit zuständig sein soll, bestimmen die Länder, und zwar sowohl in diesem Zusammenhang als auch im Hinblick auf die die Bauleitplanung betreffende Regelung in § 31 b Abs. 4 Satz 2 WHG[59]. Die zuständige Behörde muss eine wasser- und/oder baurechtliche Genehmigung für die Errichtung und Erweiterung einer baulichen Anlage oder für die Ausweisung von Baugebieten in festgesetzten Überschwemmungsgebieten erteilen. Im Zuge einer auch hier anzustrebenden Verfahrenskonzentration ist schließlich auch die Erteilung von mehreren Genehmigungen denkbar[60]. Dieser Variante ist vielleicht sogar der Vorzug einzuräumen, da die wasserfachliche Beurteilung ohnehin von der jeweils zuständigen Wasserbehörde vorgenommen werden muss[61]. Insoweit bietet es sich an, eine eigene wasserrechtliche Genehmigung auszugestalten. Diese Genehmigung tritt neben die Baugenehmigung. Nach § 29 Abs. 2 BauGB bleiben die Vorschriften des Bauordnungsrechts und andere öffentlich-rechtliche Vorschriften wie solche des WHG, unberührt.

c) Bauleitplanung und Zulassung von Bauvorhaben in faktischen Überschwemmungsgebieten

Noch nicht festgesetzte Überschwemmungsgebiete im Sinne von § 31 b Abs. 2 Satz 3 und 4 WHG sind nach § 31 b Abs. 5 Satz 1 WHG nach noch zu erlassenden landesrechtlichen Vorschriften zu ermitteln, in Kartenform darzustellen und vorläufig zu sichern. Für diese so genannten „faktischen Überschwemmungsgebiete" gelten nach § 31 b Abs. 5 Satz 2 WHG die Regelungen in § 31 b Abs. 2 bis 4 WHG entsprechend. Faktische Überschwemmungsgebiete und festgesetzte Überschwemmungsgebiete sind im Hinblick auf die Anforderungen an die Ausweisung von Baugebieten und die Zulassung von Bauvorhaben gleichgestellt. Dem liegt der richtige Gedanke zu Grunde, dass diese Gebiete, wenngleich sie noch nicht als Überschwemmungsgebiete festgesetzt sind, gleichwohl durch eine vorläufige Unterschutzstellung vor einer Inanspruchnahme geschützt werden müssen, sollen sie je-

---

[59] Vgl. oben 2.1.2.a.
[60] Berendes (Fußn. 14), S. 208.
[61] So auch Jekel (Fußn. 12), S. 397.

denfalls den mit ihrer Ausweisung als Überschwemmungsgebiet verbundenen Zweck[62] auch künftig erfüllen können. Mit der Festsetzung als Überschwemmungsgebiet endet der Status des faktischen Überschwemmungsgebietes.

2.2 Die Änderungen im BauGB

Die mit der Stärkung des Hochwasserschutzes verbundenen Zielsetzungen wirken sich über die beschriebenen Änderungen und Ergänzungen des WHG hinaus, auch noch auf weitere Regelungsbereiche aus. Raumplanungsrelevant sind hier in erster Linie die erforderlichen Änderungen und Ergänzungen des BauGB, des ROG sowie des UVPG. Sie werden in ihren Auswirkungen für die Raumordnungs- und Bauleitplanung im Folgenden genauer betrachtet.

2.2.1 Die Neuregelungen im Überblick

Im Überblick ergeben sich durch Art. 2 HWSG, der die Überschrift „Änderung des Baugesetzbuchs" trägt, folgende maßgeblichen Neuerungen für das BauGB:

- Ergänzung der Planungsleitlinien in § 1 Abs. 6 Nr. 12 BauGB,
- Einfügung von § 5 Abs. 4 a BauGB,
- Einfügung von § 9 Abs. 6 a BauGB,
- Ergänzung des Anwendungsbereichs des Vorkaufsrechts um § 24 Abs. 1 Nr. 7 BauGB,
- Ergänzung der öffentlichen Belange um § 35 Abs. 3 Satz 1 Nr. 6 BauGB sowie
- Einfügung von § 246 a BauGB.

Lediglich redaktionell ist die Angabe zu § 246 a in der Inhaltsübersicht (vgl. Art. 2 Nr. 1 HWSG).

[62] Vgl. zur Bedeutung von Überschwemmungsgebieten oben 2.1.1.

a) Ergänzung der Planungsleitlinien in § 1 Abs. 6 BauGB

Die in § 1 Abs. 6 BauGB enthaltenen und bei der Aufstellung, Änderung, Ergänzung und Aufhebung von Bauleitplänen zu berücksichtigenden Planungsleitlinien werden um die „Belange des Hochwasserschutzes" erweitert. Der in § 1 Abs. 6 BauGB angeführte Katalog wird im Hinblick darauf um eine Nr. 12 ergänzt.

Bislang waren Hochwasserschutzbelange Bestandteil der in umfassendem Maße den Umweltschutz erfassenden Planungsleitlinie nach § 1 Abs. 5 Nr. 7 BauGB-alt. Nach dieser Bestimmung waren neben den Nutzungsmöglichkeiten erneuerbarer Energien auch die Belange des Naturschutzes und der Landschaftspflege, worunter insbesondere die Belange des Wassers und insoweit auch des Hochwassers fielen, bei der Bauleitplanung zu berücksichtigen. Vor dem Hintergrund, insbesondere der Hochwasser der letzten Jahre und der in der Folge vorgenommenen Ausgestaltung des Hochwasserschutzgesetzes, wird der Bedeutung des vorbeugenden Hochwasserschutzes nunmehr durch eine eigene Planungsleitlinie Rechnung getragen[63]. Belange des Hochwasserschutzes sind im Rahmen der bauleitplanerischen Abwägung zu berücksichtigen, und zwar unabhängig davon, ob Überschwemmungsgebiete oder überschwemmungsgefährdete Gebiete als nachrichtliche Übernahmen oder als Vermerke im Bauleitplan aufgenommen sind. Es besteht vielmehr eine Verpflichtung zur Abwägung von Hochwasserschutzbelangen. Vorbeugender Hochwasserschutz kann mit Blick auf die in § 31 a WHG enthaltenen Grundsätze dabei in sehr unterschiedlicher Hinsicht Bedeutung erlangen[64]. Für die Planungspraxis gilt dies insbesondere dann, wenn Überschwemmungsgebiete und überschwemmungsgefährdete Gebiete noch nicht festgesetzt und auch noch nicht vorläufig gesichert sind.

Eine qualitative Aufwertung erhält der im Rahmen der Bauleitplanung zu berücksichtigende Hochwasserschutz allerdings durch den neuen § 31 b Abs. 4 WHG. Denn danach dürfen in festgesetzten Überschwemmungsgebieten durch Bauleitplanung keine neuen Baugebiete ausgewiesen werden[65], es sei denn, die Ausnahmevoraussetzungen der in § 31 b Abs. 4 Satz 2 Nr. 1 bis 9 WHG sind erfüllt. Diese können allerdings im Rahmen der bauleitplanerischen Abwägung nicht überwunden werden[66]. Liegen die oben angeführten Voraussetzungen nicht vor, ist die Überplanung von Überschwemmungsgebieten unzulässig[67]. Liegen sie demgegenüber vor, bedarf es der Prüfung durch die nach Landesrecht zuständige Behörde[68]

---

[63] Vgl. BT-Drs. 15/3168, S. 15.

[64] Vgl. dazu die Ausführungen zur Notwendigkeit von Hochwasserschutzmaßnahmen oben Kapitel 1.

[65] Vgl. oben 2.1.2 a und c.

[66] So klar auch: Gaentzsch, in: Berliner Kommentar zum BauGB, 3. Aufl., Loseblattsammlung Stand: Dezember 2005, § 1 Rn. 77 a.

[67] Wohl anders: W. Schrödter, in: Schrödter (Hrsg.), BauGB, 7. Auflage 2006, § 1 Rn. 185 e, der hier eine Überwindung der Belange des Hochwasserschutzes im Rahmen der Abwägung wohl anerkennt, gleichzeitig allerdings auf die Möglichkeit von Amtshaftungsansprüchen hinweist.

[68] Dazu oben 2.1.2 a.

und der anschließenden Erteilung einer entsprechenden Genehmigung durch sie. Doch entbindet auch dies die Gemeinde nicht, die Belange des Hochwasserschutzes in die Abwägung einzustellen und bei den zu treffenden planerischen Entscheidungen solche Darstellungen und Festsetzungen zu berücksichtigen, durch die den Anforderungen des Hochwasserschutzes in der konkreten planerischen Situation entsprochen werden kann[69]. Gegenwärtig erlangen für die Bauleitplanung vor allem die überschwemmungsgefährdeten Gebiete im Sinne von § 31 c WHG Bedeutung, da Überschwemmungsgebiete und faktische Überschwemmungsgebiete gemäß § 31 b Abs. 2 Satz 3 und 4 sowie Abs. 5 WHG in Folge weitgehender Zurückhaltung der Länder noch kaum ausgewiesen sind. Auf deren kartographische Darstellung kommt es dabei nicht an[70].

Die erforderlichen Informationen zum Hochwasserschutz, insbesondere zu den überschwemmungsgefährdeten Gebieten, sind von den zuständigen Wasserbehörden im Zuge des Planaufstellungs-, Planänderungs-, Planergänzungs- oder Aufhebungsverfahrens zu liefern. Sie werden als „Behörden" in zwei Verfahrensstufen an der Planung beteiligt. In diesem Sinne werden sie nicht nur um die Abgabe von Stellungnahmen zum Planentwurf und zur Begründung nachgefragt (vgl. § 4 Abs. 2 Satz 1 BauGB), sondern schon auf einer ersten Beteiligungsstufe gemäß § 4 Abs. 1 Satz 1 BauGB über die allgemeinen Ziele und Zwecke der Planung, sich wesentlich unterscheidende Lösungen und die voraussichtlichen Auswirkungen der Planung unterrichtet und im Rahmen des Scoping zur Äußerung auch im Hinblick auf den erforderlichen Umfang und Detaillierungsgrad der Umweltprüfung nach § 2 Abs. 4 BauGB aufgefordert. Im Umweltbericht ist sodann mit Blick auf die Anlage zu § 2 Abs. 4 und 2 a zu beschreiben, inwieweit Belange des Hochwasserschutzes ermittelt und bewertet werden und vor allem, wie sowohl den inhaltlichen Anforderungen von Hochwasserschutzplänen als auch den Zielen des Hochwasserschutzes durch Vermeidungs-, Minderungs- und Ausgleichsmaßnahmen Rechnung getragen wird. Auch im Rahmen der Umweltprüfung können die Gemeinden freilich nicht dazu verpflichtet werden, eigene Ermittlungen über bestehende oder geplante Überschwemmungsgebiete oder überschwemmungsgefährdete Gebiete anzustellen[71].

Allerdings ist in diesem Zusammenhang darauf hinzuweisen, dass das in § 31 b Abs. 4 WHG normierte Planungsverbot nur für die neu in das WHG aufgenommene Kategorie der Überschwemmungsgebiete, die nach § 31 b Abs. 2 nach Landesrecht zu bestimmen sind, Geltungskraft besitzt. Für die kommunale Planungspraxis bedeutet dies, dass in den bisher von den Ländern bestimmten Überschwemmungsgebieten, Bauleitpläne nicht nach den Maßgaben des § 31 b Abs. 4 WHG auszurichten sind, sondern noch nach den bislang geltenden allgemeinen,

---

[69] Siehe dazu: BVerwG, Urt. vom 21. März 2002 – CN 14.00 –, DVBl. 2002, S. 1469.
[70] Gaentzsch (Fußn. 66), § 1 Rn. 77 a.
[71] Schröer, ÖffBauR 2005, S. 2.

insbesondere durch die Rechtsprechung[72] geprägten Grundsätzen, zu beurteilen sind[73].

Restlos zu überzeugen vermag dies allerdings nicht. Nach den Hochwassern der letzten Jahre, insbesondere des Elbe-Hochwassers im Jahr 2002 kann wohl niemand mehr die Notwendigkeit des Hochwasserschutzes, insbesondere in seiner volkswirtschaftlichen Bedeutung leugnen. Hinzu kommt, dass sich die Überplanung von Überschwemmungsgebieten in den letzten Jahren zunehmend als Fehler herausgestellt hat. Aus diesem Grund ist es den planenden Gemeinden uneingeschränkt zu empfehlen, ihre „alten" Überschwemmungsgebiete nicht zu überplanen und das normierte Planungsverbot in § 31 b Abs. 4 Satz 1 WHG auf diese Altgebiete zu übertragen und damit die Belange des Hochwassers sachgerecht zu beachten. Gleichwohl dürfte diese Auffassung nicht bei allen Kommunen auf fruchtbaren Boden fallen, insbesondere nicht bei solchen, die entlang von regelmäßig über die Ufer tretenden Flüssen gelegen sind und im Grunde genommen durch die freiwillige Beachtung des Planungsverbots in ihrer baulichen Entwicklung, gegebenenfalls sogar erheblich, eingeschränkt sind. Diese sollten jedoch eine Überplanung der alten Überschwemmungsgebiete nur dann vornehmen, wenn zumindest die in § 31 b Abs. 4 Satz 2 WHG aufgelisteten Ausnahmetatbestände kumulativ vorliegen und insoweit auch eine Ausnahmegenehmigung durch die nach Landesrecht zuständige Behörde erteilt werden könnte[74].

b) Einfügung von § 5 Abs. 4 a BauGB

In den Flächennutzungsplan sollen nach § 5 Abs. 4 BauGB Planungen und sonstige Nutzungsregelungen, die nach anderen gesetzlichen Vorschriften festgesetzt sind, sowie nach Landesrecht denkmalgeschützte Mehrheiten von baulichen Anlagen nachrichtlich übernommen werden. Sind derartige Festsetzungen erst in Aussicht genommen, sollen sie im Flächennutzungsplan nur vermerkt werden. Durch den Bundesgesetzgeber findet danach in Bezug auf den Flächennutzungsplan eine Differenzierung in nachrichtliche Übernahmen und Vermerke statt[75].

Die beabsichtigte Art der Bodennutzung kann bereits vor der erstmaligen oder (Neu-) Aufstellung eines Flächennutzungsplans durch Planungen und sonstige Nutzungsregelungen in anderer Weise als durch Bauleitplanung festgelegt sein. Da es der Koordinationsfunktion[76] des Flächennutzungsplans entspricht, einerseits für das gesamte Gemeindegebiet die Art der Bodennutzungsplanung darzustellen, un-

---

[72] Siehe dazu den Überblick bei: Ziehm, ZUR 2005, S. 192 ff.

[73] Ebenso: W. Schrödter (Fußn. 67), § 1 Rn. 185 c.

[74] Wie hier: W. Schrödter (Fußn. 67), § 1 Rn. 185 d.

[75] Darin unterscheidet sich im Übrigen der Flächennutzungsplan von dem Bebauungsplan, denn in diesen werden nach § 9 Abs. 6 BauGB lediglich nachrichtliche Übernahmen aufgenommen. Vgl. nachstehend II. 2.1. c.

[76] Gaentzsch (Fußn. 66), § 5 Rn. 46.

abhängig davon auf welcher Rechtsgrundlage diese Bodennutzung zulässiger Weise erfolgen darf und andererseits darüber zu informieren, welche raumrelevanten Planungen und sonstigen Nutzungsregelungen im Gemeindegebiet stattfinden, sind diese nach anderen gesetzlichen Vorschriften getroffenen Festlegungen, nachrichtlich in den Flächennutzungsplan aufzunehmen[77]. Während sich der Begriff der Planungen vor allem auf Fachplanungen im Sinne von § 38 BauGB, die sich räumlich und sachlich auf die städtebauliche Entwicklung der Gemeinde auswirken und auch bei den zu treffenden grundlegenden Bodennutzungsentscheidungen zu berücksichtigen sind, kommen als Nutzungsregelungen in erster Linie solche nach dem Naturschutz- und Landschaftspflegerecht, nach dem Luftverkehrsgesetz, dem Schutzbereichsgesetz, dem Denkmalsrecht sowie nach dem Wasserhaushaltsrecht in Betracht. Überschwemmungsgebiete im Sinne von § 32 WHG-alt, die in der Rechtsform einer Verordnung ausgewiesen werden, unterfallen diesen sonstigen Nutzungsregelungen und sind folglich nachrichtlich in den Flächennutzungsplan aufzunehmen bzw. soweit deren Festsetzung erst beabsichtigt ist, zu vermerken.

Nachrichtlich übernommen werden können aber lediglich solche Planungen und sonstigen Nutzungsregelungen, die nach anderen gesetzlichen Vorschriften als denen des Baugesetzbuchs festgesetzt worden sind[78]. Und als weitere Voraussetzung gilt, dass diese Planungen und sonstigen Nutzungsregelungen „festgesetzt" sein müssen, um nachrichtlich übernommen werden zu können. Dies ist dann der Fall, wenn sie rechtswirksam und mit Außenwirkung rechtsverbindlich sind[79]. § 5 Abs. 4 Satz 1 BauGB stellt eine „Soll-Vorschrift" dar und ist damit für den Regelfall als zwingende Verpflichtung anzusehen[80]. Daher kann die Gemeinde von einer nachrichtlichen Übernahme beispielsweise dann absehen, wenn die betreffende Planung oder sonstige Nutzungsregelung offensichtlich nichtig oder im Rahmen einer gerichtlichen Entscheidung aufgehoben worden ist. In der Begründung sind die ausschlaggebenden Gründe dafür darzulegen. Jedenfalls wäre es mit dem zwingenden Charakter der Soll-Vorschrift nicht zu vereinbaren, wenn die Gemeinde nur deshalb von einer nachrichtlichen Übernahme, beispielsweise eines Überschwemmungsgebietes, absieht, weil sie gegen diese Ausweisung vorgeht oder weil sie die beabsichtigte Siedlungsentwicklung nicht beeinträchtigt sehen will[81]. Im Übrigen ist in diesem Zusammenhang auch darauf hinzuweisen, dass nach anderen Vorschriften getroffene Planungen und sonstige Nutzungsregelungen im Flächennutzungsplan einerseits als planungsrechtliche Darstellungen[82] mit Blick auf den Katalog in § 5 Abs. 2 BauGB, beispielsweise nach Nr. 7 als Flächen, die im Interesse des

[77] Auch: Söfker, in: Ernst/Zinkahn/Bielenberg/Krautzberger (Hrsg.), BauGB, Loseblattsammlung Stand: November 2005, § 5 Rn. 69.
[78] So genannte „Fremdplanungen".
[79] Söfker (Fußn. 77), § 5 Rn. 69.
[80] Ebenda § 9 Rn. 278.
[81] Im Rahmen des Plangenehmigungsverfahrens kann von der Genehmigungsbehörde eine Ergänzung des Bauleitplans durch eine entsprechende Auflage verlangt werden, bei Anzeigeverfahren für Bebauungspläne durch Geltendmachung des Rechtsverstoßes mit Maßgabe.
[82] Dies gilt auch für die Festsetzungen des Bebauungsplans, z.B. nach § 9 Abs. 1 Nr. 16 BauGB.

Hochwasserschutzes und der Regelung des Wasserabflusses freizuhalten sind, dargestellt und damit von der Gemeinde im Sinne eigener Darstellungen anerkannt werden können[83]. Dadurch können für einen effektiven Hochwasserschutz unbedingt notwendige Flächen gesichert und von anderen Bodennutzungen freigehalten werden[84]. Nach anderen Vorschriften getroffene Planungen und sonstige Nutzungsregelungen können andererseits aber auch als nach anderen gesetzlichen Vorschriften getroffene Festsetzungen, und damit als selbständige Rechtsaussagen, in den Flächennutzungsplan aufgenommen werden.

Nachrichtliche Übernahmen[85] sind ebenso wie Kennzeichnungen nicht Ausdruck des planerischen Willens der Gemeinde[86] und unterliegen deshalb auch keiner Genehmigungspflicht[87], können allerdings im Hinblick auf ihre Vollständigkeit von der Genehmigungsbehörde überprüft und gegebenenfalls auch Gegenstand einer Auflage zur Aufnahme der nachrichtlichen Übernahme sein. Rechtsfolgen sind bei unterlassener nachrichtlicher Übernahme allerdings nicht zu befürchten[88]. Nachrichtliche Übernahmen haben insoweit nur deklaratorische Bedeutung und werden deshalb auch nicht Bestandteil des Flächennutzungsplanes. Ihre Rechtswirkung ergibt sich aus den für die Planung oder sonstige Nutzungsregelung maßgeblichen anderen Vorschriften, hier des Wasserrechts.

§ 5 Abs. 4 Satz 2 BauGB regelt den Vermerk. Das bedeutet, die Planungen und sonstigen Nutzungsregelungen sind noch nicht nach anderen Vorschriften festgesetzt, ihre Festsetzung ist aber beabsichtigt. Gleichwohl sind auch dem Vermerk Grenzen gesetzt. Denn nicht jede lediglich beabsichtige Planung oder sonstige Nutzungsregelung kann im Flächennutzungsplan vermerkt werden, sondern nur diejenigen, die bereits hinreichend konkretisiert sind[89]. Das heißt, das Verwaltungsverfahren der betreffenden Planung oder sonstigen Nutzungsregelung muss ernsthaft betrieben werden und außerdem eine räumliche Verortung zum Gegenstand haben. Da die Festsetzung noch nicht erfolgt ist und der Vermerk, genauso wie die nachrichtliche Übernahme, keine Zustimmung der Gemeinde zu der beabsichtigten Planung oder sonstigen Nutzungsregelung beinhaltet[90], hat die Gemeinde zu die-

---

[83] So auch Gaentzsch (Fußn. 66), § 5 Rn. 35; W. Schrödter (Fußn. 67), § 9 Rn. 180.

[84] Für die Freihaltung überschwemmungsgefährdeter Gebiete, die förmlich nicht festgesetzt werden, käme dies beispielsweise gegenwärtig in Frage.

[85] Dies gilt auch für Vermerke.

[86] Gaentzsch (Fußn. 66), § 9 Rn. 92; W. Schrödter (Fußn. 67), § 9 Rn. 180; Söfker (Fußn. 77), § 9 Rn. 70.

[87] Söfker (Fußn. 77), § 5 Rn. 275.

[88] Dies gilt allerdings nicht, soweit der Bebauungsplan durch die unterlassene nachrichtliche Übernahme inhaltliche Fehler aufweist. So zu Recht: Söfker (Fußn. 77), § 9 Rn. 280 mit weiteren Hinweisen zu daraus möglicherweise resultierenden Abwägungsfehlern.

[89] Ebenda § 5 Rn. 70.

[90] Ebenda.

sem Zeitpunkt noch die Möglichkeit, eine widersprechende Darstellung im Flächennutzungsplan zu treffen[91].

Ist die Planung oder sonstige Nutzungsregelung aber abgeschlossen und rechtskräftig, muss die Gemeinde von der nachrichtlichen Übernahme Gebrauch machen. Ansonsten gelten für Vermerke die gleichen Anforderungen, wie sie an nachrichtliche Übernahmen gestellt sind.

In der Planungspraxis ruft immer wieder die Frage, wie mit solchen Nutzungsregelungen umzugehen ist, die nach Wirksamwerden des Flächennutzungsplans erst rechtsverbindlich werden, Meinungsverschiedenheiten im Verhältnis zu den Genehmigungsbehörden einerseits sowie zu den einschlägigen Wasserbehörden andererseits hervor. Wenn rechtsverbindliche Nutzungsregelungen erst später als der Flächennutzungsplan wirksam werden, ist deren nachträgliche Aufnahme in den Flächennutzungsplan vorzunehmen, aber nur dann, wenn sich die unterschiedlichen Bodennutzungen überlagern, sich also festgesetztes Überschwemmungsgebiet und die kommunale Bodennutzungsabsicht räumlich überlagern und insoweit einen inhaltlichen Änderungs- oder Ergänzungsbedarf induzieren[92]. Eine solche Aktualisierungspflicht trifft die Gemeinde im Übrigen auch im Fall der Neubekanntmachung des Flächennutzungsplans[93].

Im Anschluss an die Bestimmung über die Übernahme und den Vermerk anderer Planungen und Nutzungsregelungen in § 5 Abs. 4 BauGB wird nun ein neuer Abs. 4 a BauGB angefügt, der sich auf die Verpflichtung zur nachrichtlichen Übernahme und zum Vermerk von Überschwemmungsgebieten sowie von überschwemmungsgefährdeten Gebieten bezieht. Es wird geregelt, dass festgesetzte Überschwemmungsgebiete im Sinne von § 31 b Abs. 2 Satz 3 und 4 WHG nachrichtlich übernommen werden sollen (§ 5 Abs. 4 a Satz 1 BauGB). Noch nicht festgesetzte Überschwemmungsgebiete im Sinne von § 31 b Abs. 5 (faktische Überschwemmungsgebiete[94]) sowie überschwemmungsgefährdete Gebiete im Sinne von § 31 c WHG sollen im Flächennutzungsplan vermerkt werden (§ 5 Abs. 4 a Satz 2 BauGB). Nachrichtliche Übernahme und Vermerk nach § 5 Abs. 4 a BauGB haben wie im Zusammenhang mit Abs. 4 lediglich Hinweischarakter[95]. Auch im Übrigen gilt für Überschwemmungsgebiete und für faktische Überschwemmungsgebiete sowie für überschwemmungsgefährdete Gebiete im Sinne von § 5 Abs. 4 a BauGB das zu § 5 Abs. 4 BauGB Ausgeführte. Gleichwohl wird durch die Einfügung von § 5 Abs. 4 a BauGB die Bedeutung des vorbeugenden Hochwasserschut-

[91] W. Schrödter (Fußn. 67), § 5 Rn. 50, der dann der höheren Verwaltungsbehörde im Rahmen des Genehmigungsverfahrens für den Flächennutzungsplan die Entscheidung über die letztlich vorrangige Darstellung überlässt.

[92] Ebenso: Gaentzsch (Fußn. 66), § 5 Rn. 47; W. Schrödter (Fußn. 67), § 5 Rn. 50 a; Söfker (Fußn. 77), § 9 Rn. 281.

[93] Vgl. unten 2.2.1.f.

[94] Vgl. oben 2.1.1.

[95] Gaentzsch (Fußn. 66), § 5 Rn. 47 a.

zes hervorgehoben. Die Bestimmung gilt ausdrücklich nur für auf der Grundlage des HWSG festgelegte Überschwemmungsgebiete im Sinne von § 31 b Abs. 3 Satz 3 und 4 sowie Abs. 5 WHG und überschwemmungsgefährdete Gebiete gemäß § 31 c WHG und damit nicht für die bislang nach § 32 WHG-alt auszuweisenden Überschwemmungsgebiete. Diese werden nach § 5 Abs. 4 BauGB nachrichtlich übernommen oder vermerkt.

c) Einfügung von § 9 Abs. 6 a BauGB

Mit der Einfügung von § 9 Abs. 6 a BauGB wird im Grunde genommen die Komplementärvorschrift zu § 5 Abs. 4 a BauGB für den Bebauungsplan nachgezeichnet, so dass auf die diesbezüglich gemachten Ausführungen verwiesen werden kann[96]. So sollen nach dieser Bestimmung festgesetzte Überschwemmungsgebiete im Sinne von § 31 b Abs. 2 Satz 3 und 4 WHG nachrichtlich in den Bebauungsplan übernommen werden (Satz 1). Noch nicht festgesetzte Überschwemmungsgebiete im Sinne des § 31 b Abs. 5 WHG sowie überschwemmungsgefährdete Gebiete gemäß § 31 c WHG sollen demgegenüber im Bebauungsplan vermerkt werden (Satz 2). Ein inhaltlicher Unterschied zu § 5 Abs. 4 a BauGB ergibt sich daraus nicht.

Gleichwohl ergeben sich solche Unterschiede im Verhältnis der Grundregelungen zueinander, also von § 9 Abs. 6 BauGB zu § 5 Abs. 4 BauGB. Nach § 9 Abs. 6 BauGB können erst in Aussicht genommene Festsetzungen nach anderen Vorschriften im Bebauungsplan – anders als nach § 5 Abs. 4 BauGB im Flächennutzungsplan – nicht vermerkt werden. Dies ergibt sich daraus, dass der Bebauungsplan die rechtsverbindliche Ordnung der Bodennutzung dokumentiert[97], und zwar unabhängig davon, ob seine Festsetzungen auf Abwägungsentscheidungen der Gemeinde zurückgehen oder auf Entscheidungen, die nach anderen Vorschriften getroffen werden[98]. Der dem Flächennutzungsplan zugewiesene programmatische Charakter ist dem Bebauungsplan fremd[99]. Deshalb ist es auf der einen Seite auch entgegen den Gepflogenheiten in der Planungspraxis wenig sinnvoll, im Bebauungsplan erst in Aussicht genommene anderweitige Festsetzungen zu vermerken[100], denn sie haben für die Gültigkeit des Bebauungsplans keine Bedeutung[101]. Auf der anderen Seite wird durch die Informationen zum Plangebiet das der Bauleitplanung nachfolgende Baugenehmigungsverfahren entlastet, gegebenenfalls sogar beschleunigt und das Verständnis für den Bebauungsplan erleichtert. Offenbar lagen die zuletzt genannten Gesichtspunkte auch dem Gesetzgeber nahe, so dass dieser in

---

[96] Vgl. oben II. 2.1.b.
[97] Söfker (Fußn. 77), § 9 Rn. 275.
[98] W. Schrödter (Fußn. 67), § 9 Rn. 179.
[99] Gaentzsch (Fußn. 66), § 9 Rn. 93.
[100] W. Schrödter (Fußn. 67), § 9 Rn. 179 erkennt diese Vorgehensweise der Planungspraxis an, sieht im Vermerk erst in Aussicht genommener anderweitiger Festsetzungen aber keine gemeindliche Verpflichtung. So auch Söfker (Fußn. 77), § 9 Rn. 277.
[101] Zu Recht: Gaentzsch (Fußn. 66), § 9 Rn. 93.

§ 9 Abs. 6 a Satz 2 BauGB – allerdings allein für die Belange des Hochwasserschutzes – in diese Richtung tendiert, denn danach ist für noch nicht festgesetzte, aber vorläufig gesicherte Überschwemmungsgebiete im Sinne von § 31 b Abs. 5 WHG sowie für überschwemmungsgefährdete Gebiete nach § 31 c WHG ein Vermerk auch im Bebauungsplan vorgesehen[102]. Diesem Vermerk kommt die übliche informatorische Bedeutung zu. Sie kann eigentlich nur auf den besonderen Stellenwert des vorbeugenden Hochwasserschutzes zurückgeführt werden und spiegelt das hohe Gewicht des Hochwasserschutzes als zu berücksichtigender Belang für die rechtsverbindliche Festlegung in Bebauungsplänen wider[103].

d) Ergänzung des Anwendungsbereichs des Vorkaufsrechts um § 24 Abs. 1 Nr. 7 BauGB

Art. 2 Nr. 4 a HWSG ändert das Vorkaufsrecht des § 24 BauGB. Der Gemeinde steht nunmehr auch ein Vorkaufsrecht in Gebieten zur Verfügung, „die zum Zweck des vorbeugenden Hochwasserschutzes von Bebauung freizuhalten sind, insbesondere in Überschwemmungsgebieten". Vom Vorkaufsrecht können sowohl bebaute als auch unbebaute Grundstücke erfasst werden, da eine diesbezügliche Differenzierung nach dem Gesetzeswortlaut nicht vorgenommen wird. Im Zusammenhang mit der gesetzlichen Erweiterung der vorkaufsrechtlichen Befugnisse der Gemeinde für dem Hochwasserschutz dienende Gebiete bestehen Unklarheiten. Weniger problematisch ist dabei die Bestimmung des Zeitpunktes, wann das Vorkaufsrecht entsteht[104]. Zwar kann der Regelung in § 24 Abs. 1 Nr. 7 BauGB nicht eindeutig entnommen werden, wann das Vorkaufsrecht entsteht, denn anders als bei anderen vorkaufsrechtlichen Befugnissen in § 24 Abs. 1 BauGB wird auf vorangehende städtebauliche Maßnahmen, etwa die Aufstellung eines Bebauungsplans oder eines Flächennutzungsplans[105], nicht Bezug genommen[106]. Außerdem kann es Schwierigkeiten im Hinblick auf die verwendete Terminologie geben, denn in § 24 Abs. 1 Nr. 7 BauGB ist die Rede von „Überschwemmungsgebieten" allgemein. Dabei könnte zunächst vermutet werden, dass es sich bei diesen Überschwemmungsgebieten freilich nur um die nach dem Wasserrecht festgesetzten, mindestens jedoch um die faktischen Überschwemmungsgebiete handeln muss. Eine derartige Auffassung verkennt aber, dass es sich bei diesen Gebieten um fachgesetzlich ausgewiesene, aber keineswegs auf originär städtebaulichen Maßnahmen beruhende Gebiete handelt[107]. Aus diesem Grund werden also Überschwemmungsgebiete und faktische Überschwemmungsgebiete im Sinne des § 31 b Abs. 2

[102] Eine Übertragbarkeit auf andere Rechtsfelder ist dadurch gleichwohl nicht ausgeschlossen.
[103] W. Schrödter (Fußn. 67), § 9 Rn. 180 a.
[104] Ebenda § 24 Rn. 18 f.
[105] Vgl. demgegenüber § 24 Abs. 1 Nr. 1 oder Nr. 5 BauGB.
[106] Stock, in: Ernst/Zinkahn/Bielenberg/Krautzberger (Hrsg.), BauGB, Loseblattsammlung Stand: November 2005, § 24 Rn. 44 a.
[107] Ebenda mit weiteren Hinweisen zum Gesetzgebungsverfahren, vgl. § 24 Rn. 12 d.

Satz 3 und 4 sowie Abs. 5 WHG von der Möglichkeit der Ausübung des Vorkaufsrechts nicht erfasst. Damit verbleibt es bei den überschwemmungsgefährdeten Gebieten, die nicht förmlich festgesetzt werden, also im Rahmen der Bauleitplanung, beispielsweise nach § 5 Abs. 2 Nr. 7 oder nach § 9 Abs. 1 Nr. 16 BauGB, dargestellt oder festgesetzt werden können, um dem vorbeugenden Hochwasserschutz entsprechend Rechnung tragen zu können.

Gebiete (Flächen), die von Bebauung freizuhalten sind, können in einem Bebauungsplan nach § 9 Abs. 1 Nr. 10 BauGB festgesetzt werden. Einschlägiger für den vorbeugenden Hochwasserschutz sind aber Festsetzungen nach § 9 Abs. 1 Nr. 14 sowie insbesondere nach § 9 Abs. 1 Nr. 16 BauGB. Die zuerst angeführte Regelungsmöglichkeit bezieht sich auf die Festsetzung von „Flächen zur Rückhaltung und Versickerung von Niederschlagswasser", die zuletzt genannte auf „Flächen für Hochwasserschutzanlagen und Flächen für die Regelung des Wasserabflusses". Als spezifische Grundlage für kommunal veranlasste Festsetzungen des vorbeugenden Hochwasserschutzes, beispielsweise für aus städtebaulicher Sicht erforderliche Überschwemmungsgebiete, wäre gerade § 9 Abs. 1 Nr. 16 BauGB gegenüber der Festsetzung von „von Bebauung freizuhaltenden Flächen" grundsätzlich vorzugswürdig[108], wenngleich freilich auch mit Festsetzungen nach § 9 Abs. 1 Nr. 10 BauGB Hochwasserschutzziele verfolgt werden können.

Schließlich spricht auch der Wortlaut der Bestimmung im Hinblick auf „von Bebauung freizuhaltende Flächen" dafür, als städtebauliche Maßnahme das Vorliegen eines Bebauungsplans eben mit Festsetzungen nach § 9 Abs. 1 Nr. 10 BauGB anzunehmen. Dann könnten im Flächennutzungsplan dargestellte und insoweit städtebaulich veranlasste Darstellungen von Überschwemmungsgebieten für eine Anwendung des Vorkaufsrechts nicht herangezogen werden, denn „von Bebauung freizuhaltende Flächen" sind im Darstellungskatalog des § 5 Abs. 2 BauGB als mögliche Inhalte des Flächennutzungsplans einerseits nicht aufgelistet. Andererseits reicht die in § 5 Abs. 2 Nr. 7 BauGB enthaltene Darstellungsmöglichkeit von „Flächen, die im Interesse des Hochwasserschutzes und der Regelung des Wasserabflusses freizuhalten sind" nicht grundsätzlich aus, eine Bebauung im Hinblick auf Zulassungsentscheidungen bezüglich privilegierter sowie sonstiger Vorhaben nach § 35 BauGB zu verhindern. Allerdings besteht auch für die nach dem HWSG auszuweisenden Überschwemmungsgebiete nach § 31 b Abs. 4 WHG kein absolutes Planungs- bzw. Bauverbot[109]. Daher wird mit dem in § 24 Abs. 1 Nr. 7 BauGB verwendeten Wortlaut offenbar auf die rechtsverbindliche Regelung nach § 9 Abs. 1 Nr. 10 BauGB im Bebauungsplan abgestellt, mit der Folge, dass ein Flächennutzungsplan-Vorkaufsrecht vorliegend ausscheidet[110]. Das Vorkaufsrecht entsteht dann mit dem Wirksamwerden des Bebauungsplans[111].

---

[108] Ebenda § 24 Rn. 44 b.

[109] W. Schrödter (Fußn. 67), § 24 Rn. 18 f.

[110] Wohl zu Recht: Stock (Fußn. 106), § 24 Rn. 44 c.

[111] Ebenda § 24 Rn. 44 b.

e) Ergänzung der öffentlichen Belange in § 35 Abs. 3 Satz 1 Nr. 6 BauGB

Gegenüber den vorkaufsrechtlichen Problemen steht die Ergänzung der öffentlichen Belange in § 35 Abs. 3 BauGB um die Belange des vorbeugenden Hochwasserschutzes deutlich zurück. So werden in § 35 Abs. 3 Nr. 6 BauGB nunmehr neben den agrarstrukturellen und wasserwirtschaftlichen Belangen auch die Belange des Hochwasserschutzes explizit angesprochen. In diesem Sinne liegt eine Beeinträchtigung öffentlicher Belange schon dann vor, wenn der Hochwasserschutz gefährdet ist. Die Zulässigkeit privilegierter sowie sonstiger Vorhaben kann am Vorliegen einer solchen Gefahr scheitern. Eine Aufnahme der Belange des Hochwasserschutzes in den Katalog der ohnehin nur beispielhaft aufgelisteten öffentlichen Belange, hat nur klarstellenden Charakter. Gegenwärtig findet die Bestimmung vorrangig Anwendung auf Überschwemmungsgebiete nach § 32 WHG-alt sowie auf überschwemmungsgefährdete Gebiete im Sinne von § 31 c WHG[112].

f) Einfügung von § 246 a BauGB

Die Regelung in § 246 a BauGB wurde durch das HWSG neu geschaffen[113] und bezieht sich auf Überschwemmungsgebiete und überschwemmungsgefährdete Gebiete. Sie steht in inhaltlichem Zusammenhang mit § 6 Abs. 6 BauGB und verlangt, dass anlässlich der Neubekanntmachung eines Flächennutzungsplans die in § 5 Abs. 4 a BauGB bezeichneten Gebiete nachrichtlich übernommen und vermerkt werden.

Auf der Grundlage von § 6 Abs. 6 BauGB kann die Gemeinde mit dem Beschluss über eine Änderung oder Ergänzung des Flächennutzungsplans auch bestimmen, dass der Flächennutzungsplan in der Fassung, die er durch die Änderung oder Ergänzung erfahren hat, neu bekannt zu machen ist. Damit wird das Ziel verfolgt, einen neu gefassten Flächennutzungsplan zu jedermanns Einsicht im Sinne von § 5 Abs. 5 Satz 3 BauGB in der Gemeinde auszulegen. Dabei bedarf die Neufassung weder Ratsbeschlusses, noch einer Begründung. Sie hat nur deklaratorische Bedeutung.

Die Neubekanntmachung setzt nicht zwingend einen Beschluss zur Änderung oder Ergänzung des Flächennutzungsplans voraus, um „mit" diesem bestimmt zu werden. Sie kann vielmehr die Bestimmung über die Neubekanntmachung nachholen sowie auch regeln, dass nach einer erfolgten Änderung oder Ergänzung des Flächennutzungsplans nunmehr alle bisherigen Änderungen und Ergänzungen, neu bekannt gemacht werden[114]. Deshalb bedarf es in diesem Zusammenhang des Nachweises der ursprünglichen Fassung des Flächennutzungsplans und der seither

---

[112] W. Schrödter (Fußn. 67), § 35 Rn. 97 a.
[113] Vgl. Art. 2 Nr. 6 HWSG.
[114] Gaentzsch (Fußn. 66), § 6 Rn. 28.

erfolgten Änderungen und Ergänzungen, so dass die Neufassung nachvollzogen werden kann. Dabei ist von praktischer Bedeutung, dass die Gemeinde verpflichtet ist, auch nach der Bekanntmachung der Neufassung, den ursprünglichen Flächennutzungsplan nebst seinen Änderungen und Ergänzungen zu jedermanns Einsicht bereitzuhalten und über deren Inhalt Auskunft zu geben. In diesen Kontext ist § 246 a BauGB einzustellen. Denn nunmehr sollen anlässlich der Neubekanntmachung des Flächennutzungsplans auch die festgesetzten Überschwemmungsgebiete, die noch nicht festgesetzten faktischen Überschwemmungsgebiete sowie die überschwemmungsgefährdeten Gebiete gemäß § 31 b Abs. 2 Satz 3 und 4, Abs. 5 und § 31 c WHG nachrichtlich in den Flächennutzungsplan aufgenommen und vermerkt werden. Da dies auch schon auf der bestehenden Rechtsgrundlage des § 6 Abs. 6 BauGB möglich gewesen wäre, kommt § 246 a BauGB rechtlich betrachtet, einerseits lediglich eine klarstellende Funktion zu. Andererseits verdeutlicht die Bestimmung die besondere Bedeutung des Hochwasserschutzes im Verhältnis zu den übrigen anderweitigen Festsetzungen, die nachrichtlich in den Flächennutzungsplan aufgenommen oder vermerkt werden.

2.3 Die Änderungen im Raumordnungsgesetz (Art. 3 HWSG)

Um die mit dem vorbeugenden Hochwasserschutz verfolgten Zielsetzungen erreichen zu können, ist eine Einbeziehung auch der raumordnerischen Ebene[115] erforderlich geworden. Vorbeugender Hochwasserschutz ist nicht nur eine wasserrechtliche Aufgabe, sondern auch die Raumordnung trägt mit ihren rechtlichen und planerischen Instrumenten zum Erhalt und zur Wiederherstellung von Retentionsräumen und versickerungsfähigen Böden bei und wirkt auf eine vorsorgende Risikobeachtung in überflutungsgefährdeten Räumen hin[116]. Vor diesem Hintergrund ändert Art. 3 HWSG das ROG. Im Gegensatz zu den Änderungen des BauGB wird das ROG aber nur in Form von Klarstellungen betroffen[117]. Dies ergibt sich nicht zuletzt daraus, dass die Belange des vorbeugenden Hochwasserschutzes bei der Aufstellung von Raumordnungsplänen schon durch den Grundsatz in § 2 Abs. 2 Nr. 8 ROG zu berücksichtigen waren: „... Für den vorbeugenden Hochwasserschutz ist an der Küste und im Binnenland zu sorgen, im Binnenland vor allem durch Sicherung oder Rückgewinnung von Auen, Rückhalteflächen und überschwemmungsgefährdeten Bereichen. ...“.

Die Grundsätze der Raumordnung sind nach § 7 Abs. 1 Satz 1 ROG durch Festlegungen in den Raumordnungsplänen zu konkretisieren. Raumordnungspläne sollen

[115] Zum Einsatzfeld raumordnerischer Instrumente, vgl. Heiland, Vorsorgender Hochwasserschutz durch Raumordnung, interregionale Kooperation und ökonomischen Lastenausgleich, 2002, S. 51 ff.
[116] Bundesamt für Bauwesen und Raumordnung (Hrsg.), Raumordnungsbericht 2005, Bonn 2005, S. 332.
[117] Jekel (Fußn. 12), S. 399; Berendes (Fußn. 14), S. 212.

dabei Festlegungen zur Raumstruktur enthalten, für die gemäß § 7 Abs. 2 ROG die anzustrebende Siedlungsstruktur, die anzustrebende Freiraumstruktur sowie die zu sichernden Standorte und Trassen für Infrastruktur als Kerninhalte vorgesehen sind. Dabei werden für die anzustrebende Freiraumstruktur nach § 7 Abs. 2 Satz 1 Nr. 2 ROG erläuternde Beispiele angeführt. Da es sich hierbei wie im Übrigen auch für die Kerninhalte bei Festlegungen der Raumstruktur lediglich um beispielhafte Auflistungen handelt, ist die durch Art. 3 Nr. 1 HWSG vorgenommene Änderung des § 7 Abs. 2 Satz 1 Nr. 2 ROG nur klarstellend, denn es werden in den Katalog erläuternder Beispiele nunmehr auch die Belange des vorbeugenden Hochwasserschutzes aufgenommen. Zu den Festlegungen zur anzustrebenden Freiraumstruktur gehören daher seit dem In-Kraft-Treten des HWSG

- Großräumig übergreifende Freiräume und Freiraumschutz,
- Nutzungen im Freiraum, wie Standorte für die vorsorgende Sicherung sowie die geordnete Aufsuchung und Gewinnung von standortgebundenen Rohstoffen,
- Sanierung und Entwicklung von Raumfunktionen,
- Freiräume zur Gewährleistung des vorbeugenden Hochwasserschutzes.

§ 7 Abs. 3 ROG bezieht sich auf die zur Abstimmung raumbedeutsamer Planungen und Maßnahmen erforderlichen Festlegungen. Die Bestimmung regelt das Verhältnis von raumbedeutsamen Planungen und Maßnahmen zu unterschiedlichen Fachplanungen und trägt insoweit der Koordinationsfunktion der Raumordnung Rechnung. So können Festlegungen fachplanerischen Inhalts auch zum Inhalt von Raumordnungsplänen gehören, soweit jedenfalls durch sie einerseits eine Koordination von Raumnutzungsansprüchen herbeigeführt und sie andererseits durch die Ziele und Grundsätze der Raumordnung gesichert werden können. Erfasst werden Darstellungen in Fachplänen unterschiedlichster sektoraler Ausprägung. § 7 Abs. 3 Satz 2 ROG enthält auch dazu eine beispielhafte Auflistung und nennt neben Darstellungen in Fachplänen des Verkehrsrechts und des Wasser- und Immissionsschutzrechts noch weitere Regelungsbereiche, zu denen nunmehr auf Grund der durch Art. 3 Nr. 2 HWSG vorgenommenen Änderung des § 7 Abs. 3 Satz 2 ROG auch „die raumbedeutsamen Erfordernisse und Maßnahmen des vorbeugenden Hochwasserschutzes nach den Vorschriften des Wasserhaushaltsgesetzes zählen. Auch diese Änderung ist wegen der ohnehin nur beispielhaften Auflistung in § 7 Abs. 3 Satz 2 ROG nur klarstellend.

2.4 Die Änderungen im Gesetzes über die Umweltverträglichkeitsprüfung (Art. 6 HWSG)

Für die Raumplanung sind schließlich noch die durch das HWSG hervorgerufenen Änderungen des UVPG relevant. Die Änderung bezieht sich auf die Anlage 2 zum UVPG. Diese Anlage enthält die Kriterien für die Vorprüfung des Einzelfalls im Rahmen einer Umweltverträglichkeitsprüfung. Es handelt sich auch hierbei lediglich um eine klarstellende Änderung, die erforderlich wird, durch die neue Nummerierung des § 32 WHG, denn die Regelung über Überschwemmungsgebiete ist nach dem In-Kraft-Treten des HWSG in § 31 b WHG geregelt. Zu Überschwemmungsgebieten ist beim Screening-Verfahren im Zusammenhang mit den standortbezogenen Angaben, eine Aussage zur Belastbarkeit eines solchen Gebietes zu treffen. Demgegenüber fraglich ist die Außerachtlassung von überschwemmungsgefährdeten Gebieten im Sinne von § 31 c WHG. Für diese wird eine Änderung der Anlage 2 zum UVPG nicht für erforderlich angesehen, weil derlei Gebiete nur in Ausnahmefällen ökologisch sensible Gebiete darstellen und in diesen Einzelfällen auch im Vollzug und ohne ausdrückliche Regelung eine standortbezogene Vorprüfung der UVP-Pflichtigkeit vorgenommen werden kann[118]. Inwieweit es sich bei überschwemmungsgefährdeten Gebieten nur in Ausnahmefällen um ökologisch sensible Gebiete handelt, ist ohne Weiteres nicht nachvollziehbar, so das auch die Gebiete im Sinne von § 31 c WHG in die Anlage 2 in Ergänzung der Nr. 2.3.6 sinnvoller Weise hätten aufgenommen werden sollen.

3. Fazit und Ausblick

Hochwasserschutz ist eine Querschnittsaufgabe. Vor diesem Hintergrund werden mit dem Gesetz zur Verbesserung des Hochwasserschutzes die Belange des Hochwasserschutzes nicht nur im Wasserrecht, sondern auch in anderen Rechtsbereichen, insbesondere dem Raumordnungs- und Bauleitplanungsrecht, deutlich gestärkt.

Auf den Planungsebenen der Landes- und Regionalplanung sowie der Bauleitplanung muss künftig dem Belang des Hochwasserschutzes bei der Aufstellung, Änderung, Ergänzung und Aufhebung von Plänen inhaltlich sowie formal besser Rechnung getragen werden. Dabei wird es in großem Umfang auf die frühzeitige und sachgerechte Einbeziehung der für die Belange des Hochwasserschutzes zuständigen Fachbehörden ankommen. Zwar wird die Siedlungsentwicklung und Bautätigkeit in Überschwemmungsgebieten und faktischen Überschwemmungsgebieten eingeschränkt, sie wird aber nicht gänzlich verboten[119]. Je nach Bundesland kann es bei der rahmenrechtlich nach § 31 b Abs. 4 WHG zu erteilenden Genehmigung zu Unterschieden in Bezug auf die Anwendungspraxis dieser Bestimmung kommen.

---

[118] So Jekel (Fußn. 12), S. 399.

[119] Siehe zu nach altem Recht noch ausgewiesenen Überschwemmungsgebieten: BayVGH, Urteil vom 27. April 2004 – 26 N 02.2437 –, NuR 2005, S. 109 f.

Ebenfalls mit Interesse zu verfolgen, ist der Umgang mit der neu eingeführten Kategorie der überschwemmungsgefährdeten Gebiete, die nicht festgesetzt werden, aber ermittelt und in Karten dargestellt werden müssen. Überhaupt bleibt abzuwarten, wie die auch insoweit zuständigen Länder mit den ihnen zugewiesenen Regelungsaufträgen umgehen. Dabei ist nicht nur die Frage nach dem wann und wie von Bedeutung, sondern vor allem die Frage, ob die Länder die vorgegebenen Fristen für die Festsetzung von Überschwemmungsgebieten einhalten wollen und dies nicht zuletzt auch können[120].

Schließlich kann noch mit Spannung auf die europäische Ebene geblickt werden. Dort wird gegenwärtig an einer Hochwasserschutz-Richtlinie[121] gebastelt, denn von europäischer Seite wurde ein Bedarf an einschlägigen gemeinschaftsrechtlichen Rechtsvorschriften festgestellt. Durch die mittlerweile im Entwurf vorliegende Richtlinie wird ein auf die Wasserrahmenrichtlinie[122] aufbauender EU-Rahmen für das Hochwasserrisikomanagement geschaffen. Eine Vorgehensweise in drei Phasen wird darin vorgesehen. In der ersten Phase soll durch die Mitgliedsstaaten eine vorausschauende Bewertung des Hochwasserrisikos ihrer Einzugsgebiete vorgenommen werden einschließlich dazugehöriger Küstengebiete. Wird ein solches bejaht, so sind von den Mitgliedsstaaten so genannte „Hochwasserrisikokarten" zu erstellen. In der dritten Phase müssen dann für diese Gebiete Pläne für das Hochwasserrisikomanagement erarbeitet werden. Besondere Bedeutung kommt nach der Hochwasserschutz-Richtlinie neben der obligatorischen Einbeziehung der Öffentlichkeit der grenzüberschreitenden Zusammenarbeit zu, denn bei internationalen Einzugsgebieten müssen die betroffenen Mitgliedsstaaten die vorstehend angeführten Phasen koordinieren, damit Hochwasserprobleme nicht einfach von einem Gebiet auf ein anderes verlagert werden können.

---

[120] Auch: Jekel (Fußn. 12), S. 399 und Berendes (Fußn. 14), S. 214.

[121] Richtlinie des Europäischen Parlaments und des Rates über die Bewertung und Bekämpfung von Hochwasser vom 18. Januar 2006, KOM(2006) 15 endgültig.

[122] Vgl. Richtlinie 2000/60/EG des Europäischen Parlaments und des Rates vom 23. Oktober 2000 zur Schaffung eines Ordnungsrahmens für Maßnahmen der Gemeinschaft im Bereich der Wasserpolitik, ABl. EG Nr. L 327 S. 1.

Berliner Schriften zur Stadt- und Regionalplanung

Herausgegeben von Prof. Dr. Stephan Mitschang

Band 1 Stephan Mitschang (Hrsg.): Umweltprüfverfahren in der Stadt- und Regionalplanung. 2006.

Band 2 Stephan Mitschang (Hrsg.): Stadt- und Regionalplanung vor neuen Herausforderungen. 2007.

www.peterlang.de

FSC
www.fsc.org
MIX
Papier | Fördert
gute Waldnutzung
FSC® C083411

Kolibri 360 GmbH
Ferdinand-Jühlke-Straße 7
99095 Erfurt, Deutschland
produktsicherheit@kolibri360.de

Druck:
CPI Druckdienstleistungen GmbH
im Auftrag der
Kolibri 360 GmbH
Ferdinand-Jühlke-Str. 7
99095 Erfurt